21世纪高等学校计算机规划教材

21st Century University Planned Textbooks of Computer Science

计算机应用基础

（Windows 7＋Office 2010）第2版 上册

Computer Application

贾昌传 主编

申海杰 王大力 李继 曹强 副主编

周延波 主审

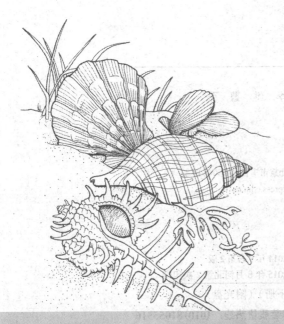

高校系列

人民邮电出版社

北 京

图书在版编目（CIP）数据

计算机应用基础：Windows7+Office2010 / 贾昌传
主编. -- 2版. -- 北京：人民邮电出版社，2014.9（2015.8 重印）
21世纪高等学校计算机规划教材
ISBN 978-7-115-36599-6

Ⅰ. ①计… Ⅱ. ①贾… Ⅲ. ①Windows操作系统-高
等学校-教材②办公自动化-应用软件-高等学校-教材
Ⅳ. ①TP316.7②TP317.1

中国版本图书馆CIP数据核字(2014)第189702号

内 容 提 要

本书分上、下两册，并配光盘。其中上册共 8 章，第 1 章介绍计算机的发展与展望，各类数据的编码表示，计算机软、硬件系统的组成、结构、工作原理等基础知识，以及相关的新型设备、产品和先进技术；第 2 章结合 Windows 7 操作系统详细讲述操作系统的基本操作方法；第 3 章～第 5 章结合 Office 2010 详细讨论办公软件的基本操作和应用；第 6 章～第 8 章介绍网页设计基础、计算机网络与互联网、常用工具软件等基础知识。下册为实训与实践内容，主要包括文字处理、电子表格处理、电子演示文稿制作、网页设计、计算机网络与互联网等内容的实训指导。配套光盘内包含操作性内容演示视频、课件、实训用素材。

除光盘内提供的学习参考资料外，本书还提供实训指导、习题答案、补充实训资料、模拟试卷等教学资料，索取方式参见"配套资料索取说明"。

本书内容新、概念清楚、系统性强、可操作性和实用性高，可作为高等院校计算机应用基础课程的教材，也可以作为计算机等级考试培训教材以及计算机应用工程技术人员的参考书。

◆ 主　　编　贾昌传
　　副 主 编　申海杰　王大力　李　继　曹　强
　　主　　审　周延波
　　责任编辑　万国清
　　责任印制　彭志环　焦志炜

◆ 人民邮电出版社出版发行　　北京市丰台区成寿寺路 11 号
　　邮编　100164　电子邮件　315@ptpress.com.cn
　　网址　http://www.ptpress.com.cn
　　固安县铭成印刷有限公司印刷

◆ 开本：787×1092　1/16
　　印张：19　　　　　　　　2014 年 9 月第 2 版
　　字数：491 千字　　　　　2015 年 8 月河北第 2 次印刷

定价：49.90 元（上、下册）（附光盘）

读者服务热线：(010)81055256　印装质量热线：(010)81055316
反盗版热线：(010)81055315

作者简介

　　贾昌传，大连市人。1964年毕业于大连理工大学自动控制专业。教授、硕士生导师。历任长安大学系主任、院长。现为西安思源学院首席教授、专家顾问委员会委员，兼任陕西省交通厅信息化建设顾问、陕西省交通计算机应用学会副主任委员、全国CAD应用培训网西安中心委员。

　　在国家重大科研项目"长河四号工程"中，主持"发射机定时器和发射变频数字信号"项目，并获得原电子工业部首届科技进步成果奖。1987—1988年赴德国慕尼黑大学和西门子公司研发中型计算机系统与网络应用。1998年获得美国思科公司组网设计认证证书。

　　主编出版教材16本，其中国家级或部级规划教材2本。2006年被特聘为中国科学院教材建设专业委员会委员。2007年起任陕西省"计算机应用与软件技术专业性实训基地"教学团队带头人。被录入中国教育信息化专家数据库，2008年获得陕西省教学名师称号。

第 2 版前言

《计算机应用基础（Windows7+Office2010）》一书自 2011 年 9 月第一版出版以来，截至 2013 年 9 月多次重印，被国内 20 余所高校选用为计算机应用基础教材。仅仅两年期间，笔者收到无数热心读者的邮件或来函，他们从各自不同的角度提出了鼓励、建议、希望、要求和意见，这一切正是笔者修订本书的主要动力之一。

第 2 版的修订部分主要包括以下几个方面。

1. 第 3 章～第 7 章增加了教学视频（见光盘），除对本教材主讲内容进行详细讲解外，在第 3 章～第 5 章还增加了一些重要内容的讲解视频，书面教材配合视觉教学，适合读者快速学习及提高。由于第 1 章及第 8 章以认知为主，所以没有增加实训及视频。

2. 第 2 章～第 7 章增加了以实训和案例为主的内容（见本书下册），着重对计算机应用做了详细阐述，读者由此可以对教材讲解的内容有更深刻的理解。

3. 第 2 章增加的实训主要以 Windows 7 系统网络设置为主，也可作为第 7 章的实训。

4. 重点修订了第 1 章，从文字表达上对全书做了修改，使之更为精炼，努力做到深入浅出。

5. 除光盘内提供资料外，此版本另外还为用本书授课的老师提供了实训指导、习题答案、补充实训资料、模拟试卷等资料，索取方式参见"配套资料索取说明"。

作为教材，本书的宗旨是讲深、讲透关键技术原理和实现方法。而笔者修订本书的目标仍然是使读者深入理解、牢固掌握、灵活应用最主要的技术，从而能够在日新月异的计算机领域更快地理解、熟悉、掌握更新技术的发展，并且常常有触类旁通的感受。这便是笔者在写作时常常萦绕于脑际的期望。

近十年来，计算机技术飞速发展，计算机应用日益普及，深刻地影响着人们的日常工作、学习、交往、娱乐等各种活动方式。从更深的层次上讲，以计算机技术为核心的信息技术极大地改变了人类的思考方式和知识获取的途径。世界各国都紧紧抓住这一机遇，重新调整人才的培养模式，使学生从传统的知识型向能力发展型过渡，掌握捕捉和处理信息的能力以及用整体、系统观念处理复杂问题的方法。应该说，计算机应用基础的内涵更加丰富了，计算机应用基础教育的必要性已成为大家的共识。这也是笔者修订第 2 版的动力所在。

笔者于西安
2014 年 5 月

第 1 版前言

随着教育改革的不断深入，高等教育发展迅速，加之社会对高层次应用型人才的需求更加迫切，目前高等教育已经进入到一个新的历史阶段。在改革和改造传统学科专业的基础上，加强工程型和应用型学科专业建设，主要面向地方支柱产业、高新技术产业、服务业培养工程型和应用型人才已经成为普通高校教学改革的趋势。在教学改革中需要不断更新教学内容，改革课程体系，使教育与经济建设相适应。

计算机应用课程教学在高等教育教学中占据重要位置，是大学生适应信息社会的桥梁，在高等教育从传统学科向工程型和应用型学科的转变中也起着至关重要的作用。

本书是为配合高等院校工程型和应用型学科专业的建设需要，在编者长期从事计算机基础教育研究和教学实践的基础上，采用新内容、新体系编写的计算机应用基础课程教材。

在编写过程中，全体作者多次认真地对教材的深度和难度进行了研究，最终决定操作系统以 Windows 7 为基础进行介绍，办公软件的应用以 Office 2010 为基础进行介绍，采用这些较新的内容对大学生未来的学习和工作更加有益。

全书涵盖了高等院校非计算机专业计算机应用课程的教学要点，全书系统性强，概念清楚，逻辑清晰，内容全面，语言简练，可操作性和实用性强。

本书提供多媒体课件、电子教案、习题答案等相关教学资源，方便用书老师授课，选用本书的教师可发邮件至 wanguoqingljw@163.com 或 education_book@163.com 索取。

本书章节标题中加*号的为选学内容，教师可根据教学需要进行取舍。

本书由西安思源学院董事长周延波教授主审，贾昌传教授主编，参与本书编写的教师均为西安思源学院长期承担计算机基础课教学的一线教师。

本书第 1 章由贾昌传编写，第 2 章由申海杰编写，第 3 章、第 4 章和第 5 章由贾昌传、曹强共同编写，第 6 章和第 8 章由李继编写，第 7 章由王大力编写。

由于时间紧迫，作者水平有限，书中难免存在错漏之处，恳请广大读者和专家批评指正。

编 者
2011 年 6 月

目 录

上 册

下 册

第1章
计算机发展与信息科学

自 1946 年第一台电子数字计算机诞生以来，计算机已成为人类 20 世纪最伟大的发明之一，计算机技术成为了发展最快的技术。尤其是微型计算机的出现及计算机网络的发展，使得计算机及应用已渗透到社会的各个领域，掌握和使用计算机已成为当代人必不可少的技能。本章主要介绍计算机的发展及未来可能的发展趋势，使读者对这些技术有一个初步和总体的了解。

1.1　电子计算机的发展与展望

1.1.1　计算机的发展历程

1946 年 2 月，第一台全自动电子计算机——电子数字积分计算机 ENIAC（electronic numerical integrator and calculator）诞生了（见图 A1.1）。它每秒能进行 5 000 次加减运算。至今人们公认，ENIAC 机的问世，表明了电子计算机时代的到来，它的出现具有划时代的意义。

图 A1.1　第一台电子计算机 ENIAC

根据电子计算机所采用的物理器件的不同，一般将电子计算机的发展分成以下几个阶段。

1. 第一代：电子管计算机（1946—1957）

第一代电子计算机是电子管计算机。其基本特征是采用电子管作为计算机逻辑元件，数据表示主要采用定点数，用机器语言或汇编语言编写程序。由于当时电子技术的限制，每秒运算速度仅为几千次，内存容量仅为几 KB。第一代电子计算机体积庞大，造价很高，仅限于军事和科学研究工作使用。

2. 第二代：晶体管计算机（1958—1964）

第二代电子计算机是晶体管计算机。其基本特征是逻辑元件逐步由电子管改为晶体管，内存所使用的元器件大多为由铁淦氧磁性材料制成的磁芯存储器。外存储器有了磁盘、磁带，外设种类也有所增加。运算速度达每秒几十万次，内存容量扩大到几十 KB。与此同时，计算机软件也有了较大发展，出现了 FORTRAN、COBOL、ALGOL 等高级语言。与第一代计算机相比，晶体管计算机体积小、成本低、功能强、可靠性大大提高。除了科学计算外，还用于数据处理和事务处理。

3. 第三代：集成电路计算机（1965—1970）

第三代电子计算机是集成电路计算机。其基本特征是逻辑元件采用小规模集成电路（Small Scale Integration，SSI）和中规模集成电路（Middle Scale Integration，MSI）。第三代电子计算机的运算速度可达每秒几十万次到几百万次。存储器也进一步发展，计算机的体积更小、价格更低、软件逐渐完善。这一时期，计算机同时向标准化、多样化、通用化、机种系列化方向发展。高级程序设计语言在这个时期有了很大发展，并出现了操作系统和会话式语言，计算机开始广泛应用于各个领域。

4. 第四代：LSI 和 VLSI 计算机（1971—现在）

第四代电子计算机使用大规模集成电路（Large Scale Integration，LSI）和超大规模集成电路（Very Large Scale Integration，VLSI）技术，即在硅半导体上集成了 1 000～100 000 个以上电子元器件。集成度很高的半导体存储器代替了磁芯存储器。计算机的速度可以达到每秒上千万次到十万亿次。操作系统不断完善，应用软件已成为现代工业的一部分。计算机发展进入了以计算机网络为特征的时代。

5. 第五代：人工智能计算机（现在—未来）

计算机虽能在一定程度上辅助人类的脑力劳动，但其智能还与人类相差甚远。因此，科学的发展及社会需求都需要新一代计算机，即第五代计算机。

第五代计算机尚未有统一的定义，有的学者认为第五代计算机包括多个运行速度更快，处理功能更强的新型微机和容量无限的存储器；也有专家认为是采用镓材料的电子线路的计算机。镓材料比硅材料的速度快 5 倍，而功耗仅是硅的十分之一。此外，第五代计算机应采用并行处理的工作方式，即多个处理器同时解决一个问题，多媒体技术将会是向第五代计算机过渡的重要技术。

1.1.2　计算机的分类

计算机的分类有按计算机的功能分、按处理方式分、按计算机规模分、按工作模式分几种。

1. 按计算机的功能分类

一般可分为专用计算机与通用计算机两类。专用计算机功能单一，结构简单，可靠性高，适应性差。如用于军事、银行等的都属于专用计算机。通用计算机功能齐全，适应性强，目前普通用户使用的都是通用计算机。

2. 按计算机的处理方式分类

按处理方式分类，计算机分为模拟计算机、数字计算机和数字模拟混合计算机。模拟计算机主要处理模拟信息，如压力、温度、流量等；数字计算机采用二进制运算，其特点是计算精度高，便于存储信息，通用性很强；混合计算机取数字、模拟计算机之长，既能高速运算，又便于存储信息，但造价昂贵。

3. 按计算机的规模分类

按计算机规模参考其运算速度、输入/输出能力，存储能力等因素进行分类，计算机可以分为四种。

（1）巨型机。巨型机运算速度快，每秒运算达到百万亿次，结构复杂，价格昂贵。主要用于尖端科学研究领域，如图 A1.2 所示。

图 A1.2　巨型机

（2）大型机。大型机规模次于巨型机，具有较强的指令系统和丰富的外部设备，主要用于计算机网络和计算中心，如图 A1.3 所示。

（3）小型机。小型机较大型机成本低、维护容易，用途也更广泛。小型机主要用于科学计算和信息处理，也可以用于生产过程的自动控制和数据采集及处理等，如图 A1.4 所示。

图 A1.3　大型机

图 A1.4　小型机

（4）微型机。微型机由微处理器，半导体存储器和输入/输出接口等芯片组成。具有体积小、重量轻、价格低、灵活性好、可靠性高等特点。目前研制的新型微型机性能已超过以前的大、中型机。

4. 按计算机的工作模式分类

计算机按其工作模式可以分为服务器和工作站两类。

（1）服务器。服务器是一种可供网络用户共享的、高性能的计算机。服务器一般具有大容量的存储设备，丰富的外部设备，其运行的是网络操作系统。服务器上的资源可提供网络用户共享。

（2）工作站。工作站是一种高档微机，它的特点是易于连网，配有大容量的主存，大屏幕显示器，适合用于计算机辅助设计/计算机辅助制造（CAD/CAM）和办公自动化，如图A1.5所示。

图 A1.5　工作站

1.1.3　计算机的特点和应用

1. 计算机的特点

相对于其他工具，计算机有以下特点。

（1）运算速度快。由于计算机内部的运算器是由逻辑电路构成的，因此高性能的计算机每秒钟能进行几十亿次至几百万亿次的运算。例如，计算机控制导航，要求运算速度比飞机飞行速度还要快；气象预报，运算速度必须跟上天气变化，否则就失去了预报的意义。

（2）计算精度高。数字电子计算机计算精度一般均能达到15位有效数字，通过协处理等手段可以实现任何精度要求。例如，利用计算机计算圆周率，几个小时就可计算到10万位。

（3）记忆能力强。计算机内部有大容量的存储器，能存储大量数据，存储器还能记住加工这些数据的程序。

（4）逻辑判断能力强。逻辑判断能力就是因果关系分析能力，计算机的逻辑判断能力是通过程序来实现的，可以作各种复杂的推理。

（5）自动执行程序的能力强。计算机的工作过程，就是自动执行存放在存储器中的程序。程序是操作员经过仔细规划事先安排好的，只要向计算机发出命令，程序就会自动执行。例如，机器人、无人驾驶飞机、计算机辅助制造加工机床都是由程序控制的。

2. 计算机的应用

目前，计算机应用已渗透到各个领域，如军事、工业、银行、农业、商业、政府机关、学校、家庭等几乎无处不在。计算机应用大致可分为以下几个方面。

（1）科学计算。科学计算是计算机的重要应用领域，第一台计算机的研制目的就是用于弹道计算。为了科学计算而不断发展的计算机可以方便地实现数值的精确计算。例如，人造卫星轨迹的计算，航天飞机、火箭、原子反应堆的研究设计，天气预报等都需要精确的计算。

（2）数据处理。数据处理即用计算机对生产和经营活动，社会科学研究中的大量信息进行搜集、转换、分类、统计、处理、存储传输和输出处理。数据处理是一切信息管理、辅助决策系统的基础，各类信息管理系统、决策支持系统、专家系统以及办公自动化系统都属于数据处理的范畴。

（3）实时控制。实时控制是计算机对某一过程进行自动操纵，不需要人工干预就能够按人们预定的目标和预定的状态进行操作过程的实时的控制。应用包括：大型冶金企业中高炉炼铁控制、电炉温度控制、数控机床控制、轧钢控制、国防工业中弹道检测控制、飞机和舰艇的分布式控制等。应用计算机进行实时控制实现了微型化、智能化，也将实时控制的应用推上更高的台阶。

（4）计算机辅助设计/计算机辅助制造（CAD/CAM）。计算机辅助设计/计算机辅助制造的特点是交互式操作，要求有良好图形功能和高的响应速度。利用计算机代替部分人工，进行飞机、船舶、建筑等的设计和制造。计算机辅助设计/计算机辅助制造技术取代了传统的从图纸设计到加工流程编制和调试的手工设计及操作过程，在设计效率、加工精度、产品质量等方面有了极大提高。

（5）计算机通信。当今的社会已步入信息社会，一种能传输大容量数字、文本、声音、图形、图像及影像等多媒体信息的高速计算机网络、作为信息高速公路的 Internet 已在全球各行业得到广泛应用，人们可以通过 Internet 传递信息，查询信息和发布信息。

（6）人工智能。这是一门在计算机与控制论学科上发展起来的边缘学科。人工智能是指用计算机模拟人脑的部分功能进行工作。如智能检索、专家诊断系统、智能机器人等都是人工智能的典型应用。

（7）文化娱乐。计算机已走进千家万户，人们利用计算机可以欣赏电影、观看电视、玩游戏及进行家庭文化教育等。

（8）虚拟现实。虚拟现实是通过计算机图形构成三维数字模型，并编制到计算机中去生成一个以视觉感受为主，同时包括听觉、触觉的综合可感知的人工环境，可以直接观察、操作、触摸、检测周围环境及事物的内在变化，并且产生"交互"作用，给人一种"身临其境"的感觉。

除上述各种应用外，计算机在计算机辅助教学（CAI）、辅助学习、电子商务、文化艺术、多媒体技术等方面也都有着广泛的应用。

1.1.4　未来计算机的发展

计算机技术是 20 世纪下半叶发展最快的科学技术，它很大程度上改变了人们的生活和工作方式。可以预见，未来的计算机功能会更加强大，甚至有可能脱离 2010 年之前 30 年的发展模式，以当前的技术来看，未来几十年计算机的主要发展方向有以下几种。

1. 超级计算机

超级计算机通过组装大量中央处理器，将并行运算速度提高到每秒几千万亿次以上。在以往，超级计算机的性能竞争主要在日美两国之间展开，但近年来中国和印度开始崛起。2010 年我国的超级计算机"天河一号"首次排名世界第一。2013 年 6 月 17 日，国防科技大学研制的"天河二号"超级计算机（见图 A1.6）以每秒 5.49 亿亿次的峰值运算速度和每秒 3.39 亿亿次的双精度浮点运算速度成为全球最快的超级计算机，其优异的性能领先世界第二——美国"泰坦"超级计算机将近一倍，充分体现了我国在超级计算机技术领域的雄厚实力。

图 A1.6　天河二号

天河二号计算机于 2010 年 12 月开始研发，2013 年 5 月研制成功，由 170 个机柜组成，占地面积 720 平方米，内存容量 1 400 万亿字节，存储总容量 12 400 万亿字节，最大功耗 17.8 兆瓦。与之前的天河一号相比，天河二号的占地面积相当，但计算能力和计算密度均提升了 10 倍以上，能效提升了约 2 倍。天河二号一小时的运算量，相当于 13 亿人同时用计算器计算 1000 年。

天河二号部分采用了我国自主生产的高性能通用中央处理器（CPU）——"飞腾-1500"作为服务

阵列，其数量约占全部中央处理器的八分之一，由于软件兼容性的需要暂不能全部使用国产中央处理器。国防科技大学计划在 2015 年研制出十亿亿次超级计算机，2020 年前后研制出百亿亿次超级计算机。

2. 光计算机

随着现代光学技术的发展，激光技术、光纤技术、光存储技术已经进入实用化阶段。激光技术、集成光学技术、光纤技术与计算机和微电子技术的紧密结合，为光计算机的诞生创造了条件。

3. 生物计算机

生物计算机的主要原材料是生物工程技术生产的蛋白质分子，用生物芯片制成的功能部件可方便地植入人体。生物技术在计算机领域的另一重要应用在于 DNA 存储，这是一项着眼于未来的具有划时代意义的存储技术，它利用人工合成的脱氧核糖核酸作为存储介质，用以存储文本文档、图片和声音文件等数据，以便于日后进行读取。DNA 存储具有高效、存储量大、存储时间长、易获取免维护的优点，非常适合海量数据的存取操作。

2013 年 1 月，英国科学家公布了一项 DNA 存储的研究成果，只需人类手掌大小的人造 DNA，便可以容纳全世界高达 30 亿 TB 的数据。研究所的工作人员在几乎不可见的微量 DNA 中就存储了 154 首莎士比亚诗歌、一张照片、一个 PDF 文档和马丁·路德·金的演讲片段，这些内容通过 DNA 测序，将其转换为计算机编码即可进行读取。DNA 存储将计算机的数据存储方式带入了革命性的黄金时代，具有光明的前途和广阔的发展空间。

4. 量子计算机

量子计算科学打破了传统计算机受到的限制。量子计算机不再采用电子比特，而使用比特位，人们通常称为"量子比特"。专家预见，它可以将原子计算设备嵌入任何物体中，多数专家相信在 2020 年以后，这些领域的发展将非常迅速。

5. 神经网络计算机

神经网络计算机是在模拟人脑神经组织的基础上发展起来的全新的计算机系统。在一定程度上体现了人脑的部分功能，为实现人工智能的一种有效途径。由于它的结构特征，使所有处理单位都能够同时进行信息传输和处理；另一方面，局部单元的损坏对网络的总体性能影响很小，这与人类解决问题的方法更加接近。

展望未来，计算机将是半导体技术、超导技术、光学技术、仿生技术相互结合的产物。从发展上看，计算机将向着巨型化和微型化方向发展；从应用上看，将向着系统化、网络化、智能化方向发展。

1.2　信息在计算机中的表示

计算机最主要的功能是处理信息。信息有数值、文字、声音、图形和图像等各种形式。在计算机内部，各种信息都必须经过数字化编码后才能被传送、存储和处理。因此，掌握信息编码的概念与处理技术是至关重要的。

1.2.1　编码的概念

所谓编码，就是采用少量的基本符号，选用一定的组合原则，表示大量复杂多样的信息。基本符号的种类和这些符号的组合规则是一切信息编码的两大要素。例如，用 10 个阿拉伯数码表示数字，用 26 个英文字母表示英文词汇等，都是编码的典型例子。

在计算机中，广泛采用的是由"0"和"1"两个基本符号组成的基 2 码，或称为二进制码。

在计算机中采用二进制码的原因有以下三种。

（1）二进制码在物理上最容易实现。例如，可以只用高、低两个电平表示"1"和"0"，也可以用脉冲的有无或者脉冲的正负极性表示"1"和"0"。

（2）二进制码用来表示的二进制数，其编码、计数、加减运算规则简单。

（3）二进制码的两个符号"1"和"0"正好与逻辑命题的两个值"是"和"否"（或称"真"和"假"）相对应，为计算机实现逻辑运算和程序中的逻辑判断提供了便利的条件。

1.2.2　进位计数制

在采用进位计数的数字系统中，如果只用 r 个基本符号（例如：0，1，2，$\cdots$，r–1）表示数值，则称其为基 r 数制，r 称为该数制的基。如日常生活中常用的十进制数，就是 $r=10$，即基本符号为 0，1，2，$\cdots$，9。如取 $r=2$，即基本符号为 0 和 1，则为二进制数。

对于不同的数制，它们的共同特点有以下两点。

（1）每一种数制都有固定的符号集。如十进制数制，其符号有 10 个：0，1，2，$\cdots$，9；二进制数制，其符号有 0 和 1 两个。

（2）都使用位置表示法：处于不同位置的数所代表的值不同，与它所在位置的权值有关。例如，十进制数 8888.888 可表示为

$$8888.888=8\times10^3+8\times10^2+8\times10^1+8\times10^0+8\times10^{-1}+8\times10^{-2}+8\times10^{-3}$$

可以看出，各种进位计数制中权的值恰好是基数的某次幂。因此，任何一种进位计数制表示的数都可以写成按其权展开的多项式之和，任意一个 r 进制数 N 可表示为

$$N = \sum_{i=m-1}^{-k} D_i \times r^i$$

式中的 m 是整数位位数，k 是小数位位数，D_i 为该数制采用的基本数符，r^i 是权，r 是基数，不同的基数，表示不同的进制数。表 1.1 所示为计算机中常用的几种进位数制。

表 1.1　计算机中常用的几种进制数的表示

进　制　位	二　进　制	八　进　制	十　进　制	十　六　进　制
规则	逢二进一	逢八进一	逢十进一	逢十六进一
基数	$r=2$	$r=8$	$r=10$	$r=16$
数符	0, 1	0, 1, $\cdots$, 7	0, 1, $\cdots$, 9	0, 1, $\cdots$, 9, A, B, C, D, E, F
权	2^i	8^i	10^i	16^i
形式表示	B	O	D	H

*1.2.3　不同进制数之间的转换

1.2.3.1　r 进制数转换为十进制数

基数为 r 的数字，只要将各位数字与它的权相乘，其积相加，和数就是十进制数。

【例 1.1】

$$
\begin{aligned}
(1101101.0101)_B &=1\times2^6+1\times2^5+0\times2^4+1\times2^3+1\times2^2+0\times2^1+1\times2^0+\\
&\quad 0\times2^{-1}+1\times2^{-2}+0\times2^{-3}+1\times2^{-4}\\
&=(109.3125)_D
\end{aligned}
$$

【例 1.2】

$$(3567.2)_O=3\times8^3+5\times8^2+0\times8^1+6\times8^0+2\times8^{-1}=(1862.25)_D$$

【例 1.3】

$$(0.2A)_H = 2 \times 16^{-1} + 10 \times 16^{-2} = (0.1640625)_D$$

1.2.3.2 十进制数转换为 r 进制数

十进制数转换为 r 进制数时，将整数部分和小数部分分别转换，然后再拼接起来即可实现。

1. 整数部分的转换

把一个十进制的整数不断除以所需要的基数 r，取其余数（除 r 取余法），就能够转换成以 r 为基数的数。

【例 1.4】十进制数 57 转换为二进制数。

```
2| 57        余数
2| 28        1←最低位
2| 14        0
2| 7         0
2| 3         1
2| 1         1
   1         1←最高位
```

所以（57）_D=（111001）_B

注意　第一位余数是低位，最后一位余数是高位。

2. 小数部分的转换

要将一个十进制小数转换成 r 进制小数时，可将十进制小数不断地乘以 r，直到小数部分为 0，或达到所要求的精度为止（小数部分可能永不为零），取每次得到的整数，这种方法称为乘 r 取整法。

【例 1.5】将十进制数 0.3125 转换成相应的二进制数。

```
     0.3125        取整
×        2
     0.6250        0    ←最高位
×        2
     1.2500        1
×        2
     0.5000        0
×        2
     1.0000        1    ←最低位
```

所以，（0.3125）_D=（0.0101）_B

如果十进制数包含整数和小数两部分，则必须将整数和小数部分分开，分别完成相应的转换，然后，再把 r 进制整数和小数部分组合在一起。

【例 1.6】将十进制数 57.3125 转换成相应的二进制数，只要将例 1.4 与例 1.5 的整数和小数部分组合在一起即可，即（57.3125）_D=（111001.0101）_B

【例 1.7】将十进制数 193.12 转换成八进制数。

```
8| 193       余数          0.12        取整
8| 24        1←最低位      ×    8
8| 3         0            0.96        0←最高位
   0         3←最高位      ×    8
```

$$
\begin{array}{ll}
7.68 & 7 \\
\times\ 8 & \\
\hline
5.44 & 5\leftarrow 最低位
\end{array}
$$

所以（193.12）$_D$ ≈（301.075）$_O$

【例 1.8】将十进制数 193.12 转换成十六进制数。

$$
\begin{array}{ll}
16\underline{|\ 193} & 余数 \\
16\underline{|\ 12} & 1\leftarrow 最低位 \\
\quad 0 & C\leftarrow 最高位
\end{array}
\qquad
\begin{array}{ll}
0.12 & 取整 \\
\times\ 16 & \\
\hline
1.92 & 1\leftarrow 最高位 \\
\times\ 16 & \\
\hline
14.72 & E \\
\times\ 16 & \\
\hline
11.52 & B\leftarrow 最低位
\end{array}
$$

所以（193.12）$_D$ ≈（Cl.lEB）$_H$

1.2.3.3　非十进制数间的转换

通常两个非十进制数之间的转换方法是采用上述两种方法的组合，即先将被转换数转换为相应的十进制数，然后再将十进制数转换为其他进制数。由于二进制数、八进制数和十六进制数之间存在特殊关系，即 $8^1=2^3$，$16^1=2^4$，因此转换方法就比较容易。其关系如表 1.2 所示。

表 1.2　二进制数、八进制数和十六进制数之间的关系

二进制	八进制	二进制	十六进制	二进制	十六进制
000	0	0000	0	1000	8
001	1	0001	1	1001	9
010	2	0010	2	1010	A
011	3	0011	3	1011	B
100	4	0100	4	1100	C
101	5	0101	5	1101	D
110	6	0110	6	1110	E
111	7	0111	7	1111	F

根据这种对应关系，二进制转换为八进制十分简单。只要将二进制数从小数点开始，整数从右向左 3 位一组，小数部分从左向右 3 位一组，最后不足 3 位补零，然后根据表 1.2 完成转换。

【例 1.9】将（10100101.01011101）$_B$ 转换成八进制数。

$$
\begin{array}{cccccc}
010' & 100' & 101.010' & 111' & 01 \\
2 & 4 & 5\ .\ 2 & 7 & 2
\end{array}
$$

所以，

（10100101.01011101）$_B$＝（245.272）$_O$

将八进制数转换成二进制数的过程正好相反。

二进制数同十六进制数之间的转换就如同八进制数同二进制数之间一样，只是 4 位一组。

【例 1.10】将（1111111000111.100101011）$_B$ 转换成十六进制数。

$$
\begin{array}{cccccc}
0001' & 1111' & 1100' & 0111.1001' & 0101' & 1000 \\
1 & F & C & 7\ .\ 9 & 5 & 8
\end{array}
$$

所以，

（1111111000111.100101011）$_B$ ＝（1FC7.958）$_H$

1.3　微型计算机系统

1971 年世界上第一个微处理器 Intel 4000 诞生，1975 年世界上第一台微型计算机问世。自此，微处理器异军突起，发展迅速，以微处理器为核心的微型计算机已经成广大科技人员、办公人员

提高工作效率和质量的重要工具，在进入家庭后甚至成为学生学习的工具。

本节先讨论微型计算机系统的组成，然后介绍微型计算机系统的重要概念。

1.3.1 微型计算机系统的组成

微型计算机系统包括硬件系统和软件系统两大部分。硬件系统由中央处理器（CPU）、内存储器、外存储器、输入设备和输出设备组成。软件系统分为两大类，即计算机系统软件和应用软件。通常微型计算机系统的组成如图 A1.7 所示。

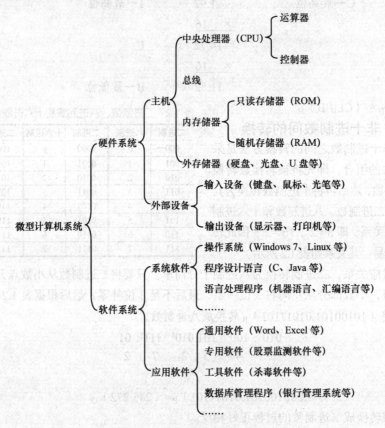

图 A1.7　微型计算机系统的组成

1.3.2 微型计算机的硬件系统

1.3.2.1 主机

主机是微型计算机中的最重要的组成部件，它由中央处理器（CPU）、内存和主板三大部分组成。

1. 中央处理器

中央处理器是微机系统的核心，它往往决定了微机的档次。目前的 CPU 供应商主要有英特尔、AMD 和威盛这三大巨头。随着我国自主研发的"龙芯"系列中央处理器的出现，这种局面有可能被打破。2012 年底流片成功的龙芯 3B1500 是首款国产商用 8 核心处理器，主频达到 1.5GHz，支持向量运算加速，峰值计算能力达到 192GFLOPS（每秒浮点运算次数），具有很高的性能功耗比。龙芯 3B1500 主要用于高性能计算机、高性能服务器、数字信号处理等领域。尽管现阶段的"龙芯"处理器的性能指标还未达到世界顶级水平，但发展迅速，有着广阔的市场前景。

中央处理器是硬件的核心，它主要包括运算器和控制器。中央处理器的主要性能指标有以下几项。

① 主频。即中央处理器的时钟频率，一般来说，主频越高其工作速度越快。在 2014 年，主流的中央处理器主频在 3.4GHz 以上。

② 二级高速缓存。这种内置的高速缓存可以提高中央处理器的运行效率，由于高速缓冲存储器均由静态随机存储器组成，结构较复杂，其容量不可能做得太大。

③ 内存总线速度。是指中央处理器与二级高速缓存和内存之间的通信速度。

④ 工作电压。是指中央处理器正常工作所需的电压。随着中央处理器主频的提高，中央处理器工作电压有下降的趋势。

⑤ 制造工艺。工艺的不断进步使得晶体管门电路更大限度地缩小，能耗降低，中央处理器更省电，从而极大提高了中央处理器的集成度和工作频率。

⑥ 内核数量。即一枚中央处理器中集成了几个完整的内核。主频曾经是影响中央处理器性能的主要因素，2005 年后，当主频接近 4GHz 时，英特尔和 AMD 均发现，单纯的提升主频已经无法明显提升性能，功耗却大大增加。此后多核处理器逐渐代替单核处理器，至 2014 年，2、4、6、8 核处理器已经成为市场主流，单核处理器已经较少见。

2. 内存

内存储器又称为主存储器，是用来存放数据和程序的记忆装置。

内存一般分为随机存储器（RAM）和只读存储器（ROM）。随机存储器的特点是其中存入的信息可随时读出、写入，断电后，随机存储器中的信息全部丢失；只读存储器的特点是其中存入的信息只能读出不能写入，断电后，只读存储器中的信息仍存在。一般固化在只读存储器中的是自启动程序、初始化程序、基本输入/输出设备的驱动程序等。

3. 主板

主板是微型计算机的关键部件之一，主板上的中央处理器、内存插槽、芯片组以及只读存储器、基本输入/输出系统（BIOS）共同决定了一台微型计算机的档次。

1.3.2.2　外存储器

外存储器是指除计算机内存及中央处理器缓存以外的存储器，此类存储器一般断电后仍然能保存数据。常见的外存储器有硬盘、软盘、光盘、闪盘等。

1. 硬盘

硬盘是最重要的外存储器，从工作原理上分为机械硬盘和固态硬盘两种，2014 年微型计算机的主流硬盘仍旧是传统的机械硬盘，未来数年固态硬盘有从军工、航空及医疗等行业进军民用的趋势。

传统的硬盘由涂有磁性材料的一个或多个铝合金圆盘片环绕一个共同的轴心组成，即称为机械式硬盘。机械硬盘具有容量大、可靠性高等优点，2014 年较常见的机械式硬盘容量在 500GB～4TB。

固态硬盘（Solid State Disk，SSD）的存储介质分为闪存（FLASH 芯片）和动态随机存储器（DRAM）两种，没有机械结构，以区块写入和抹除的方式完成读写功能。固态硬盘内部形状如图 A1.8 和图 A1.9 所示，2014 年主流固态硬盘容量在 128GB～1TB。

世界上第一款固态硬盘出现于 1989 年，但由于其价格过于高昂，当时 1MB 大小的闪存换算下来的价格已经达到了 3 500 美元，因此只限应用于医疗及军用市场等非常特别的市场。

中国第一款固态硬盘已经由湖南源科创新科技股份有限公司于 2006 年 12 月研发完成并量产，该公司"磐龙"系列产品被首先运用于军用加固计算机领域。

固态硬盘与传统硬盘比较，具有耗电低、耐震、稳定性高、耐低温等优点，具体来说有以下几个方面。

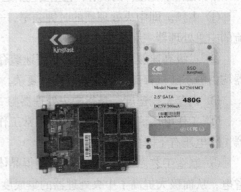

图 A1.8　饥饿鲨（OCZ）RevoDrive 240G PCI-E 固态硬盘　　图 A1.9　金速 2.5 英寸 480GB 固态硬盘拆解

① 启动快，没有电机加速旋转的过程。

② 不用磁头，快速随机读取，读取延迟极小。2008 年某次测验中搭载固态硬盘的笔记本电脑从开机到出现桌面一共只用了 18 秒，而搭载传统硬盘的笔记本电脑总共用了 31 秒，两者差距较大。

③ 读取时间相对固定。由于寻址时间与数据存储位置无关，因此磁盘碎片不会影响读取时间。

④ 基于动态随机存储器（DRAM）的固态硬盘写入速度极快。

⑤ 无噪声。因为没有机械马达和风扇，工作时噪声值为 0 分贝。

⑥ 基于闪存的固态硬盘在工作状态下能耗和发热量较低，但高端或大容量产品能耗会较高。

⑦ 内部不存在任何机械活动部件，不会发生机械故障，也不怕碰撞、冲击、振动。

⑧ 工作温度范围更大。大多数固态硬盘可在-10℃～70℃的温度范围下工作，一些工业级的固态硬盘还可在-40℃～85℃甚至更大的温度范围下工作。

⑨ 固态硬盘比同容量机械硬盘体积小、重量轻。

从技术参数上来说，固态硬盘比传统硬盘的优势非常明显。Intel X25-M 固态硬盘的持续读取速度为 250MB/s，一块常见 SATA 硬盘则为 100MB/s，从字面上来看固态硬盘速度是传统硬盘的 2.5 倍。Intel X25-M 固态硬盘的平均"寻道时间"为 85μs，传统硬盘大多在 4～15ms，差距达到 50～150 倍。但因为同等价格下固态硬盘的容量仍旧有较大劣势，截至 2014 年，微型计算机的主流硬盘仍旧是传统的机械硬盘，但结合了机械硬盘和固态硬盘的混合固态硬盘已经有了长足进展。

2. 光盘和光驱

光盘是一种辅助存储器，可以存放各种文字、声音、图形、图像和动画等多媒体数字信息。

光盘有三种类型：只读型光盘、只写一次型光盘和擦写型光盘。

光驱从功能上大体可分为普通光驱、康宝（COMBO）和刻录机等。普通光驱（光盘驱动器）不具备写入功能，只能读取光盘上的内容；刻录机可以刻录光盘，也可以读取光盘上的内容；康宝既可读光盘，也可刻录，但刻录的功能较刻录机稍弱。

光驱根据放置方式分为内置式和外置式两种。

3. USB 闪存盘、移动硬盘

方便携带的移动存储设备早期主要是软盘，进入 21 世纪后逐渐转为 USB 闪存盘和移动硬盘。

USB 闪存盘（简称闪盘或 U 盘）和固态硬盘的工作原理相同，但使用较低档次的闪存，体积小，携带方便。闪盘出现后很快替代了最早的软盘。

大多数移动硬盘也是机械式硬盘，但接口多为 USB 接口，强调便携性，规格有 1.8 英寸、2.5 英寸和 3.5 英寸三种。

1.3.2.3　输入设备

微型计算机常用的输入设备有键盘、鼠标、扫描仪等，一些数码设备也可作为输入设备。

1. 键盘和鼠标

目前在微型计算机上常用的是 101 键键盘，分为 4 个键区，通过 PS/2 接口与主板相连。

使用鼠标可以完成各种操作，如单击、右击和拖动等。

鼠标按按键个数可以分为两类：两个按键的是 MS 鼠标，三个按键的是 PC 鼠标；按工作原理可以分三类：机械鼠标、光电鼠标和无线鼠标。

2. 扫描仪

扫描仪能将一幅画转换成数字信息存储在微机内，然后即可利用软件进行编辑、显示或打印。

3. 数码设备

目前数码设备的种类越来越多，如 MP4 播放器、数码照相机、数码摄像机、投影机、智能手机等都能够直接与微型计算机相连。

1.3.2.4　输出设备

微型计算机常用的输出设备有显示器、打印机等。

1. 显示器

显示器是微型计算机中最重要的输出设备，它将主机里的电子信息转换成文字、图形显示出来。

显示器的性能指标主要有尺寸、分辨率、点距、刷新率等。早期显示器主要是阴极射像管显示器（CRT），进入 21 世纪后逐渐被液晶显示器取代。随着科技发展，大屏幕的液晶显示器也越来越多地出现在市场。

2. 打印机

打印机是微型计算机系统中常用的设备之一。利用打印机可以打印出各种信息，如文书、图形、图像等。

根据打印机的工作原理进行分类，可以将打印机分为针式打印机、喷墨打印机和激光打印机三类。

1.3.3　微型计算机的软件系统

如前所述，微型计算机是依靠硬件和软件的协同工作来完成某一给定任务的。一个完整的计算机系统包括硬件系统和软件系统两大部分。

微型计算机系统的软件极为丰富，要对软件进行恰当的分类是相当困难的。一种通常的分类方法是将软件分为系统软件和应用软件两大类。

1.3.3.1　系统软件

系统软件是计算机系统的一部分，用来支持应用软件的运行。系统软件是为用户开发应用软件提供的一个平台，用户可以使用它，但一般不随意修改它。常用的系统软件有以下几种。

1. 操作系统

为了使计算机系统的所有资源（包括中央处理器、存储器、各种外部设备及各种软件）协调一致、有条不紊地工作，就必须有一个软件来进行统一管理和统一调度，这种软件称为操作系统（Operating System，OS）。它的功能就是管理计算机系统的全部硬件资源、软件资源及数据资源，使计算机系统所有资源最大限度地发挥作用，为用户提供方便、有效、友善的服务界面。

操作系统是一个庞大的管理控制程序，它大致包括以下五个管理功能：进程与处理机调度、作业管理、存储管理、设备管理、文件管理。实际的操作系统是多种多样的，根据侧重面不同和设计思想不同，操作系统的结构和内容存在很大差别，但功能比较完善的操作系统应具备上述五个功能。

操作系统一般可分为批处理操作系统、分时操作系统、实时操作系统、网络操作系统、分布式操作系统、单用户操作系统等。微机上常见的操作系统可分为三大系列，一是苹果 OS 系列，二是微软 Windows 系列，三是基于 Linux 的红旗 Linux、Ubuntu 等。

（1）实时操作系统是指对外来的作用和信号在限定时间范围内能作出响应的系统。常用的实时操作系统如 RDOS。

（2）分时操作系统是一台中央处理器连接多个终端，中央处理器按照优先级分配给各个终端时间片，轮流为各个终端服务，由于计算机高速的运算，使每个用户都能感觉到自己独占这台计算机。常用的分时操作系统有 UNIX、Xenix、Linux 等。

（3）批处理操作系统是以作业为处理对象，连续处理在计算机系统运行的作业流。

（4）单用户操作系统按同时管理的作业数可分为单用户单任务操作系统和单用户多任务操作系统。单用户单任务操作系统只能同时管理一个作业运行，中央处理器运行效率低，如 DOS。单用户多任务操作系统允许多个程序或多个作业同时存在和运行。如最早的 Windows 3.x 即是基于图形界面的 16 位单用户多任务的操作系统，后来的 Windows 95 和 Windows 98 是继 Windows 3.x 后对 Windows 操作系统的一次重大升级，是 32 位多任务操作系统。

（5）网络操作系统是指运行在局域网上的操作系统。目前，常用的网络操作系统有 Windows NT、UNIX 和 Linux。Windows NT 系列是微软公司专为服务器开发的操作系统，是基于图形界面的多任务、对等的网络操作系统，NT 支持对称多处理系统。Windows NT 有两种产品，Windows NT Workstation 是工作站上使用的操作系统，Windows NT Server 是网络服务器操作系统。Windows NT Server 分标准版和企业版，标准版是支持 4 个以下中央处理器的对称多处理系统，企业版是支持 4 个以上中央处理器的对称多处理系统。而 Windows NT Workstation 逐渐演化为适用于 PC 的个人操作系统，出现了 Windows XP、Windows Vista 以及 Windows 7、Windows 8 等产品，它们均是 64 位的操作系统版本，配合 64 位中央处理器使用，运算能力更强大。

2. 语言处理程序

编写计算机程序所用的语言是人与计算机进行交流的工具，一般可分为机器语言、汇编语言和高级语言。

（1）机器语言。机器语言（machine language）是计算机系统所能识别的、不需要翻译直接供机器使用的程序设计语言。机器语言中的每一条语句（机器指令）实际上是二进制形式的指令代码，它由操作码的二进制编码和操作数的二进制编码组成。它的指令二进制代码通常随 CPU 型号的不同而不同（同系列中央处理器一般向下兼容）。通常不用机器语言直接编写程序。

（2）汇编语言。汇编语言（assemble language）是一种面向机器的程序设计语言，它是为特定的计算机设计的。汇编语言采用一定的助记符号表示机器语言中的指令和数据，即用助记符号代替了二进制形式的机器指令。这种替代使得机器语言"符号化"，所以也称汇编语言为符号语言。一条汇编语言的指令对应一条机器语言的代码，不同型号的计算机系统一般有不同的汇编语言。

（3）高级语言。从 20 世纪 50 年代中期开始到 20 世纪 70 年代，陆续产生了许多高级算法语言，这些高级算法语言中的数据用十进制来表示，语句用较为接近自然语言的英文来表示。它们比较接近于人们习惯用的自然语言和数学表达式，因此称为高级语言。高级语言具有较大的通用性，尤其是一些标准版本的高级算法语言，在国际上都是通用的。用高级语言编写的程序能使用在不同的计算机系统上。

（4）汇编语言和高级语言的翻译。计算机硬件只能识别机器指令，执行机器指令，汇编语言和高级语言是不能直接执行的。用汇编语言或高级语言编写的程序要执行的话，必须用一个程序将汇编语言程序翻译成机器语言程序。用汇编语言或高级语言编写的程序称为源程序，变换后得到的机械语言程序称为目标程序，用于翻译的程序称为汇编程序（汇编系统）。

（5）汇编语言和高级语言的翻译方式。计算机将源程序翻译成机器指令时，通常分为两种翻译方式，一种为"编译"方式，另一种为"解释"方式。所谓编译方式是首先把源程序翻译成等价的目标程序，然后再执行此目标程序。而解释方式是把源程序逐句翻译，翻译一句执行一句，边翻译边执行。解释程序不产生目标程序，而是借助于解释程序直接执行源程序本身。一般将高级语言程序翻译成汇编语言或机器语言的程序称为编译程序。

（6）常用的高级语言。常用的高级语言有以下几种：Fortran 语言。于 1954 年提出，1956 年实现，适用于科学和工程计算，目前应用面还较广；Pascal 语言。为结构化程序设计语言，适用于教学、科学计算、数据处理和系统软件开发等，目前逐渐被 C 语言所取代；C 语言。语法简练、功能强，适用于系统软件开发、数值计算、数据处理等，目前已成为高级语言中使用得最多的语言之一，现在较常用的 C 语言 Visual C++，是面向对象的程序设计语言；BASIC 语言。为初学者语言，简单易学，人机对话功能强，发展至今，BASIC 语言已有许多高级版本，其中 Visual Basic For Windows 是面向对象的程序设计语言，是在 Windows 环境下开发软件广泛使用的语言之一；Java 语言。为一种新型的跨平台、分布式程序设计语言，Java 语言以它简单、安全、可移植、面向对象、多线程处理等特性引起世界范围的广泛关注，Java 语言是基于 C++的，其最大特色在于"一次编写，处处运行"，但用 Java 语言编写的程序要依靠一个虚拟机（virtual machine，VM）才能运行。

3. 连接程序

连接程序又称为组合编译程序或连接编译程序，它可以把目标程序变为可执行的程序。几个被编译的目标程序，通过连接程序可以组成一个可执行的程序。将源程序转换成可执行的目标程序一般要经过以下两个阶段。

（1）翻译阶段。用汇编程序或编译程序将源程序转换成目标程序。这一阶段的目标模块由于没有分配存储器的绝对地址，仍然是不能执行的。

（2）连接阶段。这一阶段是用连接编译程序把目标程序以及所需的功能库等转换成一个可执行的装入程序。这个装入程序分配有地址，是一个可执行程序。

从源程序输入到可执行的装入程序的过程如图 A1.10 所示。

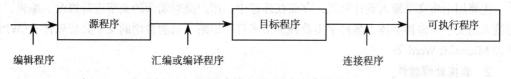

图 A1.10　源程序输入到可执行程序的过程

4. 诊断程序

诊断程序主要用于对计算机系统硬件的检测。它能对 CPU、内存、软硬驱动器、显示器、键盘及 I/O 接口的性能和故障进行检测。目前微型计算机常用的诊断程序有 Qaplus、Pcbench、Winbench、Wintest、Checkitpro 等。

5. 数据库系统

数据库系统是 20 世纪 60 年代后期才产生并发展起来的，它是计算机科学中发展最快的领域之一。数据库系统主要用来解决数据处理的非数值计算问题，目前主要用于档案管理、财务管理、图书资料管理及仓库管理等的数据处理。这类数据的特点是数据量较大，数据处理的主要内容为数据的存储、查询、修改、排序、分类等。

数据库系统是一个复杂的系统，通常所说的数据库系统并不单指数据库和数据库管理系统本身，而是将它们与计算机系统构成的总体系统看作数据库系统。数据库系统通常由硬件、操作系统、数据库管理系统（data base management system，DBMS）、数据库及应用程序组成。

数据库是按一定的方式组织起来的数据的集合，它具有数据冗余度小、可共享等特点。

数据库管理系统的作用是管理数据库，一般具有以下特点：建立数据库，编辑、修改、增删数据库内容等对数据的维护功能；对数据的检索、排序、统计等使用数据库的功能；友好的交互式输入/输出能力；使用方便、高效的数据库编程语言；允许多用户同时访问数据库；提供数据独立性、完整性、安全性的保障。

不同的数据库管理系统是以不同方式组织数据库中的数据的，组织数据的方式称为数据模型。数据模型一般有三种形式：层次型——采用树型结构组织数据；网络型——采用网状结构组织数据；关系型——以表格形式组织数据。目前，常用的数据库管理系统有 DB2、SQL Server、Sybase、Oracle 等。

6. 数据仓库

数据仓库（Date Warehouse）是 20 世纪迅速发展起来的一种存储技术，是近年来计算机领域的一个热门话题，也是今后数据库市场的一个主要增长点。什么是数据仓库？目前，业界对数据仓库还没有一个统一的定义，但几乎一致的观点是：数据仓库绝不是数据的简单堆积。被誉为数据仓库之父的比尔·恩门对数据仓库是这样定义的："数据仓库是面向主题的、集成化的、稳定的、随时间变化的数据集合，用以支持决策管理的一个过程"。所以，数据仓库的主要服务对象是企业或机构中的高层领导或决策人士，是向他们提供分析型战略数据的一种数据存储与管理方式。显然，数据仓库的基础是数据库，但又不同于数据库。它存储大量的、决策分析所必需的、历史的、分散的、详细的操作数据，经过处理能将这些数据转换成集中统一、随时可用的信息。目前，几家主要的数据库厂商和软件厂商都加入数据仓库产品的开发中来。

1.3.3.2　应用软件

应用软件是指计算机用户利用计算机的软、硬件资源为某一专门的应用目的而开发的软件。例如科学计算、工程设计、数据处理、事务管理、过程控制等方面的应用。以下几种是微型计算机上最常见的应用软件。

1. 文字处理软件

主要用于将文字输入到计算机，存储在外存中，用户能对输入的文字进行修改、编辑，并能将输入的文字以多种字体、多种字型及各种格式打印出来。目前常用的文字处理软件有 WPS 文字和 Microsoft Word 等。

2. 表格处理软件

表格处理软件主要用于处理各式各样的表格。它可以根据用户的要求自动生成各式各样的表格，表格中的数据可以输入也可以从数据库中取出。它可根据用户给出的计算公式，完成复杂的表格计算，并将计算结果自动填入对应栏目里。如果修改了相关的原始数据，计算结果栏目中的结果数据也会自动更新，无需用户重新计算。一张表格制作完后，可存入外存，方便以后重复使用，也可以通过打印机将表格打印出来。目前常用的表格处理软件有 WPS 表格和 Microsoft Excel 等。

3. 辅助设计软件

计算机辅助设计（computor aided design，CAD）技术是近 20 年来最具有成效的工程技术之一。由于计算机有快速的数值计算功能、较强的数据处理以及模拟能力，因此目前在汽车、收音机、船舶、超大规模集成电路等设计和制造过程中，计算机辅助设计占据了越来越重要的地位。计算机辅助设计软件是用来帮助设计人员高效率地绘制、修改、输出工程图纸的应用软件，应用该软件能使各行各业的设计人员从繁重的绘图设计中解脱出来，使设计工作计算机化。目前常用的 CAD 软件是 AutoCAD。

4. 实时控制软件

在现代化工厂里，计算机普遍应用于生产过程的自动控制，如在化工厂中，用计算机控制配料、开闭温度阀门；在炼钢车间，用计算机控制加料、炉温、冶炼时间；在发电厂，用计算机控制发电机组等。

用于生产过程自动控制的计算机一般都是实时控制，对计算机的速度要求不高，但对可靠性要求很高，否则会生产出不合格产品或造成重大事故。

用于控制的计算机，其输入信息往往是电压、温度、压力、流量等模拟量，要先将模拟量转换成数字量，然后计算机才能进行处理或计算。处理或计算后，以此为依据根据预定的控制方案对生产过程进行控制。这类软件一般统称为监察控制和数据采集（supervisory control and data acquisition，SCADA）软件。目前，比较流行的个人计算机上的 SCADA 软件有 Fix、Intouch、Lookout 等。

1.3.4　微型计算机基本工作原理

1. 指令和程序的概念

指令就是让计算机完成某个操作所发出的命令，即计算机完成某个操作的依据。一条指令通常由两个部分组成，前面是操作码部分，后面是操作数部分。操作码指明该指令要完成的操作，如加、减、乘、除等；操作数是指参加运算的数或者数所在的单元地址。一台计算机的所有指令的集合，称为该计算机的指令系统。

使用者根据解决某一问题的步骤，选用一条条指令进行有序地排列，计算机执行了这一指令序列，便可完成预定的任务，这一指令序列就称为程序。显然，程序中的每一条指令必须是所用计算机的指令系统中的指令，因此指令系统是提供给使用者编制程序的基本依据。指令系统反映了计算机的基本功能，不同的计算机其指令系统也不相同。

2. 计算机执行指令的过程

计算机执行指令一般分为两个阶段：第一阶段，将要执行的指令从内存取到中央处理器内；第二阶段，中央处理器对取入的该条指令进行分析译码，判断该条指令要完成的操作，然后向各部件发出完成该操作的控制信号，完成该指令的功能。一般将第一阶段的操作称为取指周期，将第二阶段称为执行周期。当一条指令执行完后就进入下一条指令的取指操作。

3. 程序的执行过程

程序是由一系列指令的有序集合构成的，计算机执行程序就是执行这一系列指令。中央处理器从内存读出一条指令到中央处理器内执行，该指令执行完毕，再从内存读出下一条指令到中央处理器内执行。中央处理器不断地读取指令，执行指令，这就是程序的执行过程。

习　　题

一、选择题

1. 世界上第一台电子计算机研制成功的时间是（　　　）年。
   A. 1936　　　　　B. 1946　　　　　C. 1956　　　　　D. 1974
2. 目前普遍使用的微型计算机所使用的逻辑元件是（　　　）。
   A. 电子管　　　　　　　　　　　B. 大规模和超大规模集成电路

C. 晶体管　　　　　　　　　　　D. 小规模集成电路

3. 在计算机的内部，一切信息的存取、处理和传送都是以（　　）形式进行的。

A. 十六进制　　　B. ASCII　　　C. 二进制　　　D. EBCDID

4. 下列几个数中，最大的一个数是（　　）。

A.（11101）$_2$　　　B.（28）$_{10}$　　　C.（36）$_8$　　　D.（1F）$_{16}$

5. 通常人们称一个计算机系统是指（　　）。

A. 硬件和固件　　　　　　　　　B. 计算机的CPU

C. 系统软件和数据库　　　　　　D. 计算机的硬件和软件系统

6. 下列四种软件中属于应用软件的是（　　）。

A. BASIC解释程序　　B. MS-DOS系统　　C. 财务管理系统　　D. Pascal编译程序

7. 下列设备中，不能作为输出设备的是（　　）。

A. 显示器　　　　B. 绘图仪　　　C. 打印机　　　　D. 键盘

8. 下列四种存储器中，实际可达到的容量最大的是（　　）。

A. RAM　　　　　B. 硬盘　　　　C. 软盘　　　　　D. 光盘

二、填空题

1. 现代计算机的发展，依据计算机所采用的电子元器件的不同，将其划分为_____、_____、_____、_____四个时代。

2. 按规模分类，通常将计算机分为_____、_____、_____、_____等几类。

3. 数制转换：

（1）(123)$_{10}$=(　　　　)$_2$=(　　　　)$_{16}$=(　　　　)$_8$

（2）(87.625)$_{10}$=(　　　　)$_2$=(　　　　)$_{16}$=(　　　　)$_8$

（3）(3E2)$_{16}$=(　　　　)$_2$=(　　　　)$_{10}$

（4）(111111000011)$_2$=(　　　　)$_{16}$

4. 计算机的主机是由_____、_____、_____、_____、_____、_____等组成的。

5. 微型计算机系统包括_____和_____。

6. 一个计算机系统的硬件一般是由_____、_____、_____、_____、_____五个部分构成的。

7. 计算机的软件系统一般分为_____和_____两大部分。

三、简答题

1. 发展至今的四代计算机所使用的主要部件各是什么？

2. 计算机有哪些特点？

3. 试述现代计算机的主要应用。

4. 什么是数制？

5. 举例说明对"编码"概念的理解。

6. 简述计算机的基本结构及其各部分的基本功能。

第2章 操作系统

　　操作系统（operating system，OS）是管理电脑硬件与软件资源的程序，同时也是计算机系统的内核与基石。目前个人计算机上常见的操作系统有微软公司的 Windows 系统、基于开源软件 Linux 的各种操作系统、苹果电脑的 Mac OS X 系统等。

　　Windows 7 是微软公司 2009 年 10 月发布的操作系统，较以往 Windows 版本操作系统有了较大变化。它相对而言有较小的操作系统脚本、更好的用户界面，可以实现更快的启动和关机，并且提升了电池的电源管理，增强了多媒体性能，加强了稳定性、可靠性、安全性。本章以 Windows 7 为例介绍操作系统。

2.1　Windows 7 概述

2.1.1　Windows 7 的优点

　　下面结合 Windows XP、Windows Vista 介绍 Windows 7 系统的一些优点。

　　（1）主题界面华丽，系统资源开销低。Windows 7 是微软自 Windows Vista 后推出的又一个新版本的操作系统，拥有更绚丽的用户界面，同时并不需要太高的配置，系统需求硬件配置略高于 XP，但比 Windows Vista 低得多。Windows 7 系统启动和关闭时间相对 Windows Vista 有了较大提升。

　　（2）Windows 7 对多核及多线程技术优化支持更到位。Windows Vista 最多只能支持 2 核的中央处理器，通过软件优化之后才能支持多核。Windows 7 从研发之初就考虑了对多核的支持，最多可以支持 256 个内核。

　　（3）兼容性比 Vista 更好，通过虚拟机完美兼容 XP 软件。对于 Windows Vista 操作系统而言，系统臃肿和兼容性差成为其失败的主要原因。为此，Windows 7 的目标不仅仅是兼容所有 Vista 可以兼容的应用程序，还包括那些被 Vista 拒绝兼容的软件，如图 A2.1 所示。

图 A2.1　Windows 7 提供了比 Vista
更全面的兼容性模式

　　（4）任务栏和全屏预览——任务栏变得更方便，还可以全屏预览。在 Windows 7 工具栏上所有的应用程序都不再有文字说明，只剩下一个图标，而且同一个程序的不同窗口将自动群组。鼠标移到图标上时会出现已打开窗口的全屏缩略图，再次单击便会打开该窗口。

（5）快速访问更加方便。在 Windows 7 中，右键单击任务栏上的图标，即可查看最近使用过的文件。例如右键单击 Word 图标，就会显示最常用的 Word 文档。

（6）特色鼠标拖曳功能——仅用鼠标拖动，即可实现对窗口的多种操作。在 Windows 7 里，有更多更直观的方法来打开、关闭、调整或安排窗口的布局。例如，将窗口边缘拖动到屏幕的顶部，可以使窗口最大化，拖离顶部即可恢复其原有尺寸；拖动窗口的底部边缘可以垂直调整其大小；将鼠标指针移到桌面的右下角的【显示桌面】按钮上，所有打开的窗口即变成透明状态，让桌面一览无遗。

（7）壁纸自动换。Windows 7 中内置主题包带来的不仅是局部的变化，更是整体风格的统一，壁纸、面板色调、甚至系统声音都可以根据用户喜好选择定义。用户可以同时选中多张壁纸，让它们在桌面上像幻灯片一样播放，并可以设置播放的快慢。

（8）智能化的窗口缩放。用户把窗口拖动到屏幕最上方，窗口就会自动最大化；把已经最大化的窗口往下拖动一点，它就会自动还原；把窗口拖动到左右边缘，它就会自动变成 50%宽度，方便用户排列窗口；在该窗口上按住鼠标左键并且轻微晃动鼠标，其他所有的窗口便会自动最小化；重复该动作，所有窗口又会重新出现。

（9）字体预览更直接。在 Windows 7 中，每一个字体都会将自己的预览图直接显示到图标之上，更方便用户查找字体。

（10）轻松最小化窗口。在旧版操作系统中，很多朋友都是使用任务栏上的【显示桌面】图标来实现窗口的快速最小化。而在新版 Windows 7 中，新增在任务栏右侧的【显示桌面】按钮，操作更为方便。

（11）计算器功能更全面。原有 Windows 版本中的计算器组件十分简陋，只能满足最基本的计算功能，在 Windows 7 中则是全新的计算器模块，用户可以利用新增加的历史操作栏，任意完成中间公式的修改，也可以通过右面板新增的生活计算簿，实现"天数""工资""油耗"等一些实用信息的计算。

（12）对固态硬盘（solid state disk，SSD）优化支持，减少磁盘读写次数，提升硬盘性能，延长使用寿命。

（13）Windows 7 下众浏览器平均提速 12%。著名网站 BetaNews 测试对比了 Windows Vista SP2和 Windows 7 下 IE、Firefox、Chrome、Opera、Safari 等众多浏览器多个版本的不同性能，结果 Windows 7 下普遍更快，平均提速达到了 11.9%。而 Windows 7 自带的浏览器 IE8 平均提速达 15%。

（14）支持配置有触摸屏的计算机。

2.1.2　Windows 7 家族成员介绍

Windows 7 包含 6 个版本，分别为初级版（Windows 7 starter）、家庭普通版（Windows 7 home basic）、家庭高级版（Windows 7 home premium）、专业版（Windows 7 professional）、企业版（Windows 7 enterprise）以及旗舰版（Windows 7 ultimate）。

1．初级版

初级版是功能最少的版本，缺乏 Aero 特效功能，没有 64 位支持，没有 Windows 媒体中心和移动中心等，对更换桌面背景有限制。它主要设计用于类似上网本的低端计算机，通过系统集成或者 OEM 计算机上预装获得，并限于某些特定类型的硬件。

2. 普通家庭版

普通家庭版是简化的家庭版。支持多显示器，有移动中心，限制部分 Aero 特效，没有 Windows 媒体中心，缺乏 Tablet 支持，没有远程桌面，只能加入却不能创建家庭网络组（Home Group）等。它仅在新兴市场投放，如中国、印度、巴西等。

3. 高级家庭版

高级家庭版面向家庭用户，满足家庭娱乐需求，包含所有桌面增强和多媒体功能，如 Aero 特效、多点触控功能、媒体中心、建立家庭网络组、手写识别等，不支持 Windows 域、Windows XP 模式、多语言等。

4. 专业版

专业版面向爱好者和小企业用户，满足办公开发需求，包含加强的网络功能，如活动目录和域支持、远程桌面等，另外还有网络备份、位置感知打印、加密文件系统、演示模式、Windows XP 模式等功能。64 位可支持更大内存（192GB）。可以通过全球 OEM 厂商和零售商获得。

5. 企业版

企业版是面向企业市场的高级版本，满足企业数据共享、管理、安全等需求。包含多语言包、UNIX 应用支持、BitLocker 驱动器加密、分支缓存（BranchCache）等，通过与微软有软件保证合同的公司进行批量许可出售。不在 OEM 和零售市场发售。

6. 旗舰版

旗舰版拥有所有功能，与企业版基本是相同的产品，仅仅在授权方式及其相关应用及服务上有区别，面向高端用户和软件爱好者。专业版用户和家庭高级版用户可以付费通过 Windows 随时升级（WAU）服务升级到旗舰版。

在这六个版本中，Windows 7 家庭高级版和 Windows 7 专业版是两大主力版本，前者面向家庭用户，后者针对商业用户。此外，32 位版本和 64 位版本没有外观或者功能上的区别，但 64 位版本支持 16GB（最高至 192GB）内存，而 32 位版本只能支持最大 4GB 内存。目前所有新的和较新的中央处理器都是 64 位兼容的，均可使用 64 位版本。

*2.2 Windows 7 操作系统的安装

2.2.1 Windows 7 硬件配置要求

Windows 7 基本硬件配置要求见表 2.1。

表 2.1 Windows 7 基本硬件配置要求

设备名称	基 本 要 求	备 注
CPU	1 GHz 32 位或 64 位处理器	Windows 7 包括 32 位及 64 位两种版本，如果希望安装 64 位版本，则需要支持 64 位运算的 CPU 的支持
内存	1 GB 或 2 GB 内存	如果希望安装 32 位版本，需要至少 1G 内存支持；如果希望安装 64 位版本，则需要至少 2G 内存的支持
硬盘	16 GB 或 20 GB 可用硬盘空间	如果希望安装 32 位版本，需要至少 16G 硬盘支持；如果希望安装 64 位版本，则需要至少 20G 硬盘的支持。由于需要安装大量软件，建议在此基础上增加 10G 左右硬盘空间
显卡	带有 WDDM 1.0 或更高版本的驱动程序的 DirectX 9 图形设备	显卡支持 DirectX 9 可以开启 Windows Aero 特效
其他设备	DVD R/RW 驱动器或者 U 盘等其他储存介质	安装系统使用

2.2.2 Windows 7 操作系统的安装

Windows 7 有全新安装和升级安装两种形式。

1. 全新安装

全新的安装一般适用于全新的计算机环境。也可使用此安装方法将当前使用的 Windows 版本替换为 Windows 7，但不会保留电脑中的文件、设置和程序。因此，这种安装有时称为清理安装。

方法一：使用 Windows 7 安装光盘引导计算机进行全新安装。

（1）设置光驱引导：将安装光盘放入光驱，重新启动电脑，更改 BIOS 引导设备的启动顺序（不同品牌的主板进入 BIOS 修改，按键会有所不同，具体可以参考主板附带的说明书，一般情况

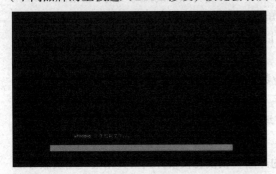

下 Award 主板按 Delete 键，AMI 主板按 Delete 或 ESC 键，Phoenix 主板按 F2 键），选择【CD/DVD（代表光驱的一项）】，保存后计算机自动重新启动。

（2）重启后计算机屏幕上会出现"Press any key to boot from cd…"的字样，此时需要按下键盘上的任意键以继续光驱引导。

（3）光驱引导起来后，会连续出现图 A2.2、图 A2.3 和图 A2.4 所示界面。

图 A2.2　光驱引导界面（1）

图 A2.3　光驱引导界面（2）

图 A2.4　光驱引导界面（3）

（4）弹出设置语言、时间、输入键盘窗口，如图 A2.5 所示，一般保持默认状态即可（【要安装的语言（E）】选择【中文（简体）】，【时间和货币格式（T）】选择【中文（简体，中国）】，【键盘和输入方法（E）】选择【中文（简体）-美式键盘】），单击【下一步（N）】按钮。

（5）版本选择，根据系统版本的不同，此处可能略有不同，选择好要安装的版本，单击【下一步（N）】按钮，如图 A2.6 所示。

（6）在安装许可条款窗口中，同意许可条款，选中"【我接受许可条款（A）】，单击【下一步（N）】按钮，如图 A2.7 所示。

（7）进入分区界面，如需要分区，单击【驱动器选项（高级）（A）】，如不需要分区直接单击【下一步（N）】按钮，如图 A2.8 所示（以下 8～12 步是分区部分，如不需分区直接进入第 13 步）。

图 A2.5　设置语言、时间、输入键盘窗口

图 A2.6　版本选择窗口

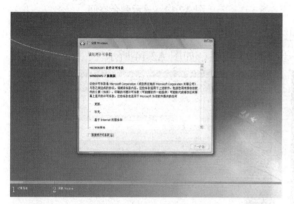

图 A2.7　安装许可条款窗口

图 A2.8　分区界面

（8）单击【新建（E）】，创建分区，如图 A2.9 所示。

（9）在【大小】中设置分区容量并单击【下一步（N）】按钮，如图 A2.10 所示。

图 A2.9　创建分区

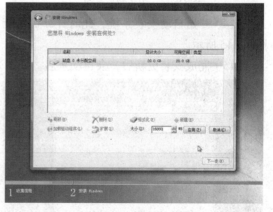

图 A2.10　设置分区容量

（10）如果是在全新硬盘，或删除所有分区后的硬盘上重新创建所有分区，Windows 7 系统会自动生成一个 100MB 或 200MB 的空间用来存放 Windows 7 的启动引导文件，出现图 A2.11 的提示，单击【确定】按钮。

（11）创建好 C 盘后的磁盘状态，这时会看到，除了创建的 C 盘和一个未划分的空间，还有一个 100MB 或 200MB 的空间，如图 A2.12 所示。

图 A2.11　系统自动生成 C 盘空间　　　　　　图 A2.12　显示剩余空间

（12）与上面创建方法一样，将剩余空间创建好，如图 A2.13 所示。

（13）选择要安装系统的分区，单击【下一步（N）】按钮，如图 A2.14 所示。

图 A2.13　创建剩余空间　　　　　　　　图 A2.14　选择要安装系统的分区

（14）开始自动安装系统，此时计算机可能会重启数次，而且这个过程所需要时间稍长，如图 A2.15 所示。

（15）完成安装更新后，会自动重启，如图 A2.16 和图 A2.17 所示。

图 A2.15　开始自动安装系统　　　　　　　图 A2.16　系统正在安装

（16）出现 Windows 7 的启动界面，如图 A2.18 所示。

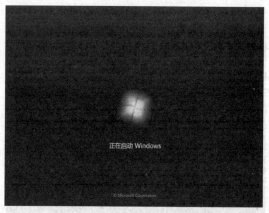

图 A2.17　完成安装后系统自动重启　　　　　　图 A2.18　Windows 7 的启动界面

（17）安装程序会自动继续进行安装，如图 A2.19 和图 A2.20 所示。

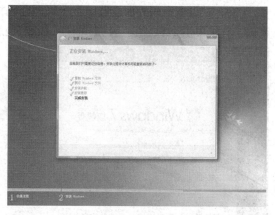

图 A2.19　安装程序启动　　　　　　　　　图 A2.20　安装进行中

（18）当安装完毕，安装程序会再次重启并对主机进行一些检测，这些过程完全自动运行，如图 A2.21、图 A2.22、图 A2.23 和图 A2.24 所示。

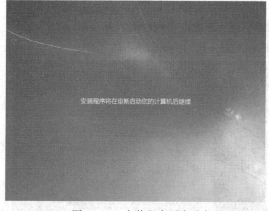

图 A2.21　安装程序再次重启　　　　　　图 A2.22　Windows 再次启动界面

（19）完成检测后，会进入用户名设置界面。在【键入用户名】中输入一个用户名，系统根据用户名自动给【键入计算机名称】建立一个计算机名，一般情况下会是"用户名-PC"。例如，用

记名为 "jsj"，此时计算机机名称自动设置为 "jsj-PC"，但也可以在【键入计算机名称】中输入其他计算机名称，如图 A2.25 所示。

图 A2.23　安装检测准备界面　　　　　　图 A2.24　安装检测界面

（20）在设置密码界面设置账户密码和密码提示，单击【下一步（N）】按钮。也可以不设置密码，直接单击【下一步（N）】按钮，如图 A2.26 所示。

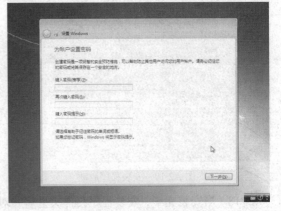

图 A2.25　用户名设置界面　　　　　　图 A2.26　设置密码界面

（21）弹出输入 Windows 产品密钥对话框，输入好产品密钥，单击【下一步（N）】按钮（如果没有密钥，可以直接单击【下一步（N）】按钮，跳过此步，进入系统后再进行激活），如图 A2.27 所示。

（22）设置更新选项，一般情况下选择【系统推荐配置（R）】，如图 A2.28 所示。

图 A2.27　Windows 产品密钥对话框　　　　　　图 A2.28　设置更新选项

（23）设置时间和日期，单击【下一步（N）】按钮，如图 A2.29 所示。

（24）系统设置完成，重新启动，如图 A2.30、图 A2.31 和图 A2.32 所示。

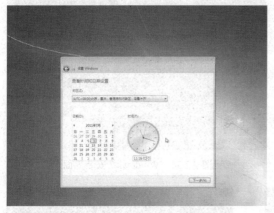

图 A2.29　设置时间和日期

图 A2.30　系统界面重启

图 A2.31　欢迎界面

图 A2.32　启动界面

如在密码设置界面设置了密码，此时会弹出登录界面，输入刚才设置的密码，单击【确定】按钮。

（25）进入桌面环境，安装完成，如图 A2.33 所示。

方法二：在 Windows 下用虚拟光驱装载 ISO 镜像安装 Windows 7。

如果当前计算机当中安装有 Windows 操作系统，而且有 Windows 7 安装光盘的 ISO 镜像文件，若不想刻盘进行安装，则可以使用虚拟光驱加载 ISO 镜像来进行安装，由于 Windows 7 采用了全新的安装方式，所以在虚拟光驱将 ISO 镜像当中的安装文件释放到硬盘后，后面的安装无需读取 ISO 镜像当中的文件。

1）利用虚拟光驱加载 ISO 镜像文件后，在【我的电脑】下单击装载好的 ISO 镜像后弹出安装 Windows 7 界面，单击【现在安装（I）】，如图 A2.34 所示。

2）此时安装程序复制临时文件，并启动安装程序，如图 A2.35 和图 A2.36 所示。

3）弹出【获取安装的最新更新】窗口，选择【不获取最新安装更新（D）】。如选择【联机以获取最新安装更新（推荐）（G）】会下载安装更新，需要一段时间，更新可以在安装好系统后进行，如图 A2.37 所示。

4）弹出安装许可条款窗口，选中【我接受许可条款（A）】，单击【下一步（N）】按钮，如图 A2.38 所示。

图 A2.33　桌面环境

图 A2.34　Windows 7 安装界面

图 A2.35　安装程序复制临时文件界面

图 A2.36　启动安装程序界面

图 A2.37　获取安装的最新更新窗口

图 A2.38　安装许可条款窗口

　　5）弹出安装类型窗口，选择【自定义（高级）（C）】，升级安装将在后面详细介绍，如图 A2.39 所示。

　　6）此时弹出【您想将 Windows 安装在何处？】窗口，现在系统分区很容易判断，一般是分区 1，或盘符为 C:。选好分区单击【下一步（N）】按钮，如图 A2.40 所示。

　　7）弹出【安装 Windows】的对话框，直接单击【确定】按钮，如图 A2.41 所示。

　　8）进入安装过程，和使用 Windows 7 安装光盘引导计算机进行全新安装中的⑭步到⑱步一致，不再详细介绍。

　　9）计算机重启后开始设置 Windows，在设置国家、时区对话框中将【安装的语言（E）】设置为【中文（简体）】，将【时间和货币格式（T）】设置为【中文（简体，中国）】，将【键盘和输入方法（E）】设置为【中文（简体）-美式键盘】，单击【下一步（N）】按钮，如图 A2.42 所示。

图 A2.39　安装类型窗口

图 A2.40　选择系统分区窗口

图 A2.41　将原 Windows 安装文件移
动到 Windows.old 文件夹中

图 A2.42　Windows 设置

10）下面的步骤与使用 Windows 7 安装光盘引导计算机进行全新安装中的⑲步到㉕步一致，不再详细介绍。

2. 升级安装

使用此选项可以将当前使用的 Windows 版本替换为 Windows 7，同时保留电脑中的文件、设置和程序。

在安装 Windows Vista 之前版本的操作系统时，相信大家一定都会首选全新安装而不是进行升级，因为以往 Windows 操作系统之间的升级方式仅是进行一个文件替换的过程，例如，用户从 Windows 2000 升级到 XP，升级过程中 Windows XP 安装程序会将文件分发到 Windows 2000 对应目录进行覆盖来完成系统的变身。这样被升级操作系统之前存在的一些系统不完整或者病毒之类的情况可能依然会出现在升级后的系统中。但有时为了保留常用的程序和设置，又不得不进行系统的升级安装。

相比之下 Windows 7 的安装程序可以实现一个纯净的升级安装。当系统需要升级到 Windows 7 时，安装程序会首先收集用户设置等信息，并将其备份，然后删除原有操作系统的文件后进行全新的安装，最后再将之前备份的用户设置等信息重新应用到纯净的 Windows 7 中。

升级安装可以参照借助虚拟光驱安装的方法，在现有 Windows 环境下载入 Windows 7 的安装光盘镜像进行安装。需要注意的是，由于升级安装过程当中相比较全新安装会多出用户信息的收集、备份和再应用环节，所以安装所需要的时间会比全新安装要久一些，并且在安装程序流程中需要选择【升级安装】。

（1）前几步与在 Windows 下用虚拟光驱装载 ISO 镜像安装 Windows 7 中的①步到④步一致，在此不再详细介绍。

（2）在弹出安装类型的窗口中，选择【升级】，如图 A2.39 所示。

（3）进行兼容性检测，并生成一份兼容性报告存入 Windows 桌面，单击【下一步（N）】按钮，如图 A2.43 所示。

（4）进入安装 Windows 过程，这个过程所需要时间稍长，如图 A2.44 所示。

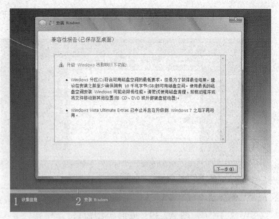

图 A2.43　兼容性检测页面

（5）Windows 需要退出当前的系统，重启后开始升级 Windows 7 系统，如图 A2.45、图 A2.46、图 A2.47 所示。

图 A2.44　安装过程

图 A2.45　开始升级

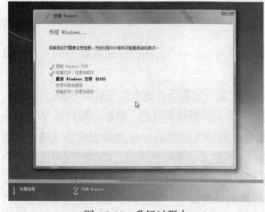

图 A2.46　升级过程中

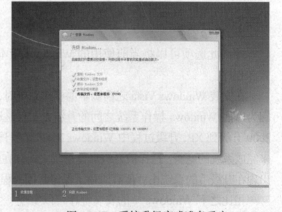

图 A2.47　系统升级完成准备重启

（6）再次重启后进入 Windows 设置阶段，除了不用设置账户、密码外其他与在 Windows 下用虚拟光驱装载 ISO 镜像安装 Windows 7 中的设置一样，在此不再详细介绍。账户和密码默认为原系统设置。

进入 Windows 7 系统桌面后，会看到原先存在 Windows 老版本系统里的"Windows 兼容性报告"的文件（即为升级 Windows 7 时由安装程序生成在桌面的兼容性报告），原系统在系统分区的其他文件（非系统文件）并无变化，说明升级安装并没有删除个人数据。

至此，升级安装结束。

2.3 Windows 7 界面的使用技巧

Windows 7 继承了 Windows Vista 华丽的外观，在用户操作界面结构布局上，相比以往的 Windows 版本发生了很大的变化。资源管理器框架布局、打开文件对话框、遍布各处的搜索框、分类结构视图等改进更加合理易用，让我们使用 Windows 7 进行文件管理和日常操作变得更加轻松。

2.3.1 Windows Aero

Windows Aero 是从 Windows Vista 开始使用的用户界面。"Aero"是 authentic（真实）、energetic（动感）、reflective（具反射性）及 open（开阔）的缩略字，意为 Aero 界面是具立体感、令人震撼、具透视感和阔大的用户界面。

Windows Aero 的特点是半透明的毛玻璃图案、带有精致的窗口动画和新窗口颜色。用户在享受具有视觉冲击力的效果和外观的同时，还可以更快捷地访问程序。

包含 Aero 功能的 Windows 7 版本为企业版、家庭高级版、专业版和旗舰版。

1. 半透明的毛玻璃效果

半透明的毛玻璃效果从外观上带给用户强烈的视觉冲击，最重要的是可以让用户更加关注打开窗口的内容，而不是颜色更深的边框，如图 A2.48 所示。另外可以将窗口最小化、最大化和重新定位，使其显示更流畅、更轻松。

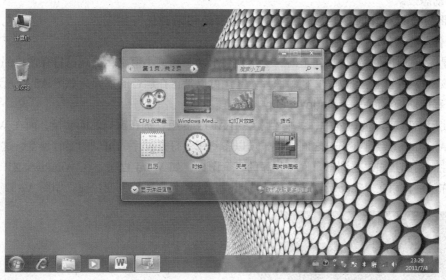

图 A2.48 Aero 类似于毛玻璃效果的窗口

用户可以通过对透明窗口着色，对窗口、开始菜单和任务栏的颜色和外观进行微调。选择提供的颜色之一，或使用颜色合成器创建自己的自定义颜色，如图 A2.49 所示。

设置方法：右击桌面，在弹出的下拉菜单中选择【个性化】命令，在弹出的个性化设置窗口中，选择【窗口颜色】，如图 A2.50 所示。在弹出的更改窗口边框、开始菜单和任务栏的颜色窗口中选择进行设置，如图 A2.49 所示。

图 A2.49　使用提供的颜色可对窗口着色，或与自己的自定义颜色混合在一起

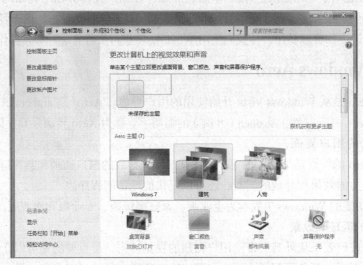

图 A2.50　个性化设置窗口

2. 动态效果

当将窗口最小化时，它以动画的形式平滑地移动到任务栏上。

3. 任务栏窗体动态缩略预览

将鼠标指向任务栏窗体按钮上时，会出现一个动态预览小窗格，出现已打开窗口的动态略缩预览。该窗口中的内容可以是文档、照片，甚至可以是正在运行的视频，如图 A2.51 所示。

4. 程序切换界面——Windows Flip

在使用 Windows 的过程中，我们经常会用 Alt+Tab 组合键在窗口之间切换，而在 Windows 7 中使用 Alt+Tab 组合键在窗口之间切换，可以看到每个打开程序的窗口的实时预览，这就增强了可操作性。例如：如果遇到出自同一程序的多个图标，如 Word 程序，在 Windows XP 系统中只能靠名称辨别，而在 Windows 7 系统中更为直观，选择起来更加方便快捷，如图 A2.52 所示。

图 A2.51　指向窗口的任务栏按钮会显示该窗口的预览

图 A2.52　使用 Alt+Tab 组合键切换窗口

5. 3D 桌面效果——Windows Flip 3D

Windows Flip 3D 是切换程序时的一种 3D 效果，如图 A2.53 所示，进入此状态时所有当前窗口都将以 3D 的层叠效果出现在屏幕上，而且周围整体颜色变暗，从而起到突出中间程序的效果。

使用 Windows Flip 3D，可以快速预览所有打开的窗口而无需单击任务栏。Windows Flip 3D 可以显示活动的进程，如播放的视频。

通过按 Windows 徽标键+Tab 组合键打开 Windows Flip 3D，Windows Flip 3D 会动态显示桌面上所有打开的三维堆叠视图的窗口。在该视图中，按住 Windows 徽标键+Tab 组合键 1～2 秒，可以实现在打开的窗口中快速翻转；按住 Windows 徽标键的同时点按 Tab 键一次，可以在打开的窗口中以较慢速度翻转。

Windows 徽标键和 Tab 键都松开时，Windows Flip 3D 关闭。

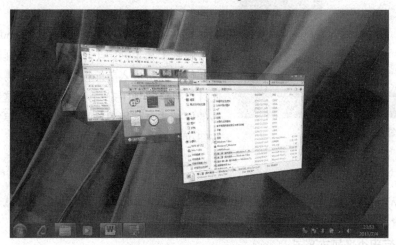

图 A2.53　Windows Flip 3D 效果

2.3.2　开始菜单

单击屏幕左下角的【开始】按钮或者按 Windows 徽标键，可打开开始菜单。

相对 Windows XP 系统而言，开始菜单有以下几个重要变化，参见图 A2.54。

1. 所有程序

在 Windows 7 中所有程序的显示以文件夹树形结构来呈现，会按字母顺序显示程序所在文件夹的列表，可比 XP 更加快速地查找程序。

如果不清楚某个程序是做什么用的，我们可将指针移动到其图标或名称上，会出现对该程序的描述。例如，移动到【计算器】上时会显示这样的描述："使用屏幕'计算器'执行基本的算术任务。"

开始菜单中的程序列表会发生变化。出现这种情况有两种原因。首先，安装新程序时，新程序会添加到【所有程序】列表中。其次，开始菜单会检测最常用的程序，并将其置于左边窗格中以便快速访问。

2. 搜索框

Windows 7 中的搜索按钮相比于 XP 系统也作了较大改变，使得操作更加方便快捷。而且 Windows 7 中的搜索框支持命令的输入，因此在 XP 中的【运行】按钮在 Windows 7 中没有必要出现了。

随着我们存储在硬盘上的数据越来越多，系统当中安装的程序也越来越多，不过不用担心，在 Windows 7 当中，搜索框可以说是遍布系统界面各处，无论是资源管理器、开始菜单、通用对话框还

图 A2.54　开始菜单

是控制面板，都可以看见它的身影。在 Windows XP 中，由于搜索速度慢，对常用的文件基本上是凭记忆来查找。而在 Windows 7 当中，改进的搜索功能不仅使搜索速度更快，而且搜索方法也更加简便。因为采用了和开始菜单搜索框一样的动态搜索机制，所以当我们输入被查询项目文件名当中所包含的第一个关键字时，筛选就会立刻开始，随着输入的关键字越来越精确，筛选的范围也会随之缩小，直到需要的项目被找到。可以说在 Windows 7 时代，搜索将会成为我们使用计算机的主要操作方式。

3．关机与锁定

相对 Windows XP 系统而言，Windows 7 增加了【睡眠】和【锁定】按钮。单击【睡眠】按钮可快速使计算机进入节能模式，并且只需几秒钟便可使计算机恢复到用户离开时的状态，这使得越来越多的便携式电脑用户使用更加方便。单击【锁定】按钮可使当前用户桌面安全锁定。

2.3.3　任务栏

相对于 Windows XP 及以前的 Windows 系统而言，Windows 7 最直观的变化就是任务栏的布局和默认配置了。

1．任务栏中不再显示文字

在默认情况下，任务栏（见图 A2.55）上用于启动程序和切换到程序的图标是统一的，并且任务栏上不会显示文字说明。Windows Vista 之前版本中的快速启动栏在 Windows 7 中已不复存在。

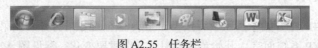

图 A2.55　任务栏

2．快速启动工具栏的功能已集成到主任务栏中

任务栏上放置了一组默认的图标，可用来启动各个应用程序。我们可通过以下方法添加其他图标以及删除现有图标：将相应图标拖至任务栏上（除程序外，还可以将文档、媒体和其他数据拖至 Windows 7 任务栏上），如图 A2.56 所示，或者使用相应应用程序图标的右键单击菜单上的【将应用程序从任务栏解锁】或【将此程序锁定到任务栏】取消固定选项，如图 A2.57 所示。

图 A2.56　拖动应用程序以将其固定在任务栏上

图 A2.57　将应用程序从任务栏中解锁

3. 通过任务栏启动和使用应用程序

使用任务栏上的相应图标启动应用程序后，该图标会保持在原位置不动，但它上面会覆盖一个突出显示的透明正方形，表示应用程序现在正在运行。如果为同一个应用程序打开了多个窗口，或者打开了同一个应用程序的多个实例，则图标上面会变为覆盖多个突出显示的透明正方形。同一个应用程序的所有窗口会折叠为一个图标，如图 A2.58 所示。

Windows 7 中的任务栏还可以显示任务栏上打开的应用程序的缩略图预览，并且会为相应窗口提供文字说明。这样，用户可以根据窗口的内容直观地识别相应窗口，从而查看并选择所需窗口。以前的视图对窗口提供的说明仅包含短短的三四个字，现在则方便得多。而只需单击相应窗口的缩略图，即可使它重新恢复到焦点状态。

对于打开了多个窗口的应用程序而言，此功能显得尤为重要。若要选择某个特定的窗口，应首先在任务栏中单击相应的图标，然后再单击所需窗口的缩略图。

有些应用程序能够为同一窗口的不同部分生成多个缩略图。这里主要以 Windows 照片查看器和标签为例。如果在同一个 Windows 照片查看器浏览窗口中打开了多个标签，那么各个标签都将具有自己的缩略图。图 A2.58 的示例显示了一个窗口的缩略图，其中有 3 个标签处于打开状态。

4. 缩略图工具栏

Windows 7 任务栏的许多方面都是开放式的，可通过应用程序进行自定义。缩略图工具栏便是一个很好的例子。应用程序可在其缩略图中提供了工具栏，其中最多可包含应用程序的七个最常用按钮。下面的 Windows Media Player 缩略图就是这方面的一个例子，其中提供了【播放/暂停】、【上一曲目】和【下一曲目】3 个按钮（见图 A2.59）。

图 A2.58　Windows 7 任务栏上打开的应用程序的缩略图预览　　图 A2.59　Windows Media Player 缩略图

5. 进度条

在 Windows 7 中，任务栏中应用程序的图标可以反映出进度信息，用户不必再打开应用程序查看实时进度。图 A2.60 中 Windows 资源管理器的图标中正在反映使用 Windows 资源管理器复制文件的进度。

　为了支持此功能，Windows 7 已经删除了 Windows Vista 之前版本中存在的 Windows Media Player 工具栏。

6. 任务栏通知区域

在默认情况下，此区域中可见的图标仅为四个系统图标和时钟。通常显示在任务栏通知区域中的所有其他图标将被推送到溢出区域中，单击图 A2.61 所示的向上箭头时会显示溢出区域。

用户可以通过以下方法自定义此外观：使用图 A2.61 中显示的【自定义...】链接，或者只需将图标从溢出区域拖至主任务栏通知区域，或从主任务栏通知区域中将图标拖至溢出区域。

图 A2.60　Windows 资源管理器中复制文件的进度条　　　图 A2.61　任务栏通知区域

7. 显示桌面

查看任务栏通知区域时，可以看出 Windows Vista 之前版本的 Windows 系统中位于快速启动栏中的【显示桌面】按钮移至了桌面右下角，在任务栏最右侧，样式改为细竖条，用户更容易找到。

除了单击【显示桌面】按钮，还可以使用 Windows 徽标键+D 组合键激活【显示桌面】。

8. 跳转列表

跳转列表是 Windows 7 中的新概念，它是任务栏中应用程序图标的特定菜单。利用跳转列表，可快速访问应用程序相关的最常见任务，以及用户在运行该应用程序时最有可能用到的文档、媒体或其他文件。

可通过以下两种不同的方式来打开跳转列表：右键单击任务栏上的相应图标；用鼠标左键将图标从任务栏径直向上拖。

在图 A2.62～图 A2.64 中，我们可以看到 3 个不同的跳转列表示例。

图 A2.62 所显示的是 Windows 7 之前的程序的跳转列表示例，图中为 Microsoft Office Excel 2007 的跳转列表。Excel 2007 是在 Windows 7 之前发行的，因此它不知晓跳转列表这一功能，也就无法为该功能提供任何自定义设置。这表明为 Excel 2007 提供的跳转列表是默认跳转列表，它提供了下列选项。

（1）关闭该应用程序，因为它当前正在运行。（在图 A2.63 中，该应用程序未运行，因此没有【关闭窗口】选项。）

（2）将该程序从任务栏取消固定，因为它当前被固定。（如果图标代表未固定到任务栏的正在运行的应用程序，那么将显示【将此程序固定到任务栏】选项，如图 A2.64 所示。）

图 A2.62　Windows 7 之前的程序的　　图 A2.63　Windows 7 感知程序跳转列表　　图 A2.64　Windows 7 任务
　　　　　　跳转列表　　　　　　　　　　　　　　　　　　　　　　　　　　　　　　　　　跳转列表

（3）单击列表中相应的程序名称将打开一个新窗口。通过按住 Shift 键的同时单击相应图标或用鼠标中键单击相应图标，可以完成相同的操作。

此外还会显示应用程序最近使用过的文件列表。

图 A2.63 显示的是 Windows 7 感知程序跳转列表，它是一个自定义程度更高的跳转列表。底部的选项与 Windows 7 之前的程序的跳转列表相似，但通过中部标为"任务"的新部分可以完成特定于此程序的任务。在此示例中，可以在现有浏览器窗口中打开一个新的 InPrivate 浏览会话或打开一个新标签。

图 A2.64 显示了一个完全以任务为中心的应用程序示例。跳转列表中没有 Windows Live Messenger 正在使用的文档，但我们看到其中显示了许多与客户端相关的可能任务。

2.3.4　小工具

Windows 7 的小工具是从 Windows Vista 的 Windows 边栏演变而来的，是一组可以在桌面上显示的常用工具，如图 A2.65 所示。有关 Windows 7 小工具的最大变化是，它们不再停靠在边栏上，相反，小工具可以在桌面上自由浮动。

在默认情况下小工具不显示在桌面上。

可以右键单击桌面，在弹出的下拉菜单中选择【小工具】项（见图 A2.66）将小工具添加到桌面上。

图 A2.65　小工具

图 A2.66　右键单击桌面出现的快捷菜单

当不需要在桌面上显示小工具时。右键单击小工具，然后单击【关闭小工具】，或单击小工具旁边的【关闭】按钮。

2.3.5　个性化设置

Windows 7【控制面板】中的【个性化】选项增强了对主题的支持，主题是包含屏幕保护程序、声音、桌面背景以及 Aero Glass 颜色自定义设置的软件包。通过【控制面板】中的链接可以联机使用其他主题，微软官方还为世界上许多不同国家/地区的用户提供了一些位置特定的主题，如图 A2.67 所示。

许多主题可以在同一软件包中包括多个不同的背景，因为它们利用了 Windows 7 的另一项新功能——桌面幻灯片放映。使用桌面幻灯片放映，可以选择若干张不同的图像作为背景，系统自动循环显示背景，默认每隔 30 分钟换一幅图，但我们可以使用图 A2.68 所示的【更改图片时间间隔】选项配置此时间。

在图 A2.68 中，还会看到"建筑"类别中有几张图像处于选中状态，这表示这些图像将作为此计算机的桌面幻灯片放映的部分进行显示。

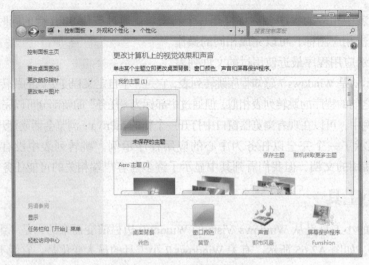

图 A2.67 【个性化】设置窗口

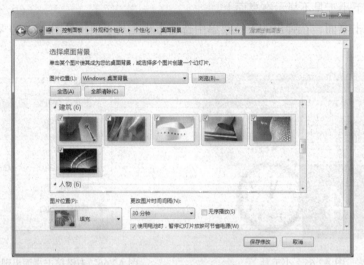

图 A2.68 设置更换背景图片的时间间隔

当图像循环显示时，如果遇到要跳过的图像，可单击桌面快捷菜单中的【下一个桌面背景】选项。

2.3.6 方便的地址栏按钮

传统 Windows 资源管理器地址栏的作用基本上比较单一，虽然可以使用它来输入路径进行目录的跳转，但是相对来说并不是很方便。而 Windows 7 资源管理器的地址栏，无论是易用性还是功能性对比过去都更加的强大。通过全新的地址栏，用户不仅可以获取当前目录的路径结构、名称，实现目录的跳转或者跨越跳转操作，还可以在路径当中加入命令参数。

首先在 Windows 7 的资源管理器当中，用户找不到传统的【向上】按钮命令，而看到的是将每一层目录结构以按钮视图来呈现的全新地址栏外观。

例如，打开目录的路径为 D:\Windows\ehome，看到全新地址栏的显示方式是四个对应目录名称和顺序的按钮，如图 A2.69 所示。如果需要到达上一个层目录 Windows 文件夹，可以直接单击名称为 Windows 的按钮；如果想从 ehome 文件夹直接到达 D 盘的根目录，不用单击后退按钮，而直接单击 D：按钮即可实现这种跨越式的跳转操作。

通过地址栏上夹在每一个目录按钮中间的【箭头】，还可以跳转到与当前所在目录为平行关系的文件夹。例如，以图 A2.69 所示的资源管理器路径为例，单击 ehome 按钮前面的箭头，在出现的菜单当中我们可以跳转到 Windows 文件夹当中任何一个目录。其实也可以把这种全新的地址栏看作是树形文件夹的另一种视图，因为操作所实现的效果和树形文件夹是完全一样的。

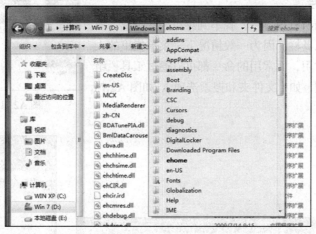

图 A2.69　Windows 7 资源管理器的地址栏

1. 手动在地址栏输入路径

如果需要以传统的方式手动输入地址栏信息或者命令行，只需要使用鼠标在地址栏没有按钮的空白区域单击，即可转为可输入文字的状态。

2. 快速复制文件夹路径

在一般情况下对地址栏进行编辑操作时经常需要对其进行复制，并粘贴到其他对话框中使用，在 Windows 7 当中可以将地址栏复制到改进的通用对话框地址栏处。如果需要快速复制地址栏当中的路径，可以右键单击地址栏，然后在菜单当中选择【将地址栏复制为文本】，如图 A2.70 所示。

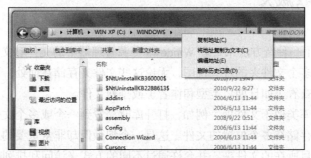

图 A2.70　快速复制文件夹路径

2.3.7　改进的工具栏和菜单栏

在 Windows 7 所有资源管理器和通用打开对话框界面中，工具栏的设计与以往发生了很大的变化，并且在任何窗体视图中，工具栏前两项元素都是通用的，包括"组织"和"视图"。

1. 改进的工具栏

如果需要更改当前资源管理器内的视图大小，除了使用 Ctrl+鼠标滚轮组合键的方式来快速调整外，还可以单击【视图】按钮，在弹出的菜单当中滑动调整图标的显示尺寸，如图 A2.71 所示。

工具栏通用按钮功能。工具栏上按钮的功能类型也是随着我们选择不同类型的文件而变化的，例如我们选择一个图片，那么工具栏上就会出现图 A2.72 所示的【预览】【播放幻灯片】、【打印】和【电子邮件】这些可能会用到的操作。

2. 改进的菜单栏

在 Windows 7 的所有窗体中，找不到菜单栏的身影，取而代之的是全新的工具栏。因为一般情况下，菜单栏里的大部分命令并不是很常用，而常用的命令都可以通过工具栏组织按钮下的菜单找到，如【文件夹和搜索选项】，如图 A2.73 所示。

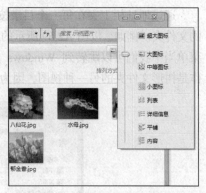

图 A2.71 【视图】按钮

图 A2.72 选择图片状态下的工具栏通用按钮功能

图 A2.73 【组织】按钮

2.3.8 库和收藏夹

1. 库

Windows 7 引入了一种新方法来管理 Windows 资源管理器中的文件和文件夹，这种方法称为库。库可以提供包含多个文件夹的统一视图，无论这些文件夹存储在何处。可以在文件夹中浏览文件，也可以按属性查看（如日期、类型和作者）或排列文件。

在某种程度上，库类似于文件夹。例如，打开库时，看到一个或多个文件。但是，与文件夹不同的是，库会收集存储在多个位置的文件。这是一个细微但却非常重要的区别。库并不实际存储项目。它们监视项目所在的文件夹，并允许通过不同的方式来访问和排列项目。

例如，如果硬盘和外部驱动器上的文件夹中有视频文件，那么可以使用视频库一次访问所有视频文件。删除该库并不会删除存储在该库中的文件，然而删除该库中的文件或文件夹会将相应项目删除。

在图 A2.74 中，可以看到视频库包含两个默认文件夹【我的视频】和【公用视频】，以及另外一个自定义文件夹 KTV（I:）。

库提供的视图是为库定义的顶层文件夹下所有文件和文件夹的统一列表。在如图 A2.74 所示的屏幕截图中，视频库有三个文件夹，分别为【我的视频】,【公用视频】、【KTV（2）】,【公用视频】下有一个名为【示例视频】的子文件夹,【KTV】下有 2 个视频文件。在库的主内容窗格中，这三个文件夹显示在同一个统一视图中，并且未对它们在磁盘上的实际位置进行区分。

默认情况下，每个用户账户有四个预先填充的库：【文档】、【音乐】、【图片】和【视频】，如图 A2.75 所示。如果意外删除了其中的一个默认库，则可以在【导航】窗口中右击"库"，然后单击【还原默认库】命令，即可将其还原为原始状态。

图 A2.74　库　　　　　　　　　　　　　　图 A2.75　四个预先填充的库

　　当查看图片库的属性时，可以看到该库中包括的文件夹的列表。如图 A2.76 所示，查看图片库的默认配置，该库只包含两个文件夹。使用此界面连同其他几个选项，可以向该库中添加其他文件夹或从该库中删除现有文件夹。

　　我们还可以使用 Windows 资源管理器向库中添加其他文件夹。通过以下两种方法即可实现这一点：右击要添加到库中的文件夹，并选择【包含到库中】，然后选择要添加到该文件夹的库类型，如图 A2.77 所示；以添加音乐库为例，单击音乐库，在"音乐库"三个字下方出现蓝色"X 个位置"，单击这几个字后，出现【音乐库设置】对话框，通过【添加】按钮即可进行添加。

图 A2.76　向库中添加其他位置　　　　　图 A2.77　使用资源管理器向库中添加文件夹

注意 可移动媒体设备（如 CD、DVD 或 U 盘）上的文件夹不能包含到库中。

可以将来自许多不同位置的文件夹包含到库中，如计算机的 C 盘驱动器、外置硬盘驱动器或网络。

2. 收藏夹

在 Windows 7 资源管理器当中，加入了可以自定义内容的目录链接列表【收藏夹】链接，如图 A2.78 所示。

【收藏夹】链接不仅预设了相比过去数量更多的常用目录链接，还可以将用户自己经常要访问的文件夹拖动到这里，如图 A2.79 所示。需要访问这些自定义的常用文件夹时，只要打开资源管理器，无论在哪里，都可以快速地跳转到需要的目录。

图 A2.78　收藏夹

图 A2.79　将文件夹快捷链接拖放到文件夹收藏栏

2.3.9　对于文件具体操作的改进

在 Windows Vista 之前版本系统移动文件时，如遇到要移动的文件夹与目标位置的文件夹重名，此时要么覆盖，要么重命名后再移动，最重要的是稍不小心就会丢失文件。这个问题在 Windows 7 当中得到了有效的改善。当移动文件时，如果两个文件夹重名，会出现图 A2.80 中的提示，如果选择【是】，则两个文件夹的内容将进行合并。

2.3.10　重命名文件的改进

在以往的 Windows 当中，如果设置显示文件扩展名后，在对文件重命名时，需要选择扩展名前的部分，

图 A2.80　文件夹内容合并

图 A2.81　默认排除
扩展名部分的字符

虽然如果扩展名被更改系统会做出提示，但是还是比较不方便。而在 Windows 7 中重命名文件时，用户会发现系统会默认排除扩展名部分的字符而仅选中单纯的文件名部分，如图 A2.81 所示。这样一来，对于新手来说也可以启用扩展名显示，从而更好地判断相同图标组外观不同的文件的区别。

2.4　Windows 7 网络设置

2.4.1　建立网络连接

1．Windows 7 系统创建宽带连接

打开【开始】菜单，单击【控制面板】命令，在【调整计算机的设置】对话框中，选择【网络和 Internet】命令，如图 A2.82 所示。

然后选择【网络和共享中心】命令，如图 A2.83 所示。

出现【更改网络设置】对话框，选择【设置新的连接或网络】命令，如图 A2.84 所示。

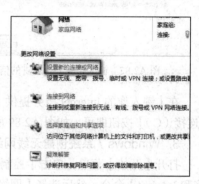

图 A2.82　Windows 7 系统创建　　　　图 A2.83　选择网络　　　　　图 A2.84　更改网络设置
　　　　　　宽带连接

在【设置连接或网络】对话框中，选择【连接到 Internet】命令，单击【下一步的】按钮，如图 A2.85 所示。在【您想如何连接】对话框中，单击【宽带（PPPoE）（R）】命令，如图 A2.86 所示。输入相关 ISP 提供的信息后单击【连接（C）】按钮即可，如图 A2.87 所示。

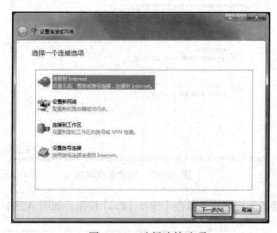
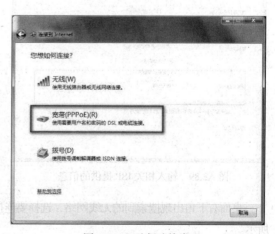

图 A2.85　选择连接选项　　　　　　　　图 A2.86　选择连接类型

2．Windows 7 系统创建拨号连接

打开【开始】菜单，单击【控制面板】命令。在【调整计算机的设置】对话框中，单击【网

络和 Internet】命令，然后选择【网络和共享中心】命令，在【更改网络设置】对话框中选择【设置新的连接或网络】命令。在【设置连接或网络】对话框中，选择【连接到 Internet】命令，单击【下一步（N）】按钮。在【您想如何连接】对话框中，单击【拨号（D）】按钮，如图 A2.88 所示。

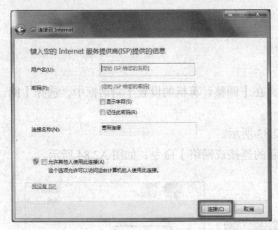

图 A2.87　输入相关 ISP 提供的信息

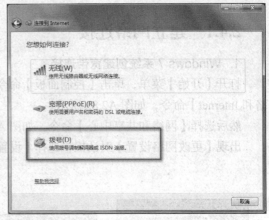

图 A2.88　选择连接类型为拨号

在【键入您的 Internet 服务提供（ISP）提供的消息】对话框中，输入 ISP 提供的信息后单击【连接（C）】按钮即可，如图 A2.89 所示。

3. Windows 7 系统创建无线网络连接

打开【开始】菜单，单击【控制面板】命令。在【调整计算机的设置】对话框中，单击【网络和 Internet】命令。然后选择【网络和共享中心】命令。在【更改网络设置】对话框中选择【设置新的连接或网络】命令。在【设置连接或网络】对话框中，选择【连接到 Internet】命令，单击【下一步（N）】按钮。在【您想如何连接】对话框中，单击【无线（W）】按钮，如图 A2.90 所示。

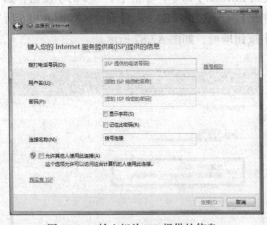
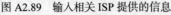

图 A2.89　输入相关 ISP 提供的信息

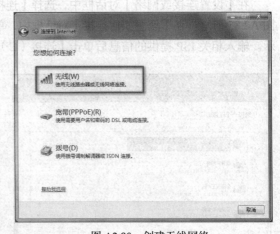

图 A2.90　创建无线网络

桌面右下角出现搜索到的无线网络，选择要连接的无线网络，单击【连接（C）】按钮，如图 A2.91 所示。

如果无线网络有密码，则输入密码后单击【确定】按钮即可，如图 A2.92 所示。

> 无线网络可以直接单击右下角的无线网络标识进行连接。

图 A2.91　连接搜索到的网络

图 A2.92　输入网络安全钥

2.4.2　更改网络环境类型

很多使用移动计算机的用户会经常处在不同的网络环境中，在不同的网络环境下（例如：家庭、本地咖啡店或办公室）连接到网络，选择一个合适的网络位置可确保始终将计算机设置为适当的安全级别。

Windows 7 有三种网络环境类型，分别是家庭网络、工作网络、公用网络。

如需更改网络环境类型，可按下列步骤操作。打开【开始】菜单，单击【控制面板】命令，打开【网络和 Internet】命令，选择【网络和共享中心】命令，如图 A2.93 所示。单击查看活动网络属性下的【家庭网络】，弹出【设置网络位置】对话框，如图 A2.94 所示。此时可以调整计算机在网络中的环境。

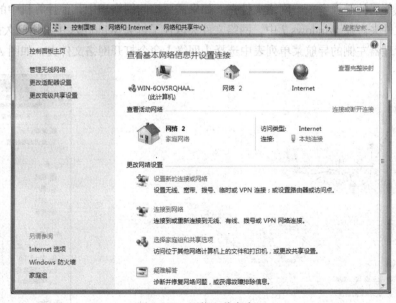

图 A2.93　网络和共享中心

网络环境不同，Windows 7 的防火墙也有着不同的设置。在公共场所连接网络时，【公用网络】

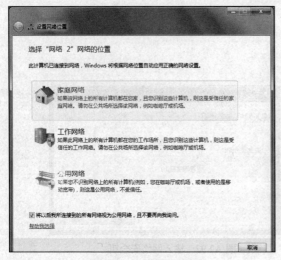

图 A2.94　设置网络位置

环境会阻止某些程序和服务运行，这样有助于保护计算机免受未经授权的访问。如果连接到【公用网络】并且 Windows 防火墙处于打开状态，则某些程序或服务可能会要求允许它们通过防火墙进行通信，以便让这些程序或服务可以正常工作。

在允许某个程序通过防火墙进行通信后，当具有相同网络环境时，防火墙都会允许该程序进行通信。例如，如果在咖啡店连接到某个网络并选择【公用网络】作为网络环境，然后解除了对一个即时消息程序的阻止，则对于所连接到的所有公用网络，对该程序的阻止都将解除。

2.4.3　创建和管理小型网络

1.　通过路由器实现多台 PC 共享上网

如果家中拥有多台计算机，希望多台计算机能够同时使用互联网连接，那么就必须借助路由器和调制解调器来实现，如图 A2.95 所示。绝大多数路由器都自带宽带自动连接功能，只需要在路由器的 Web 管理界面进行配置即可。设置完成后，将多台计算机连接到路由器以及调制解调器后即可实现多台 PC 同时上网。

2.　管理共享

对于家庭网络来说，最重要的就是资源共享，比如说如果客厅中的台式机并没有配备较大容量的硬盘，看电影、听歌或录制电视节目时就可以通过家中配备硬盘容量较大的计算机进行共享。

（1）网上邻居的继承者——网络文件夹。如果需要访问网络当中其他计算机中的资源，就必须通过网络文件夹。在 Windows 7 中，网络文件夹取代了过去 Windows 中沿用已久的网上邻居，可以从资源管理器左侧的导航菜单列表中选择【网络】命令打开网络文件夹，如图 A2.96 所示。

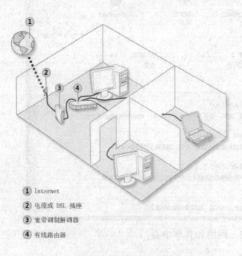

① Internet
② 电缆或 DSL 插座
③ 宽带调制解调器
④ 有线路由器

图 A2.95　使用路由器和调制解调器的网络

图 A2.96　资源管理器的导航菜单

（2）设置网络发现。默认情况下，Windows 7 会关闭网络发现功能，这样网络中的其他计算机无法通过网络文件夹对自己进行访问，同时自己也无法访问其他计算机。打开网络文件夹后，如果发现当前网络处于关闭状态，那么则会看到如图 A2.97 所示的界面，在这里用户只需要使用鼠标单击工具栏下的提示栏并选择【启用网络发现和文件共享】，然后在弹出的对话框中选择【否，使已连接到的网络成为专用网络】选项，如图 A2.98 所示，这样既可将当前系统的网络状态设置为专用网络，同时处于同一个网络中的计算机也可以对自己进行访问。

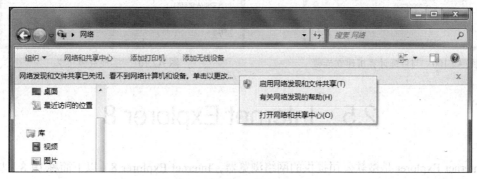

图 A2.97　网络处于关闭状态下界面

（3）开启文件共享。单击【网络和共享中心】|【更改高级共享设置】，在打开的窗口中选择【启用文件共享和打印机共享】按钮，然后单击【保存修改】按钮即可打开文件共享功能，如图 A2.99 所示。当然也可以通过网络和共享中心对网络发现、公用文件共享等功能的开启或关闭进行设置。

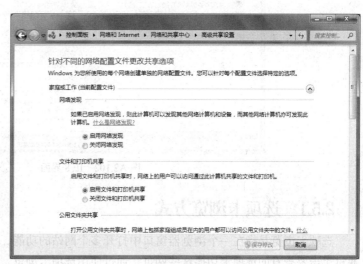

图 A2.98　设置网络发现　　　　　　　图 A2.99　高级共享设置界面

（4）访问共享资源。在访问网络中其他计算机中的共享资源时，可以通过网络文件夹来查看。在网络文件夹中，单击需要访问的计算机图标，然后输入目标计算机中的账户名和密码，如图 A2.100 所示，这样即可访目标计算机当中共享的项目，如图 A2.101 所示。

图 A2.100　与目标计算机建立连接

图 A2.101　实现资源共享

2.5　Internet Explorer 8

　　Internet Explorer 是微软公司提供的网络浏览器，Internet Explorer 8（以下简称 IE 8）与以前的版本相比在易用性和安全性等方面都有较大的改进。IE 8 界面如图 A2.102 所示。

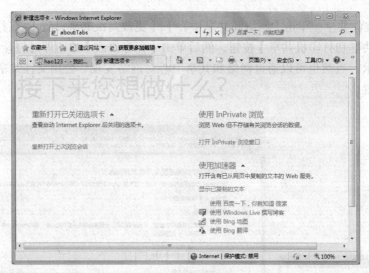

图 A2.102　IE 8 界面

2.5.1　选项卡浏览方式

　　选项卡浏览是指在一个浏览器窗口中打开多个网站的功能，可以在新选项卡中打开网页，并通过单击要查看的选项卡切换这些网页。通过使用选项卡浏览，可以减少任务栏上显示的项目数量，使任务栏看起来更清爽。

1.　打开新选项卡

　　若要打开新的空白选项卡，单击选项卡行上的【新建选项卡】按钮或按 Ctrl+T 组合键。若要从网页上的链接打开新选项卡，在单击该链接时按 Ctrl 键，或者右击该链接，然后单击【在新选项卡中打开】命令。

2. 关闭选项卡

如果打开了多个选项卡，在要关闭的选项卡上单击【关闭选项卡】按钮即可关闭想要关闭的选项卡。如果只打开了一个选项卡，必须关闭浏览器窗口才能关闭此选项卡。

如果单击 IE 8 右上角的【关闭】按钮，则会询问【关闭所有选项卡还是关闭当前的选项卡？】。

2.5.2   集成的搜索框

Web 搜索引擎在当今互联网飞速发展的时期充当着非常重要的角色，为用户寻找所需要的数据提供了非常便捷的服务。过去，用户如果通过 IE 6 在网上查找需要的信息，必须先登录 Web 搜索引擎的主页，例如，在地址栏中输入百度的域名，等待 Web 搜索引擎主页显示出来后才能输入关键字进行搜索。这也是许多人将带有搜索引擎的网页做为主页的原因之一。

就像 Windows 7 的资源管理器一样，在 IE 8 界面的右上角，用户会看见一个搜索框，这个搜索框并不是用来对本地数据进行搜索的。通过它，用户可以在不访问 Web 搜索引擎主页的情况下，在搜索框中直接输入所要查询的关键字符，然后单击【搜索】按钮，便可自动跳转到相应搜索引擎的搜索结果页面，这样一来更加简化了我们的操作，提高了搜索效率。在默认情况下，搜索框所调用的是 Windows Live 搜索，用户可以根据自己的偏好选择添加自己感觉搜索效果好的网络搜索引擎。

2.5.3   收藏中心与 RSS 订阅管理

IE 8 的收藏中心不仅包含网页收藏夹，全新的 RSS 订阅信息以及网页浏览历史都被以选项卡的形式组织在一起。同时，收藏中心侧栏另一个比较人性化的改进就是采用了浮动面板的设计形式，当打开收藏中心单击链接后，鼠标离开时它会自动关闭，这样就不会影响用户浏览网页。如果使用的是宽屏显示器，也可以让浮动面板固定显示。

除了选项卡，RSS 也是 IE 8 的一项较为实用的新功能。IE 8 自身不仅可以完成源的发现、订阅、查看以及管理，同时也是整个 Windows 7 平台下其他支持 RSS 查看组件的最直观方便的订阅途径。

2.5.4   仿冒网站筛选和保护模式

Smart Screen 筛选器是 IE 8 中的一种帮助检测网络钓鱼网站的工具。Smart Screen 筛选器还可以帮助用户阻止安装恶意软件。（恶意软件是指表现出非法、病毒性、欺骗性和恶意行为的程序。）

Smart Screen 筛选器通过以下三种方法来帮助保护信息安全。

（1）当用户在 Web 中浏览时，Smart Screen 筛选器在后台运行，可分析网页并确定这些网页是否有任何可能值得怀疑的特征。一旦发现可疑的网页，它将显示一则消息，提示用户谨慎处理。

（2）Smart Screen 筛选器对照最新报告的网络钓鱼站点和恶意软件站点的动态列表，检查访问的站点。如果 Smart Screen 筛选器找到匹配项，它将显示一个红色警告，通知用户已经为了用户的信息安全阻止了该站点。

（3）Smart Screen 筛选器还会对照报告的恶意软件站点的同一动态列表，检查从 Web 下载的文件。如果 Smart Screen 筛选器找到匹配项，它将显示一个红色警告，通知用户已经为了用户的信息安全阻止了该下载。

2.5.5   IE 8 的一些常用设置

1. 修改 IE 8 浏览器的主页

打开 IE 浏览器，打开【工具】菜单，单击【Internet 选项】命令，如图 A2.103 所示。

在【常规】选项下的主页文本框输入主页网址，可输入一个或多个主页网址，每输入完一个地址，回车后即可输入下一个地址，建议不要设置太多，否则会影响 IE 的打开速度。最后，单击【确定】按钮即可完成设置，如图 A2.104 所示。

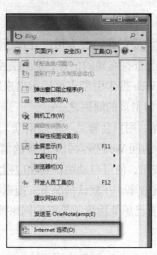

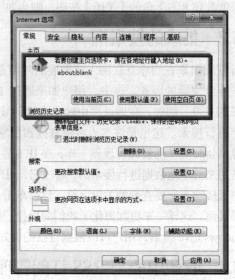

图 A2.103 【工具】菜单下的【Internet 选项】　　　　图 A2.104　设置主页

2. 更改 IE 8 浏览器搜索提供程序

打开 IE8 浏览器，在右上方搜索栏的下拉菜单中选择【管理搜索提供程序】，如图 A2.105 所示。

在打开的【查看和管理 Internet Explorer 加载项】窗口选择左下方【查找更多搜索提供程序（F）...】，如图 A2.106 所示。

图 A2.105　打开管理加载项　　　　　　　　　图 A2.106　搜索程序

在打开的【加载项资源库】选择要添加的搜索程序，例如，添加新浪天气搜索，单击【添加到 Internet Explorer】，如图 A2.107 所示。

在弹出的【添加搜索提供程序】对话框选择【添加（A）】按钮，如图 A2.108 所示。

设置默认的搜索程序，在要设置为默认的搜索程序上右击选择【设为默认】命令即可。设置天气查询为默认搜索程序，如图 A2.109 所示。

3. 设置 IE8 浏览器临时文件的大小、位置和保存天数

打开【工具】菜单，单击【Internet 选项】命令在【常规】选项卡中的【浏览历史记录】栏，单击【设置（S）】按钮，如图 A2.110 所示。弹出【Internet 临时文件和历史记录设置】对话框，如图 A2.111 所示。

图 A2.107　从【加载项资源库】选择需要添加的程序

图 A2.108　添加搜索提供程序

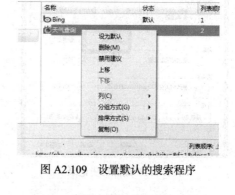

图 A2.109　设置默认的搜索程序

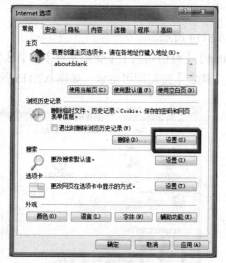

图 A2.110　设置临时文件

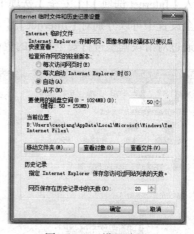

图 A2.111　设置过程

设置临时文件的大小。调节【要使用的磁盘空间（8～1 024MB）（D）:（推荐使用：50～250MB）】文本框右侧的微调按钮即可改变临时文件的大小。

设置临时文件保存的位置。【当前位置】即是临时文件的保存位置，单击【移动文件夹（M）】按钮即可改变临时文件的保存位置。

设置临时文件的保存天数。调节【历史记录】中【网页保存在历史记录中的天数（K）】文本框右侧的微调按钮即可改变要保存的天数。

4. 删除 IE 8 浏览器浏览历史记录

打开【工具】菜单，进入【Internet 选项】，在【浏览历史记录】栏单击【删除（D）】按钮，如图 A2.112 所示。

在弹出的【删除浏览的历史记录】对话框中选择要删除的项目，单击【删除（D）】即可，如图 A2.113 所示。

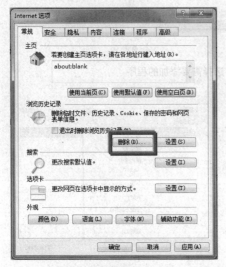

图 A2.112　删除历史记录

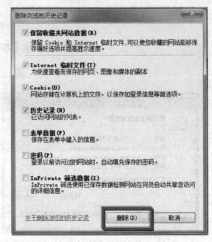

图 A2.113　删除过程

5. 设置 IE 8 浏览器的安全级别

进入【Internet 选项】|【安全】选项卡，如图 A2.114 所示。

安全设置中可以分别对【Internet】、【本地 Intranet】、【可信站点】、【受限站点】四个区域进行设置，通过对滑块调整进行安全级别的更改，单击【确定】按钮即可生效，如图 A2.115 所示。

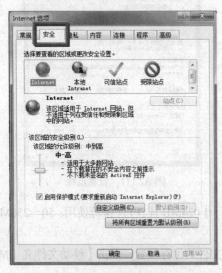

图 A2.114　设置安全级别

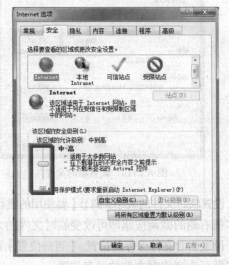

图 A2.115　设置过程

此外，用户可以按照自己的需求通过【自定义级别（C）】进行设置，如图 A2.116 所示。

对于不满意的自定义设置，可以选择【重置（E）】按钮进行重新设置，然后单击【确定】按钮即可，如图 A2.117 所示。

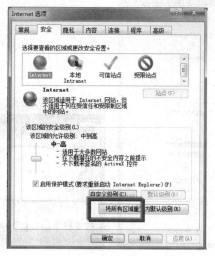
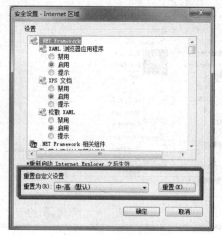

图 A2.116　自定义级别　　　　　　　　　图 A2.117　重置自定义

2.6　Windows 7 多媒体

2.6.1　Windows Media Player 12

Windows Media Player 提供了直观易用的界面，可以播放数字媒体文件、整理数字媒体收藏集、将喜爱的音乐刻录成 CD、从 CD 翻录音乐，将数字媒体文件同步到便携设备，并可从在线商店购买数字媒体内容。

Windows Media Player 12 可以播放更多流行的音频和视频格式，包括新增了对 3GP、AAC、AVCHD、DivX、MOV 和 Xvid 等的支持。

1. 播放方式

Windows Media Player 12 有两种播放模式："播放机库"模式和"正在播放"模式。

（1）播放机库模式。在【播放机库】模式下用户可以全面控制播放机的大多数功能，可以访问并整理数字媒体收藏集，可以选择要在细节窗格中查看的类别（如音乐、图片或视频），如图 A2.118 所示。当要在播放机库中的各种视图进行转换时，可以使用播放机左上角的【后退】和【前进】按钮，以返回到之前的视图。

（2）正在播放模式。在【正在播放】模式下提供简化媒体视图。这样用户在观看视频或听音频时，控制更加便捷，如图 A2.119 所示。

（3）切换方式。若要从【播放机库】切换至【正在播放】模式，只需单击播放机右下角的【切换到正在播放】按钮。若要返回到播放机库，单击播放机右上角的【切换到媒体库】按钮即可。

2. 从任务栏播放

在播放机处于最小化时控制播放机。使用缩略图预览中的控件即可来播放或暂停当前的项目，前进到下一个项目或后退到上一个项目。

图 A2.118　播放机库模式　　　　　　　　　　图 A2.119　正在播放模式

3.　构建一个媒体库

Windows Media Player 将查找计算机上特定的 Windows 媒体库中的文件，以将其添加到播放机库中，例如：音乐、视频、图片和录制的电视节目。

4.　复制 CD 与刻录

一般情况下，CD 盘在计算机中不能通过复制命令来复制，通过 Windows Media Player 则可复制 CD 并将其作为数字文件存储在计算机上，从而将音乐添加到播放机库中。此过程也称为"翻录"，如图 A2.120 所示。

如果想在计算机以外的地方听各种类型的音乐，可以将这些音乐刻录在 CD 中，如图 A2.121 所示。

图 A2.120　翻录音乐 CD　　　　　　　　　　图 A2.121　刻录 CD

2.6.2　Windows DVD Maker

Windows DVD Maker 可以用来把视频、音频、图片等制作成 DVD 视频，记录成 DVD 光盘在任何 DVD 播放机上播放，如图 A2.122 所示。

图 A2.122 添加到 Windows DVD Maker 中的视频和图片

Windows DVD Maker 可将制作的视频直接发布成 MPEG-2 格式，也可以直接从视频摄像机刻录 DVD。同时支持对电影使用各种发布样式，重点突出电影内容并可创建自定义外观。用户可选择通过添加光盘标题和注释页面并编辑菜单文本来自定义 DVD。此外，在进行编码时，Windows DVD Maker 允许选择和控制视频文件的质量和大小，可以选择使用宽屏或标准格式来发布幻灯片或电影。

2.6.3 Windows Media Center

Windows Media Center，中文可以称为"多媒体娱乐中心"。其实它是由原有的 Windows Media Player 所有功能整合 Windows DVD Maker 等其他程序及硬件的功能构建的一个娱乐程序。通过一系列的全新娱乐软件、硬件，为用户提供了从视频、音频欣赏，到通信交流等全方位的应用。

Windows Media Center 软件方面有以下功能：播放音乐，在线音乐及本地音乐播放；播放图片+Windows 媒体中心的视频；播放电视、电影及 DVD。

Windows Media Center 支持以下硬件。

（1）Windows Media Center 的遥控器，让计算机上的所有娱乐活动均触手可及，同时也可以把它作为键盘和鼠标的补充设备。

（2）遥控器红外传感器，除了让遥控器和计算机互通信息外，还可以用它对有线电视或者卫星电视的机顶盒进行控制。

（3）TV 调谐设备，用来接收有线电视、卫星电视或者电视天线的节目信号。

（4）硬件编码器，可以把有线电视、卫星电视或电视天线接收的电视节目录制到硬盘上。

（5）电视信号输出设备，可以将计算机上的 Windows Media Center 内容显示在电视机屏幕上。

（6）数字音频输出设备，可以把来自计算机的数字音频输出到现有的家庭娱乐系统中。

当然，在目前这些设备中，有很多都已经合为一体了，如电视盒/卡将 TV 调谐器和硬件编码器结合在了一起，而大多显卡也自带电视信号输出端口。

Windows Media Center 主要新功能有以下两个。

（1）网络视频在线直播。Windows Media Center 可以把电脑和各大在线点播提供商的内容紧密相连，可以让用户随意观看数字电影、欣赏最新的乐曲。如果觉得欣赏视频时电脑屏幕太小，可以把 Windows Media Center PC 和符合要求的电视相连接，它的向导将帮助配置电视信号、显示类型和视频播放质量。

（2）增强数码设备的功能。通过 Windows Media Center 可以增强数码相机、数码摄像机或 MP3 等数码设备的功能。

2.7　用户管理与安全防护

2.7.1　管理用户账户

1．用户账户

用户账户是指 Windows 用户在操作计算机时具有不同权限的信息的集合。比如可以访问哪些文件和文件夹，可以对计算机和个人首选项（如桌面背景和屏幕保护程序）进行哪些更改。通过用户账户，该用户可以在拥有自己的文件和设置的情况下与多个人共享计算机，每个人都可以使用用户名和密码访问其用户账户。

用户账户有三种类型，每种类型为用户提供不同的计算机控制级别：标准账户适用于日常管理；管理员账户可以对计算机进行最高级别的控制；来宾账户主要针对需要临时使用计算机的用户。

2．用户账户的设置

在【开始】菜单中单击【控制面板】，在弹出的【调整计算机的设置】对话框中单击【用户账户和家庭安全】，如图 A2.123 所示。

图 A2.123　用户账户设置

在弹出的对话框中单击【用户账户】，如图 A2.124 所示。在弹出的对话框中单击【管理其他账户】，如图 A2.125 所示。

打开【管理账户】界面后，单击左下方【创建一个新账户】按钮，如图 A2.126 所示。

打开【创建新账户】界面后，在中间的文本框中输入要创建的账户名（如：jsj），类型可以选择【标准用户（S）】或【管理员（A）】，如图 A2.127 所示。

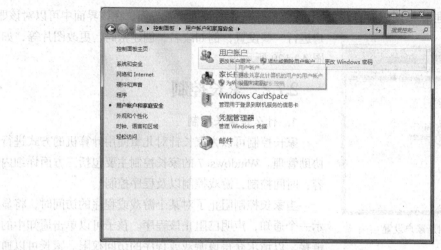

图 A2.124　选择用户账户

图 A2.125　选择管理其他账户

输入完成之后，单击【创建账户】按钮即可。这时在【管理账户】中便会多出一个刚创建的新账户【jsj 标准用户】，如图 A2.128 所示。

图 A2.126　创建新账户

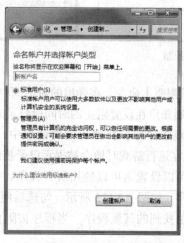

图 A2.127　输入账户名和密码

图 A2.128　账户创建成功

单击【jsj 标准用户】按钮可以打开【jsj 标准账户】的管理设置界面，在该界面中可以对该账户进行一些设置，例如改名、创建密码、更改图片等，如图 A2.129 所示。

图 2.129　对新账户设置

2.7.2　家长控制

1. 什么是家长控制

家长控制可以为家长针对儿童使用计算机的方式进行协助管理。Windows 7 的家长控制主要包括三方面详细内容：时间控制，游戏控制以及程序控制。

当家长控制阻止了对某个游戏或程序的访问时，将显示一个通知，声明已阻止该程序。孩子可以单击通知中的链接，以请求获得该游戏或程序的访问权限。家长可以通过输入账户信息来允许其访问。

2. 设置家长控制

若要设置家长控制，需要有一个带密码的管理员用户账户，家长控制的对象有一个标准的用户账户（家长控制只能应用于标准用户账户）。

首先确认登录计算机管理员的账户，打开【控制面板】|【用户账户和家庭安全】|【家长控制】，选择需要被控制的账号，如图 A2.130 所示。

将弹出的对话框中的【家长控制】设置为【启用，应用当前设置】，如图 A2.131 所示。

图 A2.130　设置家长控制

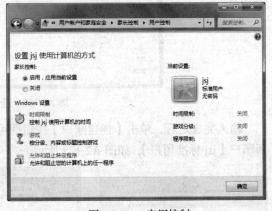

图 A2.131　启用控制

（1）时间限制。选择【时间限制】命令，在弹出的对话框中，单击时间点便可切换阻止或者允许，如图 A2.132 所示。被控制账户在设置阻止的时间段登录时便会提示无法登录。

（2）游戏控制。选择【游戏】命令，在弹出的对话框中，将游戏设置为不允许使用，如图 A2.133 所示。当被控制账户在运行游戏时便会被提示已受控制，如图 A2.134 所示。

（3）程序控制。程序控制可以设置为可以使用所有程序，或者只允许使用某些程序。系统会自己刷新可以找到的相关程序，如图 A2.135 所示，勾选后便可设置为允许使用该程序；或者单击【浏览】按钮添加系统无法找到的其他程序。当程序被阻止时会有相关提示，如图 A2.136 所示。

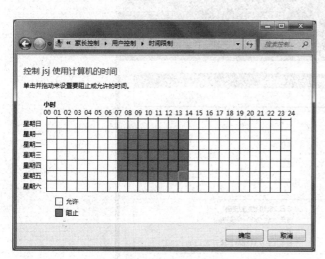

图 A2.132　时间限制

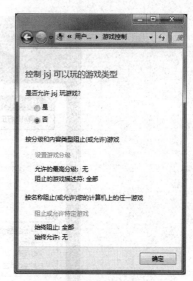

图 A2.133　游戏限制

图 A2.135　程序控制选择界面

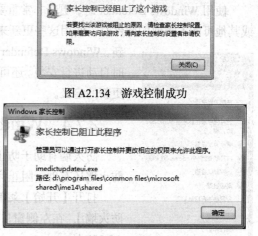

图 A2.134　游戏控制成功

图 A2.136　程序控制成功

2.7.3　Windows Defender

Windows Defender 是 Windows 7 附带的一种反间谍软件，当 Windows 打开时会自动运行。使用反间谍软件可帮助保护计算机免受间谍软件和其他可能不需要的软件的侵扰。Windows Defender 的界面如图 A2.137 所示。

Windows Defender 提供以下两种方法帮助防止间谍软件感染计算机。

（1）实时保护。Windows Defender 会在间谍软件尝试将自己安装到计算机上并在计算机上运行时发出警告。如果程序试图更改重要的 Windows 设置，它也会发出警报。

（2）扫描选项。可以使用 Windows Defender 扫描可能已安装到计算机上的间谍软件，定期计划扫描，可以自动删除扫描过程中检测到的任何恶意软件。

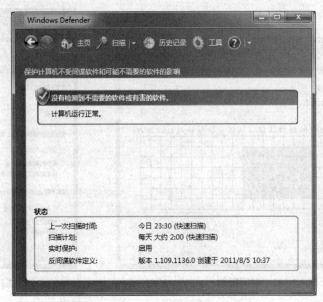

图 A2.137　Windows Defender 用户界面

　　使用 Windows Defender 时，更新非常重要。Windows Defender 确定检测到的软件是间谍软件或其他可能不需要的软件时，使用这些更新来警告用户潜在的风险。为了帮助用户保持定义为最新，Windows Defender 与 Windows Update 一起运行，以便在发布新定义时自动进行安装。还可将 Windows Defender 设置为在扫描之前联机检查更新的定义。

图 A2.138　防火墙界面

2.7.4　Windows 防火墙

　　防火墙有助于防止黑客或恶意软件（如蠕虫）通过网络访问计算机。防火墙还有助于阻止计算机向其他计算机发送恶意软件。

　　打开【开始】菜单，单击【控制面板】|【系统和安全】|【Windows 防火墙】，在左侧窗口中，单击【打开或关闭 Windows 防火墙】，如图 A2.138 所示。

　　在要保护的每个网络环境下单击【打开 Windows 防火墙】命令，然后单击【确定】按钮。

　　无论通过网络还是 U 盘之类的渠道，只要计算机和外界有数据交换，就有中病毒或被入侵的可能，而且可能性很大，故而应加强计算机软件的安全防护。对 Windows7 进行安全设置是必须的，但这远远不够，应在完成操作系统安装后首先安装更专业的杀毒软件、网络防火墙软件，并及时升级。金山、瑞星等公司均提供有免费软件，可在其官网下载后安装，或者通过"电脑管家"之类的管理软件进行安装。

　　另外，还要养成一些良好的电脑使用习惯，才能使计算机给我们带来更多的方便而不是麻烦，如随时更新病毒库、不随便打开来路不明的文件、打开不熟悉的网站时注意网络安全软件的提示、个人文件存放于非系统盘等。

习　题

一、选择题

1. Windows 7 操作系统是一个（　　）操作系统。
   A. 单用户、单任务
   B. 多用户、多任务
   C. 多用户、单任务
   D. 单用户、多任务

2. 下列不属于安装 Windows 7 操作系统必要的硬件配置要求的是（　　）。
   A. 1G 主频的 CPU
   B. 1G 的内存容量
   C. 16G 的硬盘空间
   D. 支持 DirectX 9 的显卡

3. 下列不包含 Aero 功能的 Windows 7 版本是（　　）。
   A. Windows 7 企业版
   B. Windows 7 家庭普通版
   C. Windows 7 专业版
   D. Windows 7 旗舰版

4. 下列不属于 Internet Explorer 8 基本功能的是（　　）。
   A. 仿冒网站筛选和保护
   B. 制作网页或网站
   C. 直接调用搜索引擎
   D. 选项卡浏览

5. 下列账户类型中不属于 Windows 7 操作系统的是（　　）。
   A. 标准账户
   B. 来宾账户
   C. 超级管理员账户
   D. 管理员账户

二、填空题

1. 选择若干张不同的图像作为桌面背景，系统自动循环显示背景，默认每隔_____分钟换一幅图。

2. Windows 7 有三种网络环境类型，分别是_____、_____、_____。

3. 选项卡浏览是指在_____个浏览器窗口中打开_____个网站的功能。通过使用选项卡浏览，可以减少任务栏上显示的项目数量，使任务栏看起来更清爽。

4. Windows Media Center（多媒体娱乐中心），其实是将旧版本的_____软件所有功能整合上_____软件所有的功能，结合其他程序及一些硬件功能构建的一个娱乐程序。

5. Windows Defender 是 Windows 7 附带的一种_____软件。

三、简答题

1. 结合你所使用过的 Windows XP 系统说说 Windows 7 系统的优点。

2. 什么是 Windows Aero？它具有什么效果？

3. 相对 Windows XP 系统而言，Windows 7 任务栏有哪些改变？

4. 打开网络中同学们共享的文件。

5. 利用家长控制功能限制一个用户周一至周五 9:00～17:00 不能玩计算机中的游戏，不能使用 Windows Media Player 12。

第3章
文字处理软件

文字处理是最基础的日常工作之一，文字处理软件是计算机上最常见的办公软件，用于文字的格式化和排版，文字处理软件的发展和文字处理的电子化是信息社会发展的标志之一。

中文文字处理软件主要有微软公司的 Word、金山公司的 WPS 文字、以开源为准则的 OpenOffice 和永中 Office 等。特别是 WPS 文字不仅免费，在易用性上对微软 Word 还有所超越，但考虑使用的广泛性，本章仍以 Word 2010 为例介绍文字处理软件的使用。

Word 2010 是 Office 2010 中的一款软件。通过本章的学习，学生可以掌握 Word 2010 的一些常用的基本操作，使用 Word 2010 进行文本处理，例如设置字体及段落、绘制图形、插入图片、艺术字、文本框等操作，并掌握图文混合排版的技巧。

3.1　基　本　操　作

3.1.1　全新用户界面

从 Word 2007 起，Word 打破了原有 Office 软件"菜单＋工具栏"的模式，采用了全新的用户界面。Word 2010 的用户界面如图 A3.1 所示。

（1）标题栏：显示正在编辑的文档的文件名以及所使用的软件名。其中还包括标准的【最小化】、【还原】和【关闭】按钮。

（2）快速访问工具栏：常用命令位于此处，例如【保存】、【撤销】和【恢复】命令。在快速访问工具栏的末尾是一个下拉菜单，在其中可以添加其他常用命令。

（3）【文件】选项卡：单击此按钮可以查找对文档本身而非对文档内容进行操作的命令，例如【新建】、【打开】、【另存为】、【打印】和【关闭】。

（4）功能区：工作时需要用到的命令位于此处。功能区的外观会根据监视器的大小改变。Word 通过更改控件的排列来压缩功能区，以便适应较小的监视器。

（5）编辑窗口：显示正在编辑的文档的内容。

（6）滚动条：可用于更改正在编辑的文档的显示位置。

（7）状态栏：显示正在编辑的文档的相关信息。

（8）【视图】按钮：可用于更改正在编辑的文档的显示模式，以符合用户的要求。

（9）显示比例：可用于更改正在编辑的文档的显示比例设置。

Microsoft Office 采用了这种全新的用户界面，较"菜单+工具栏"的界面有以下几个优点。

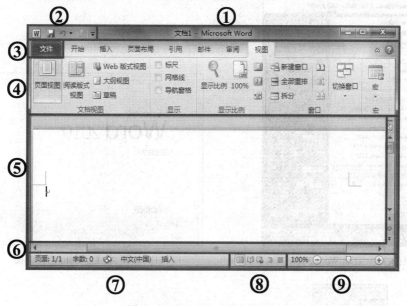

图 A3.1　Word 2010 用户界面

（1）用户能够更加迅速地找到所需功能。以前的"菜单＋工具栏"模式需要用户记住那些所需功能的具体位置处在哪个菜单下的哪个子菜单里，而基于功能区（Ribbon）的全新用户界面，能够清晰直观地把用户所需的所有功能直接展现在用户面前，而不必到一个个的菜单里面"翻找"所需功能。

（2）操作更简单。界面不仅重新设计了，还在操作特性上有了很大的提升，例如，当用户选中一幅图片时，上下文相关选项卡会自动显示出"图片工具"，当用户的选择由图片切换到一个表格时，上下文相关选项卡中显示的又变成了"表格工具"，这样大大简化了用户的操作。

（3）用户容易发现并使用更多的功能。Microsoft Office 是非常强大的办公平台系统，功能齐全，但是如何让用户去发现这些功能并充分利用它们呢？很多用户面临的问题并不是不会使用某些功能，而是根本就不知道有这些功能。新的界面相对旧界面将几乎所有功能都暴露在用户面前，使它们更容易被用户发现并使用。

3.1.2　启动和退出

Word 2010 的启动及退出和其他软件一样有多种方法，下面简单介绍最常用的方法。

1. 启动
图 A3.2 为正常启动 Word 的操作界面，步骤如下。

提示　首次启动 Word 时，可能会显示"Microsoft 软件许可协议"。

（1）单击【开始】按钮以显示【开始】菜单。

（2）单击【所有程序】|【Microsoft Office】，然后单击【Microsoft Word 2010】。

（3）此时将显示启动画面，Word 启动，如图 A3.3 所示。

2. 退出
图 A3.4 为正常退出 Word 的操作界面，步骤如下。

（1）单击【文件】选项卡。

（2）单击【退出】按钮。

图 A3.2　启动 Word 2010

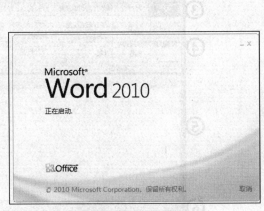

图 A3.3　Word 启动画面

图 A3.4　退出 Word

如果在上次保存文档之后进行了任意更改，则将显示一个消息框，询问用户是否要保存更改，如图 A3.5 所示。若要保存更改，请单击【保存（S）】按钮，若要退出而不保存更改，请单击【不保存（N）】按钮；如果错误地单击了【退出】按钮，请单击【取消】按钮。

图 A3.5　是否保存消息框

3.1.3　创建文档、保存文档和打开文档

在使用 Word 的过程中，首先要创建文档，而后编辑。在退出程序时必须保存文档才不会丢失所做的工作。保存文档时，文档会以文件的形式存储在计算机上，用户可以在以后打开、更改和打印该文件。

1．新文档的创建

单击【文件】选项卡，单击【新建】命令，然后双击【空白文档】命令，这样就完成了一个新文档的创建工作，如图 A3.6 所示。

我们不仅可以在【可用模板】下选择计算机上的可用模板，亦可单击【Office.com 模板】（若要下载 Office.com 下列出的模板，必须已连接到互联网），然后双击所需的模板。还可创建其他类型的文档模板，包括简历、求职信、商务计划、名片和 APA 样式的论文等。

图 A3.6　新文档的创建

2. 保存文档

若要保存文档，可执行下列操作。

（1）单击快速访问栏中的【保存（S）】按钮，如图 A3.7 所示。

（2）首次单击【保存（S）】按钮，会弹出【另存为】对话框，在【保存位置】中，指定希望文档保存的位置。首次保存文档时，文档中的第一行文字将作为文件名预填在【文件名】框中。若要更改文件名，输入新文件名，单击【保存】按钮即可，如图 A3.8 所示。

图 3A.7　【保存】按钮

（3）文档保存为文件。标题栏中的文件名将更改以反映保存的文件名，如图 A3.9 所示。

提示

已经保存过的文档，单击【保存（S）】按钮，系统默认按原来的文件名保存在原来的存储位置。如要保存文件的副本或改变存储位置，单击【文件】|【另存为】，可弹出图 A3.8 所示对话框，参照上述②操作即可。

（4）因各种原因关闭文档而未保存。不管什么原因，如果关闭了文件而未保存，系统将会临时保留文件的某一版本，以便用户再次打开文件时进行恢复。打开 Word 2010，单击【文件】选项卡，用【最近使用的文件】或【打开】命令打开未保存的文件；单击【文件】选项卡，在【信息】选项中单击【管理版本】命令，选择最近一次保存的文档，如图 A3.10 所示，在文件顶部的功能栏中，单击【另存为】按钮将文件保存到计算机。

3. 打开文档

若要打开文档，则执行下列操作：将鼠标定位到存储文件的位置，然后双击该文件。此时将显示 Word 启动画面，然后显示该文档。

也可以在 Word 中采用以下方式打开文档：单击【文件】选项卡，然后单击【打开】命令，找到文档存储的位置并选中后，单击【打开】按钮或双击文档，如图 A3.11 所示。若要打开最近保存的文档，请单击【最近所用文件】，如图 A3.12 所示。

图 A3.8 【另存为】对话框

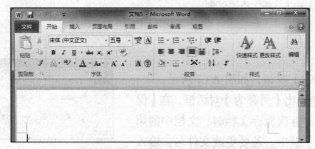

图 A3.9 标题栏显示文件名

图 A3.10 管理版本

图 A3.11 【打开文档】对话框

图 A3.12　打开最近使用文件

3.1.4　主题设置

文档主题是一组格式选项，其中包括一组主题颜色，一组主题字体（包括标题和正文文体字体）和一组主题效果（包括线条和填充效果）。通过应用主题文档，可以快速轻松地使文档具有专业外观。

3.1.4.1　应用内置主题

打开【页面布局】选项卡，在【主题】组中，单击【主题】按钮。在【内置】列表框下单击要使用的文档主题，如图 A3.13 所示。

3.1.4.2　自定义文档主题

可以自定义文档主题，方法为更改已使用的颜色、字体或线条和填充效果。对主题组件所做的更改将立即影响活动文档中已经应用的样式。如果要将这些更改应用到以后的新文档，用户可以将它们另存为自定义文档主题。

1．自定义主题颜色

主题颜色包含 4 种文本颜色及背景色、6 种强调文字颜色和 2 种超链接颜色。

【主题颜色】按钮中的颜色表示当前文本和背景颜色。单击【主题颜色】按钮后，可以看到许多颜色组，其中第一组颜色为当前主题使用的颜色，如图 A3.14 所示。如果用户更改其中任何颜色来创建自己的一组主题颜色，则在【主题颜色】按钮中以及主题名称旁边显示的颜色将相应地发生变化。

图 A3.13　应用内置主题

打开【页面布局】选项卡，在【主题】组中，单击【主题颜色】。单击【新建主题颜色】按钮，如图 A3.14 所示，弹出【新建主题颜色】窗口。在【主题颜色】菜单下，单击用户要更改的主题颜色元素对应的按钮，然后选择要使用的颜色。在【名称】文本框中，为新主题颜色输入适当的名称，然后单击【保存（S）】按钮，如图 A3.15 所示。

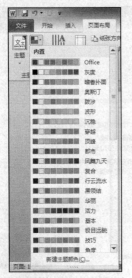

图 A3.14　主题颜色

图 A3.15　【新建主题颜色】窗口

 提示　　在【示例】下，用户可以看到所作更改的效果。

 提示　　如果要将所有主题颜色元素返回到其原始主题颜色，请在单击【保存（S）】按钮之前单击【重置】。

2．自定义主题字体

主题字体包含标题字体和正文字体。

单击主题【字体】按钮后，可以看到许多字体组，其中第一组字体为当前主题使用的字体，如图 A3.16 所示。用户可以在主题【字体】菜单下看到用于每种主题字体的标题字体和正文字体的名称。可以更改这两种字体以创建自己的一组主题字体。

在【页面布局】选项卡上，【主题】组中，单击主题【字体】|【新建主题字体】，弹出【新建主题字体】窗口。在【标题字体】和【正文字体】下拉列表框中，选择要使用的字体，在【名称】文本框中，为新主题字体输入适当的名称，然后单击【保存（S）】按钮，如图 A3.17 所示。

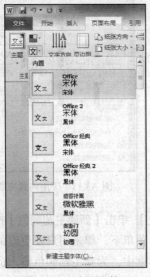

图 A3.16　主题字体

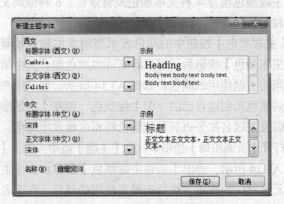

图 A3.17　【新建字体】窗口

3. 选择一组主题效果

主题效果是线条和填充效果的组合。

单击主题【效果】按钮后，用户会看到许多效果组，其中第一组效果为当前主题使用的效果，如图 A3.18 所示。可以在与主题【效果】名称一起显示的图形中看到用于每组主题效果的线条和填充效果。虽然用户无法创建自己的一组主题效果，但是可以选择想要在自己的文档主题中使用的主题效果。

在【页面布局】选项卡上的【主题】组中，单击【效果】按钮，选择要使用的效果。

4. 保存文档主题

用户可以将对文档主题的颜色、字体或线条及填充效果所做的更改保存为可应用于其他文档的自定义文档主题。

打开【页面布局】选项卡，单击【主题】|【保存当前主题】。在【文件名】文本框中，为该主题输入适当的名称，然后单击【保存（S）】按钮。

自定义文档主题保存在【文档主题】文件夹中，并且将自动添加到可用自定义主题列表中。

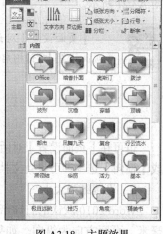

图 A3.18　主题效果

3.1.5　页面设置

在建立新的文档时，Word 已经自动设置了默认的页边距、纸型、纸张方向等页面属性。用户可根据需要对页面属性进行设置。

1. 设置页边距

页边距是页面周围的空白区域。设置页边距能够控制文本的宽度和长度，还可以留出装订边。具体操作步骤如下。

（1）打开【页面布局】选项卡，单击【页边距】下拉列表，选择【自定义边距】选项，如图 A3.19 所示，弹出【页面设置】对话框。打开【页边距】选项卡，如图 A3.20 所示。

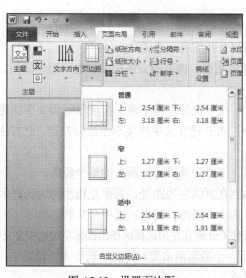

图 A3.19　设置页边距

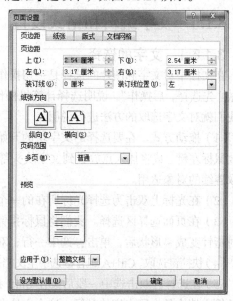

图 A3.20　【页面设置】对话框

（2）在该选项卡中的【页边距】选区中的【上】【下】【左】【右】微调框中分别输入页边距的数值；在【装订线】微调框中输入装订线的宽度值；在【装订线位置】下拉列表中选择【左】或【上】选项。

（3）设置完成后，单击【确定】按钮即可。

2. 设置纸张方向

打开【页面布局】选项卡，单击【纸张方向】下拉列表，选择【纵向】或【横向】选项，如图 A3.21 所示。

　　　　【页面设置】对话框也可单击
【页面设置】对话框启动器  调出。

图 A3.21　设置纸张方向

也可在【页面设置】对话框的【页边距】选项卡中设置，在【纸张方向】选区中选择【纵向】或【横向】选项即可设置文档在页面中的方向。

3. 设置纸张大小

Word 2010 默认的打印纸张为 A4，其宽度为 210 毫米，高度为 297 毫米，页面方向为纵向。如果实际需要的纸型与默认设置不一致，就会造成分页错误，此时就必须重新设置纸张类型。

打开【页面布局】选项卡，单击【纸张大小】下拉列表，选择所需纸张，如图 A3.22 所示。

或单击【其他页面大小】选项，弹出【页面设置】对话框，打开【纸张】选项卡。在该选项卡中单击【纸张大小】右侧的下拉列表按钮，在打开的下拉列表中选择一种纸型。还可以在"宽度"和"高度"微调框中设置具体的数值，自定义纸张的大小。

图 A3.22　设置纸张大小

3.1.6　文字编辑和格式设置

3.1.6.1　文字的选择

在文档中对文字和图片的选择是一切操作的前提，我们有一个说法叫做"先选择，后操作"，说明选择计算机操作对象的重要。选取的方法很多，也可组合使用，下面我们就对文字选取的方法进行说明。

（1）拖动方式。在要选择的文字块的开始位置，按下鼠标左键不放，拖动鼠标到文字块尾部释放鼠标左键。或将插入点放置到文字块头部，按住 Shift 键在文字块尾单击鼠标左键。此方法对选取连续的对象适用。

（2）在光标上双击为选择光标所在的一个词组，三击为选择光标所在的整个段落。

（3）在页面选择区选择。我们将鼠标指针移动到在页面左边距处，页面左边距称为选择区，此时指针变成 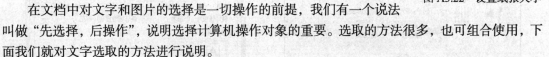 形状后，单击：选中一行；双击：选中一段落；三击：选中全文档。

（4）快捷键选取。Ctrl+A 组合键选中全文档；或按住 Ctrl 键在左边选择区单击鼠标左键选中全文档。

（5）在选择区双击选中一段后按住 Shift 在最后一个段落单击鼠标左键，选中多个段落。在选择长篇文档中的大段内容的时候，这个方法非常有效。

（6）按住 Alt 键后使用鼠标左键拖动，可以选中矩形块。

（7）按住 Ctrl 键可以在一篇 Word 文档中选择不连续的选区，这样就可以对多个选区进行同时操作。

（8）对于选择文中多处具有类似格式的文本，可以选中其中的一部分文本，然后单击右键，选择【样式】|【选择格式相似的文本】来实现，Word 2010 能够自动将格式相似的文本选中，方便同时进行操作。

 提示　所选文字位置会添加背景色以指示选择范围。

3.1.6.2　字体设置

打开【开始】选项卡，然后从【字体】组中可以选择大部分文字格式设置工具，如图 A3.23 所示。

1.　为文字添加效果

为文字添加效果，如图 A3.24 所示。

图 A3.23　字体组

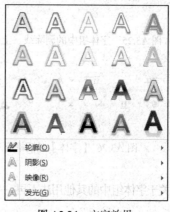

图 A3.24　文字效果

选择要为其添加效果的文字。在【开始】选项卡上的【字体】组中，单击【文字效果】。在文字效果库中选择所需的效果。

若需其他选项，请指向【轮廓】、【阴影】、【映像】或【发光】，然后单击要添加的效果。

若要删除文字效果，选择要删除效果的文字。在【开始】选项卡上的【字体】组中，单击【文字效果】，然后单击【清除文字效果】按钮。

2.　将文字设为上标或下标

选择要设置为上标或下标的文字。在【开始】选项卡上的【字体】组中，单击【上标】按钮或【下标】按钮，如图 A3.25 所示。

3.　应用单删除线格式

选择要设置格式的文本。在【开始】选项卡上的【字体】组中，单击【删除线】按钮，如图 A3.25 所示。

4.　设置默认字体

设置默认字体后，用户打开的每个新文档都会使用用户选定的字体设置，并将其设为默认设置。默认字体应用基于活动模板（模板：是指一个或多个文件，其中所包含的结构和工具构成了已完成文件的样式和页面布局等元素。例如，Word 模板能够生成单个文档，而 FrontPage 模板可以形成整个网站）的新文档（通常为 Normal.dotm）。用户可以创建不同的模板以使用不同的默认字体设置。

设置默认字体时请从空白文档开始，如果文档包含已被格式化为所要使用的属性的文本，请选定该文本。

在【开始】选项卡上，单击【字体】对话框启动器 ，如图 A3.26 所示。打开【字体】对话框，然后单击【字体】选项卡，如图 A3.27 所示，可针对字体的字号、字形、字体样式、字体颜色等进行设置；打开【高级】选项卡，可对字体的间距、位置等进行高级设定。选择要应用于默认字体的选项，如字体样式和字体大小，单击【设为默认值】按钮，然后单击【确定】按钮。

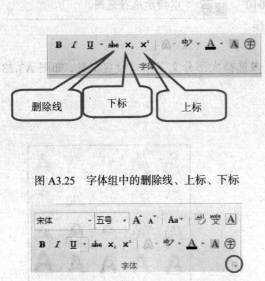

图 A3.25　字体组中的删除线、上标、下标

图 A3.26　【字体】对话框启动器

图 A3.27　【字体】对话框

关于字体组中的其他用法不再一一列举，有关"字体"组中所有按钮的名称和功能，请参见表 3.1。

表 3.1　"字体"组中各按钮名称和功能

按　钮	名　称	功　能
宋体 (中文正文)	字体	更改字体
11	字号	更改文字的大小
A	增大字体	增加文字大小
A	缩小字体	缩小文字大小
Aa	更改大小写	将选中的所有文字更改为全部大写、全部小写或其他常见的大小写形式
	清除格式	清除所选文字的所有格式设置，只留下纯文本
B	加粗	使选定文字加粗
I	倾斜	使选定文字倾斜
U	下划线	在选定文字的下方绘制一条线。单击下拉箭头可选择下划线的类型
abe	删除线	绘制一条穿过选定文字中间的线
x₂	下标	创建下标字符
x²	上标	创建上标字符
	文字效果	对选定文字应用视觉效果，例如阴影、发光或映像
	文字突出显示颜色	使文本看起来好像是用荧光笔标记的
A	字体颜色	更改文字颜色

3.1.6.3　段落设置

单击【开始】选项卡，从【段落】组中可以选择大部分段落格式设置工具，如图 A3.28 所示。

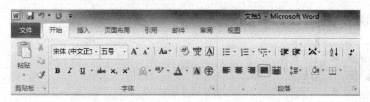

图 A3.28 段落组

单击【段落】组右下角的对话框启动器▣按钮，可调出【段落】对话框，如图 A3.29 所示。行距决定段落中各行文字之间的垂直距离。间距决定段落上方或下方的距离。

1. Word 2010 中的默认行距

在 Microsoft Word 2010 中，大多数快速样式集的默认间距是：行之间为 1.15 行，段落间有一个空白行。Office Word 2003 文档中的默认间距是：行之间为 1.0 行，段落间无空白行，如图 A3.30 所示。

图 A3.29 【段落】对话框

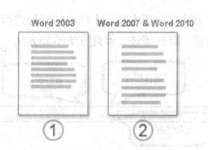

图 A3.30 Word 2003 与 Word 2010 样式默认比较

2. 更改行距

选中要更改行距的段落。在【开始】选项卡上的【段落】组中，单击【行距】按钮。单击所需的行距对应的数字，或单击【行距选项】命令，如图 A3.31 所示，然后在【段落】对话框中的【间距】下选择所需的选项。

3. 更改所选段落前和后的间距

默认情况下，段落后面跟有一个空白行，标题上方具有额外的间距。要更改段落前后的间距，方法有以下两种。

方法一：选中要更改前后的间距的段落，在【段落】对话框【间距】选项下单击【段前】或【段后】微调按钮旁边的箭头，或直接输入数字，设置所选段落前和后的间距，如图 A3.32 所示。

方法二：选择要更改其前后的间距的段落，在【页面布局】选项卡上的【段落】组中，在【间距】下单击【段前】或【段后】旁边的微调按钮，或者在文本框内输入所需的间距，如图 A3.33 所示。

4. 更改所选段落的左右缩进、首行缩进和悬挂缩进

Word 2010 在默认情况下，段落顶格起，而中文习惯为首行空两个字符。调整段落的左右缩

进、首行缩进和悬挂缩进有以下两种方法。

图 A3.31　行距按钮及其下拉菜单

图 A3.32　【段落】对话框中的间距选项

方法一：选择要更改的段落，在【段落】对话框【缩进】选项下单击【左侧】或【右侧】旁边的微调按钮，或直接输入数字，设置所选段落左右的缩进量，在【特殊格式】下设置【首行缩进】或【悬挂缩进】，在【磅值】下设置缩进的值，如图 A3.34 所示。

图 A3.33　页面布局中段落的间距选项

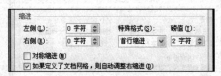

图 A3.34　缩进设置选项

方法二：用【标尺】栏中的标尺进行设置。用鼠标拖动相应的标尺也可以调整所选段落的左右缩进、首行缩进，但此方法不如方法一设置精确，如图 A3.35 所示。

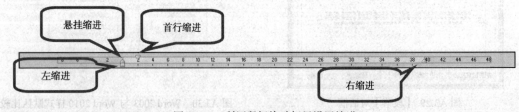

图 A3.35　利用鼠标拖动标尺设置缩进

 　　Word 2010 在默认的情况下是不显示【标尺】栏的，显示【标尺】栏的设置如下：选择【视图】选项卡，在【显示】组中【标尺】前的复选框中打√，如图 A3.36 所示。

图 A3.36　显示标尺栏的设置

3.1.6.4　样式设置

样式是指用有意义的名称保存的字符格式和段落格式的集合，这样在编排重复格式时，先创建一个该格式的样式，然后在需要的地方套用这种样式，就无需一次次地对它们进行重复地操作了。

单击【开始】选项卡，从【样式】组中可以选择大部分段落格式设置工具，如图 A3.37 所示。

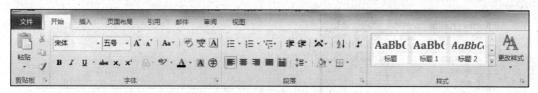

图 A3.37　样式组

单击【样式】组对话框启动器右下角的 <img> 按钮，可显示【样式】窗口，如图 A3.38 所示。

1. 文档中的文字或段落应用样式

选中要更改的文字或段落，在【开始】选项卡的【样式】组中，单击【下三角】按钮展开所有样式，将鼠标指针停留在任意样式上均可以直接在文档中实时预览，如图 A3.39 所示。若要应用你认为最适合的文字样式，只需单击该样式即可。

图 A3.38　【样式】窗口

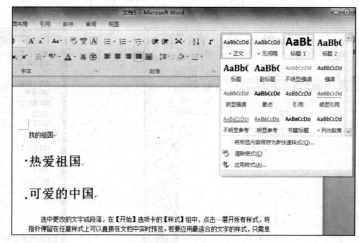

图 A3.39　展开所有样式

2. 快速样式使用

在 Word 2010 中，利用快速样式可以一次性更改整个文档的外观。

在【开始】选项卡上的【样式】组中，单击【更改样式】按钮。用鼠标指针指向【样式集】以查找预定义的样式。将鼠标指针停留在任意样式集上均可以直接在文档中实时预览，如图 A3.40 所示。单击所需的快速样式即可实现样式更改。

3. 使用样式集更改整篇文档的段落间距

在【开始】选项卡上的【样式】组中，单击【更改样式】按钮。将鼠标指针指向【段落间距】，然后单击【内置】中所需的段落间距样式，如图 A3.41 所示。

若提供的段落间距样式不能满足需求，单击【自定义段落间距】，弹出【管理样式】窗口，在【段落间距】中设置所需的值，单击【确定】按钮保存，如图 A3.42 所示。

4. 创建新样式

调出【样式】窗口，如图 A3.38 所示，单击【新建样式】按钮 <img>，弹出【根据格式设置创建新样式】窗口，如图 A3.43 所示。根据需要对新样式的属性、格式进行设置，设置完成后单击【确定】按钮保存，这时新样式就保存在样式集中。

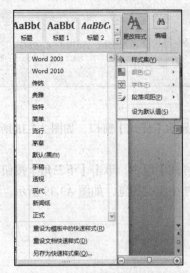

若希望文档应用 Word 2003 样式的间距，最快速的方式是应用 Word 2003 样式集。在【开始】选项卡上的【样式】组中，单击【更改样式】按钮。将鼠标指针指向【样式集】，然后单击【Word 2003】命令。

图 A3.40 快速样式

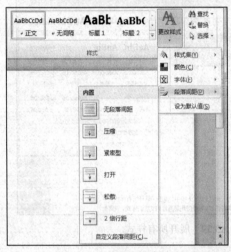

图 A3.41 段落间距样式

图 A3.42 【管理样式】窗口

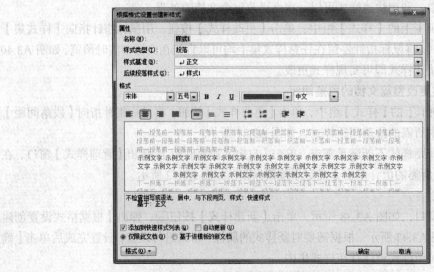

图 A3.43 【根据格式设置创建新样式】窗口

3.1.6.5　清除格式

若要清除文档中的所有样式、文本效果和字体格式，请执行下列操作：选择要清除其格式的文本，在【开始】选项卡上的【字体】组中，单击【清除格式】按钮。如图 A3.44 所示。

 提示　　【清除格式】命令不会清除文本的突出显示。若要清除突出显示，请选择突出显示的文本，然后单击【以不同颜色突出显示文本】旁的下三角按钮，再单击【无颜色】按钮，如图 A3.45 所示。

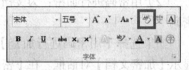

图 A3.44　【清除格式】按钮

图 A3.45　【以不同颜色突出显示文本】按钮

3.1.6.6　使用格式刷复制格式

在 Word 2010 中，【格式刷】是用户最常用的工具之一。用户可以使用功能区中【开始】选项卡上的【格式刷】来复制文本格式和一些基本图形格式，如边框和填充。对于图形来说，【格式刷】最适合处理图形对象（如自选图形），还可以从图片中复制格式。但是，【格式刷】不能复制艺术字文本的字体和字号。

使用格式刷，可以快速复制文本或对象的格式，操作方法如下。

首先选择设定好格式的文本或图形作为样本。如果要复制文本格式，请选择段落的一部分；如果要复制文本和段落格式，请选择整个段落，包括段落标记。然后在功能区【开始】选项卡上的【剪贴板】组中，单击【格式刷】按钮，这时指针会变为画笔图标。如果用户想更改文档中的多个选定内容的格式，可双击【格式刷】按钮，如图 A3.46 所示。

图 A3.46　格式刷

最后选择要设置格式的文本或图形的区域，此时文本或图形的格式会自动设置成和样本一致。要停止应用样本格式，按 Esc 键。

3.1.7　随意缩放版面或文字

Office 2010 中采用了一种新的页面缩放模式，不再像先前的版本，需要用户手工调整缩放比例 "50%"、"75%" 或者 "200%" 来调整页面缩放了。使用 Word 2010 界面右下角的【显示比例工具】（见图 A3.47）能够轻松调整页面缩放比例，可调节范围为 10%～500%。

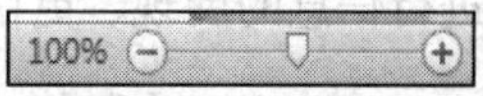

图 A3.47　显示比例工具

如果使用者只是希望调整文字内容的大小，而不是页面显示比例，那么除了调整字号下拉菜单中的数值以外，还可以选中文字，通过 Ctrl + [（左括号）组合键即可缩小字体，按 Ctrl +]（右括号）组合键即可增大字体。这时字体会 "无级缩放"，而且放大和缩小的范围会远远超过字号下拉菜单中的限制。这在 Excel、PowerPoint 中也适用。

3.1.8　使用密码、权限和其他限制保护文档

Office 2010 允许用户使用密码阻止其他人打开或修改文档。

在打开的文档中，单击【文件】选项卡，单击【信息】命令，在【权限】窗口中，单击【保护文档】按钮，如图 A3.48 所示。此时将显示以下选项。

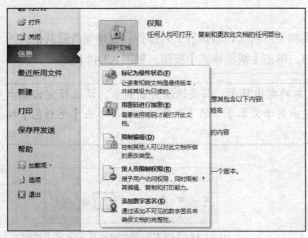

图A3.48　保护文档

（1）标记为最终状态：将文档设为只读

将文档标记为最终状态后，将禁用或关闭输入、编辑命令和校对标记，并且文档将变为只读。【标记为最终状态】命令有助于保护文档的内容，防止审阅者或读者无意中更改文档。

（2）用密码进行加密：为文档设置密码

如果选择【用密码进行加密】，将显示【加密文档】对话框。在【密码】文本框中输入密码。要强调的一点是Microsoft不能取回丢失或忘记的密码，因此应将密码和相应文件名的列表存放在安全的地方。

（3）限制编辑：控制可对文档进行哪些类型的更改

如果选择【限制编辑】命令，将显示三个选项：①【格式设置限制】，此选项用于减少格式设置选项，同时保持统一的外观，单击【设置】选择允许的样式；②【编辑限制】，控制编辑文件的方式，也可以禁用编辑，单击【例外项】或【其他用户】可控制由哪个用户进行编辑；③【启动强制保护】，单击【是，启动强制保护】可选择密码保护或用户身份验证。此外，还可以单击【限制权限】添加或删除具有受限权限的编辑人员。

（4）按人员限制权限：使用Windows Live ID限制权限

使用Windows Live ID或Microsoft Windows账户可以限制权限。可以通过组织所用模板应用权限，也可以单击【限制访问】添加权限。

（5）添加数字签名

添加可见或不可见的数字签名。

3.2　应用插图组件编辑专业美观的文档

Word 2010中引入了很多新的对象和部件，这些文档对象和部件能够有效地帮助用户更好地进行信息的展现、更快速更专业地完成文档的制作。

3.2.1　插入SmartArt图形

SmartArt图形是信息的可视表示形式，以便有效地传达信息或观点。SmartArt图形是Office 2007中才引入的新的元素，使用SmartArt对象能够轻松地进行更加直观的信息呈现。Office2010提供了近200种不同的SmartArt形状。

3.2.1.1　创建SmartArt图形并向其中添加文字

在【插入】选项卡中【插图】组中选择【SmartArt】，如图A3.49所示。在【选择SmartArt图形】对话框中，单击所需的类型和布局，并单击【确定】按钮，如图A3.50所示。在弹出的对话窗口，可以根据要表达的内容，选择某一类别下的某种SmartArt形状。

单击SmartArt左侧的【展开编辑】按钮，或者直接在【文本】上单击，即可对SmartArt中的文本进行编辑，如图 A3.51 所示。

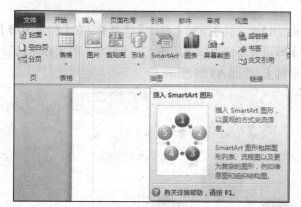

图 A3.49　插入 SmartArt

如果看不到【文本】窗格，请单击图 A3.52 所示的控件。

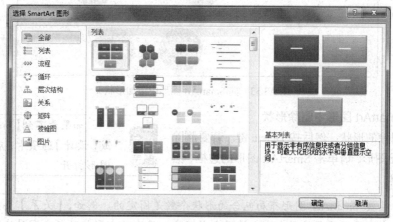

图 A3.50　选择 SmartArt 图表

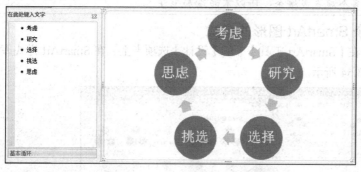

图 A3.51　SmartArt 图形编辑

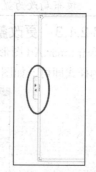

图 A3.52　显示文本的按钮

　　若要在靠近 SmartArt 图形或该图形顶部的任意位置添加文本，请在【插入】选项卡上的【文本】组中单击【文本框】，插入【文本框】。（文本框：一种可移动、可调大小的文字或图形容器。使用文本框，可以在一页上放置数个文字块，或使该文字与文档中其他文字按不同的方向排列。）

　　选择一个布局后，就会出现占位符文本（如【文本】），打印或预览期间不会显示占位符文本，但 SmartArt 图形的形状会显示且打印出来。

3.2.1.2　在 SmartArt 图形中添加或删除形状

1.　向 SmartArt 图形中添加形状

选择 SmartArt 图形的一个形状。单击【SmartArt 工具】下的【设计】选项卡，在【创建图形】组中单击【添加形状】|【在后面添加形状】即可在所选形状之后插入一个形状；若要在所选形状之前插入一个形状，请单击【在前面添加形状】，如图 A3.53 所示。

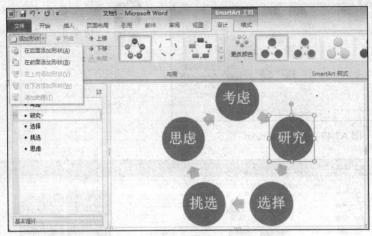

图 A3.53　向 SmartArt 图形中添加形状

2.　从 SmartArt 图形中删除形状

单击要删除的形状，然后按 Delete 键。若要删除整个 SmartArt 图形，请单击 SmartArt 图形的边框，然后按 Delete 键。

　如果看不到【SmartArt 工具】或【设计】选项卡，双击 SmartArt 图形打开。

　某些 SmartArt 图形布局包含的形状个数是固定的。例如，【关系】类型中的【反向箭头】布局用于显示两个对立的观点或概念。只有两个形状可与文字对应，并且不能将该布局改为显示多个观点或概念，所以不能增加形状。

3.2.1.3　更改整个 SmartArt 图形的样式

单击 SmartArt 图形，在【SmartArt 工具】下的【设计】选项卡上，在 SmartArt 样式库中选择所需的样式即可，如图 A3.54 所示。

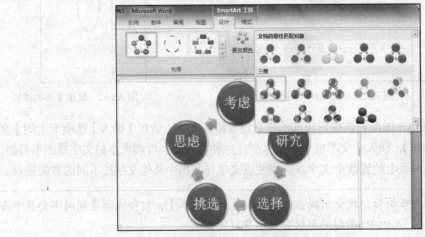

图 A3.54　SmartArt 图形样式设计

3.2.1.4　更改整个 SmartArt 图形的颜色

单击 SmartArt 图形，在【SmartArt 工具】下的【设计】选项卡上，单击【SmartArt 样式】组中的【更改颜色】按钮，选择所需的颜色变体，如图 A3.55 所示。

这样，一组富有展现力的 SmartArt 形状就呈现在用户面前了，如图 A3.56 所示。

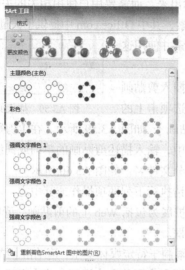

图 A3.55　SmartArt 图颜色设计

图 A3.56　SmartArt 效果

3.2.2　插入图片或剪贴画

3.2.2.1　插入来自文件的图片

选择在文档中要插入图片的位置，在【插入】选项卡上的【插图】组中，单击【图片】，如图 A3.57 所示，弹出【插入图片】窗口，如图 A3.58 所示。

找到要插入的图片，并选中，单击【插入】按钮或双击要插入的图片，如图 A3.58 所示。

图 A3.57　插入图片

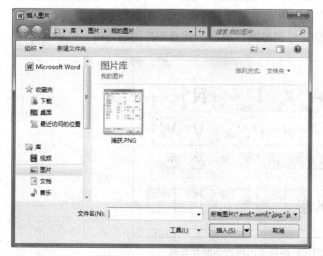

另外两种方法，一是复制对象图片，在文档中需要插入图片的位置粘贴图片；二是选中对象图片后用鼠标将其拖到文档中需要插入图片的位置。

图 A3.58　插入图片窗口

3.2.2.2 插入网页中的图片

打开 Word 文档。在网页上，右键单击要插入的图片，然后单击【复制】。在 Word 文档中，右键单击要插入图片的位置，然后单击【粘贴】命令。

3.2.2.3 插入剪贴画

默认情况下，Word 2010 中的剪贴画不会全部显示出来，而需要用户使用相关的关键字进行搜索。用户可以在本地磁盘和 Office.com 网站中进行搜索，其中 Office.com 中提供了大量剪贴画，用户可以在联网状态下搜索并使用这些剪贴画。

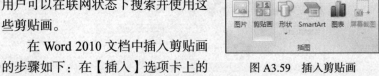

图 A3.59　插入剪贴画

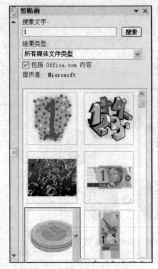

图 A3.60　剪贴画任务窗口

在 Word 2010 文档中插入剪贴画的步骤如下：在【插入】选项卡上的【插图】组中，单击【剪贴画】，如图 A3.59 所示。在【剪贴画】任务窗口的【搜索】文本框中，输入描述剪贴画的单词或词组，或输入剪贴画文件的全部或部分文件名，如图 A3.60 所示。

若要修改搜索范围，请执行下列两项操作或其中之一。

（1）若要将搜索范围扩展为包括 Web 上的剪贴画，请单击【包括 Office.com 内容】复选框。

（2）若要将搜索结果限制于特定媒体类型，请单击【结果类型】框中的箭头，并选中【插图】、【照片】、【视频】或【音频】旁边的复选框，单击【搜索】，如图 A3.60 所示。最后，在结果列表中，单击剪贴画将其插入。

3.2.2.4 编辑图片或剪贴画

1. 调整大小及旋转

调整图片大小或旋转图片可采用以下三种方式。

（1）鼠标拖动方式。若要调整图片尺寸，首先选中文档中的图片。当鼠标移动到图片上时，鼠标指针变为✛，单击它时，其边缘会显示 4 个空心圆圈和 4 个空心正方形，这些称为"尺寸控点"，如图 A3.61 所示，这表示图片被选中，是可编辑状态。当鼠标移动到小圆圈上时指针变为↖或↗，当鼠标移动到小方框上时指针变为↕或↔。可以通过拖动这些"尺寸控点"来更改图片的大小。当指针变为↖或↗时拖动鼠标，图片被锁定为成比例变大或缩小；当指针变为↕时拖动鼠标，可调整图片的高；当指针变为↔时拖动鼠标，可调整图片的宽。调整图片的旋转时，选中目标图

图 A3.61　选中图片后四周的出现的圆圈和方框

片，图片上边框的小方框上会出现绿色的小圆点，当鼠标移动到绿色的小圆点上时指针变为🔄，这时拖动鼠标就可旋转图片。

（2）用【布局】窗口设置。选择【图片工具】选项卡中的【格式】，在【大小】设置组单击右下角对话框启动器，如图 A3.62 所示，会弹出【布局】窗口，在窗口的【大小】选项卡中设置高度宽度及旋转角度，单击【确定】按钮保存，如图 A3.63 所示。

提示　当选中照片之外的任何项目时，"尺寸控点"就会消失。

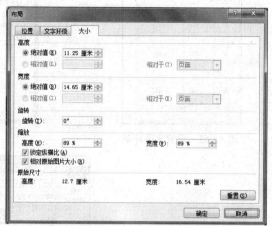

图 A3.62　大小设置组　　　　　　　　　　　图 A3.63　【布局】窗口

提示　在【布局】窗口可精确设置图片的大小及旋转角度，如要求调整后的图片纵横比不一致，要将【锁定纵横比（A）】前的"√"去掉，再进行高度和宽度设置。

（3）右击图片，弹出调整大小的快捷窗口，也可以进行高度和宽度设置，如图 A3.64 所示。

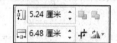

图 A3.64　图片大小设置快捷窗口

2. 设置文字环绕样式

默认情况下，Word 插入图片以嵌入型方式排列，图片嵌入文档中，和文本是对齐的，且无法自由移动该图片。在此种情况下图片段前段后与文本一致，针对文字的段落设置，对图片同样有效。

当然，我们也可以按自己的喜好更改文字环绕样式，方法如下。

（1）在【格式】选项卡中，单击【排列】设置组中的【位置】，然后单击所需的排列方式，如图 A3.65 所示。弹出的 9 个文字环绕样式其实都是四周型文字环绕的表现形式。除嵌入型和四周型外还有紧密型、穿越型、上下型、衬于文字上方和衬于文字下方几种环绕样式。使用其他几种文字环绕样式，可通过单击图 A3.65 下方的【其他布局选项】按钮，打开【布局】窗口，在【文字环绕】选项卡中选择所需的排列方式，如图 A3.66 所示。

（2）右击图片，在快捷菜单里选择【自动换行】，弹出调整文字环绕方式的快捷窗口，选择需要的环绕方式，如图 A3.67 所示。

3. 移动位置

当图片的环绕方式非嵌入式时，可以移动图片的位置。单击图片，鼠标指针会变为✛，用鼠标拖动即可移动图片的位置。

4. 样式设置

选择【图片工具】选项卡中的【格式】，在【图片样式】设置组中可以设置图片的显示样式，如图 A3.68 所示。

图 A3.65 设置文字环绕

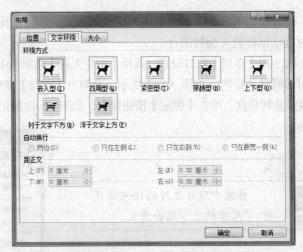

图 A3.66 【布局】窗口中的【文字环绕】

图 A3.67 文字环绕方式快捷窗口

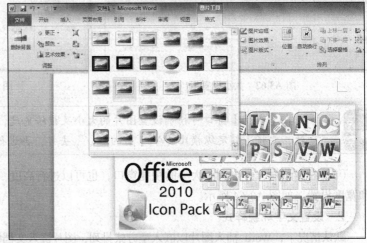

图 A3.68 图片样式设置

5. 艺术效果设置

选择【图片工具】选项卡中的【格式】，在【艺术效果】设置组中即可对图片进行各种艺术效果的设定，如图 A3.69 所示。

6. 图片效果设置

选择【图片工具】选项卡中的【格式】，在【图片效果】设置组中即可对图片进行各种图片效果的设定，如图 A3.70 所示。

3.2.2.5 插入屏幕截图

在 Office 2010 中，无需退出正在使用的程序，就可以快速地进行屏幕截图，并将图片插入 Office 文件中。此功能可以捕获在计算机上打开的全部或部分窗口的图片。

> 一次只能添加一个屏幕截图。

选择要添加屏幕截图的文档。在【插入】选项卡上的【插图】组中，单击【屏幕截图】按钮，如图 A3.71 所示，执行下列操作之一：若要添加整个窗口，请单击【可用视窗】库中的缩略图，如图 A3.72 所示；若要添加窗口的一部分，单击图 A3.72 中的【屏幕剪辑】按钮，当指针变成十字时，按住鼠标左键以选择要捕获的屏幕区域；如果有多个窗口打开，请单击要剪辑的窗口，然后再单击【屏幕剪辑】按钮。当单击【屏幕剪辑】按钮时，正在使用的程序将最小化，只显示它后面的可剪辑窗口。

图 A3.69　图片艺术效果设置

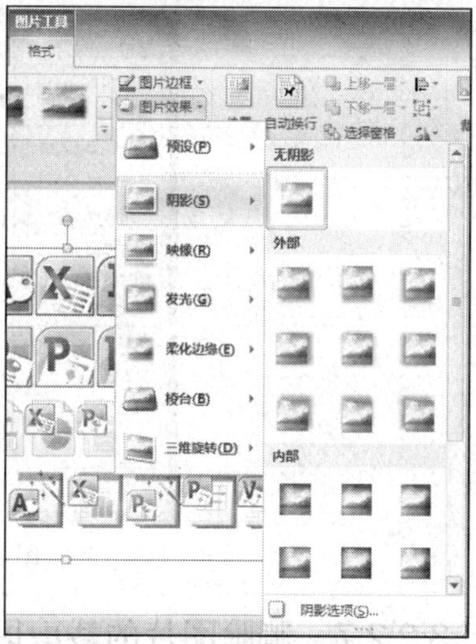

图 A3.70　图片效果设置

图 A3.71　【屏幕截图】按钮

图 A3.72　可用视窗

3.2.2.6　裁剪图片

选择要裁剪的图片。在【图片工具】标签下【格式】选项卡上的【大小】组中，单击【裁剪】按钮，如图 A3.73 所示。此时图片四周出现 8 个 "裁剪控点"，如图 A3.74 所示。通过拖动 "裁剪控点" 来进行裁剪。裁剪完成后单击其他区域，或按 Esc 键退出。

图 A3.73　【裁剪】按钮

图 A3.74　裁剪控点

若要将图片裁剪为精确尺寸，请右击该图片，然后在快捷菜单上单击【设置图片格式】，弹出【设置图片格式】窗口，在【裁剪】窗格上的【图片位置】栏，调整【宽度】和【高度】微调按钮，如图 A3.75 所示。

图 A3.75 【设置图片格式】窗口

3.2.2.7 删除图片的裁剪区域

在 Word 2010 中裁剪某个图片后，裁剪掉的部分仍将作为图片文件的一部分保留。删除图片文件中裁剪掉的部分不仅可以减小文件大小，还能防止其他人查看已删除的图片部分。

选中不需要的一张或多张图片，在【图片工具】下的【格式】选项卡上，单击【调整】组中的【压缩图片】，如图 A3.76 所示。

 此操作不可撤销。因此，仅当你确定已经进行完所需的全部裁剪和更改后，再执行此操作。

弹出【压缩图片】窗口，在【压缩选项】下，选中【删除图片的裁剪区域】复选框。若删除文件中所有选定图片（而非所有图片）的裁剪部分，需将【仅应用于此图片】复选框的"√"去掉，如图 A3.77 所示。

图 A3.76 【压缩图片】按钮

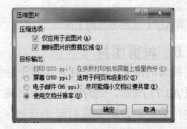

图 A3.77 【压缩图片】窗口

3.2.3 插入形状

我们可以在 Office 2010 文件中添加一个形状，或者合并多个形状以生成一个绘图或一个更为复杂的形状。并且可以在形状中添加文字、项目符号、编号和快速样式。

1. 在文件中添加形状

在【插入】选项卡上的【插图】组中，单击【形状】，在弹出的形状集中选择所需形状，如图 A3.78 所示，接着单击文档的任意位置，然后拖动鼠标以放置形状。

如要添加多个形状，重复上一步即可。

 要创建规范的正方形或圆形（或限制其他形状的尺寸），请在拖动鼠标的同时按住 Shift 键。

2. 给形状添加文字

右击要添加文字的形状，在快捷菜单中选【添加文字】，形状中会出现一个光标，然后输入文字，如图 A3.79 所示。

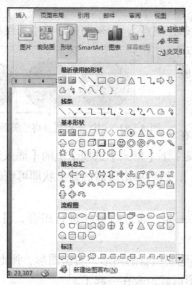

图 A3.78　形状按钮及形状库

图 A3.79　形状快捷菜单

添加的文字将成为形状的一部分，如果用户旋转或翻转形状，文字也会随之旋转或翻转。

3. 向形状添加快速样式

单击需要应用快速样式的形状，在【绘图工具】下的【格式】选项卡上的【形状样式】库中，单击所需的快速样式，如图 A3.80 所示。要查看更多的快速样式，可单击其他按钮 ▼ 。

图 A3.80　快速样式

在【形状样式】组中的快速样式库中，将鼠标指针置于某个快速样式缩略图上时，可以看到【形状样式】（或快速样式）对形状的影响，如图 A3.81 所示。

图 A3.81　将鼠标置于快速样式时形状发生相应的变化

如果在快速样式库中提供的样式不能满足你的需求，可以在【绘图工具】下，【格式】选项卡上的【形状样式】组中，选择【形状填充】设置形状的内部颜色，选择【形状轮廓】设置形状的边框的颜色，选择【形状效果】设置形状的效果。

4. 线条控制点

在每个形状中都有一个或多个黄色菱形的【线条控制点】，用来调整形状中的线条。

例如：在"笑脸"形状上面有一个【线条控制点】用来调整嘴巴线条，向上拖动线条控制点，"笑脸"就变成了"哭脸"，如图A3.82所示。

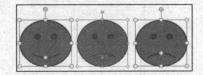

图A3.82　用线条控制点将"笑脸"变"哭脸"

5. 从一种形状改为另一种形状

单击需要更改的形状（若要更改多个形状，请在按住Ctrl的同时单击要更改的形状）。在【绘图工具】下【格式】选项卡上的【插入形状】组中，单击【编辑形状】按钮，鼠标指针指向【改变形状】，然后单击所需的新形状即可更改。

6. 对图形进行组合

利用组合功能，我们可以将多个图形组织在一起。通过对形状进行组合，可以将多个图形作为一个图形进行处理。

选中第一个图形后，按住Ctrl键的同时选中其他要组合的图形，右击图形，弹出图形快捷菜单，选【组合】|【组合图形】。这时选定的几个图形就组合在一起了。

如果要将组合的图形分开，右击图形，弹出图形快捷菜单，选【组合】|【取消组合】。这时组合的图形就分开了。

7. 从文件中删除形状

选中要删除的形状，然后按Delete键。

若要删除多个形状，请在按住Ctrl的同时选中要删除的多个形状，然后按Delete键。

3.3　应用其他组件编辑专业美观的文档

3.3.1　页眉、页脚和页码

1. 添加页码

在【插入】选项卡上的【页眉和页脚】组中，单击【页码】，选择所需的页码位置，滚动浏览库中的选项，选择页码格式，如图A3.83所示。

若要返回至文档正文，请单击【页眉和页脚工具】下【设计】选项卡上的【关闭页眉和页脚】如图A3.84所示，或者双击正文部分退出。

2. 添加页眉或页脚

在【插入】选项卡上的【页眉和页脚】组中，单击【页眉】或【页脚】，选择要添加到文档中的页眉或页脚。若要返回至文档正文，请单击【设计】选项卡上的【关闭页眉和页脚】。

3. 去掉页眉下面的那条线

在编辑页眉之后，Word往往会给页眉自动加上一条黑色的下划线，影响美观。其实去掉并不难，以下三种方法都能够轻松去除。

方法一，选中页眉中的文字，在【开始】选项卡中【字体】组选择【清除格式】按钮即可；

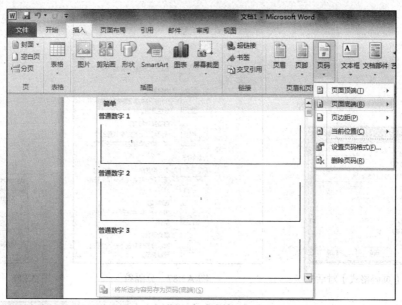

图 A3.83　插入页码

图 A3.84　关闭页眉页脚

方法二，选中页眉中的文字，在【开始】选项卡的【段落】边框下拉按钮中选择【无框线】；

方法三，页眉下面的黑线是由于默认的页眉样式造成的，所以还可以将设置好的页眉保存到页眉库，以后直接调用。

4. 在其他页面重新编页码

（1）首页不同。双击页码，这将打开【页眉和页脚工具】下的【设计】选项卡。在【设计】选项卡的【选项】组中，选中【首页不同】复选框，如图 A3.85 所示，此时首页的页眉、页脚都可以设置成与其他页不同，这种方式常用于首页不显示页码的文件上（本书章首页即不显示页码）。

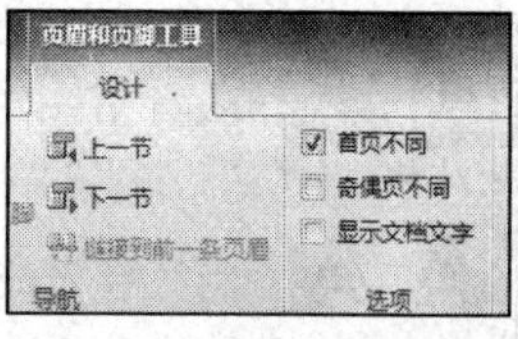

（2）在其他页面上开始编号。①若要从其他页面而非文档首页开始编号，在要开始编号的页面之前要添加分节符。单击要开始编号的页面的开头，在【页面布局】选项卡上的【页面设置】组中，单击【分隔符】按钮，在【分节符】下，单击【下一页】按钮，如图 A3.87 所示。②双击页眉区域或页脚区域，这将打开【页眉和页脚工具】选项卡，在【页眉和页脚工具】的【导航】组中，单击【链接到前一节】按钮取消默认的链接到前一节设置，如图 A3.88 所示。③单击【页眉和页脚】组中的【页码】，再单击【设置页码格式】按钮，然后单击【起始编号】按钮并输入起始数值，如图 A3.86 所示，双击返回正文。

图 A3.85　页眉页脚工具

（3）在奇数和偶数页上添加不同的页眉和页脚或页码。双击页眉区域或页脚区域，这将打开【页眉和页脚工具】选项卡，在【页眉和页脚工具】选项卡的【选项】组中，选中【奇偶页不同】复选框，如图 A3.85 所示。在其中一个奇数页上，添加要在奇数页上显示的页眉、页脚或页码编号；在其中一个偶数页上，添加要在偶数页上显示的页眉、页脚或页码编号。

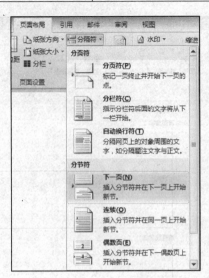

图 A3.86　【页码格式】对话框　　　　　图 A3.87　分隔符　　　　　图 A3.88　页眉页脚工具

（4）删除页码、页眉和页脚。双击【页眉】、【页脚】或【页码】，选择页眉、页脚或页码，按 Delete 键。

3.3.2　封面

Word 2010 提供了一个封面库，其中包含预先设计的各种封面，使用起来很方便。选择一种封面，并用自己的文本替换示例文本即可。

不管光标显示在文档中的什么位置，总是在文档的开始处插入封面。

在【插入】选项卡上的【页】组中，单击【封面】，单击选项库中的封面布局，如图 A3.89 所示。

插入封面后，通过单击选择封面区域（如标题和输入的文本）即可使用自己的文本替换示例文本。

图 A3.89　插入封面

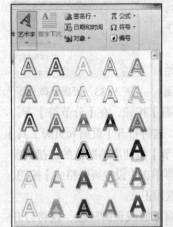

图 A3.90　艺术字样式库

3.3.3　艺术字

艺术字是可添加到文档的装饰性文本。通过使用绘图工具选项可以在诸如字体大小和文本颜色等方面更改艺术字。

1.　插入艺术字

在【插入】选项卡上的【文本】组中，单击【艺术字】按钮，选择需要的艺术字样式，如图 A3.90 所示。

将【请在此放置您的文字】更改为想要插入的文字，如图 A3.91 所示。

2.　设置艺术字

在【绘图工具】下，在【格式】选项卡上的【文本】组中，用【文字方向】为文本选择新方向，也可以更改艺术字文本的方向，如图 A3.92 所示。

图 A3.91　输入文字位置

图 A3.92　设置文字方向

艺术字的字体、字号设置与普通文字设置相同。

3.3.4　表格

1.　插入表格

在 Microsoft Word 中，可以通过以下三种方式来插入表格。

（1）使用【表格】菜单插入表格。在【插入】选项卡的【表格】组中，单击【表格】按钮，然后在【插入表格】下，拖曳鼠标以选择需要的行数和列数，如图 A3.93 所示。

（2）使用【插入表格】窗口插入表格。【插入表格】命令可以让用户在将表格插入文档之前，选择表格尺寸和格式。在【插入】选项卡上的【表格】组中，单击【表格】|【插入表格】。在弹出的【插入表格】窗口的【表格尺寸】下，输入列数和行数。在【"自动调整"操作】下，选择相应选项以调整表格尺寸，如图 A3.94 所示。

图 A3.93　使用【表格】菜单插入表格

图 A3.94　使用【插入表格】窗口插入表格

（3）使用【表格模板】插入表格。除了上述 2 种方法，我们还可以使用表格模板并基于一组预先设好格式的表格来插入。表格模板包含示例数据，可以帮助设计添加数据时表格的外观。在【插入】选项卡的【表格】组中，单击【表格】按钮，鼠标指针指向【快速表格】，再单击需要的模板，使用新数据替换模板中的数据，如图 A3.95 所示。

2.　表格的选择

与文字和图片的操作一样，选择表格是一切操作的前提，下面我们就对表格选取的方法进行说明。

（1）选择一个单元格。将鼠标移动至单元格的左边缘，指针变为 ↗ 时，单击鼠标，即选中一个单元格。

（2）选择多个单元格。在选中一个单元格的基础上拖动鼠标，可选择连续的多个单元格；选中一个单元格后，按住 Ctrl 键的同时，选择其他单元格，可选择不连续的多个单元格。

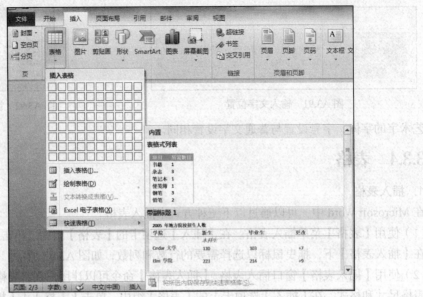

图 A3.95　使用【表格模板】插入表格

（3）选择一行或多行。将鼠标移动至表格的左侧，指针变为 时，单击鼠标，即选中一行；选中一行的同时用鼠标向上或向下拖动，可选中多行。

（4）选择一列或多列。将鼠标移动至表格的顶部网格线边缘，指针变为↓时，单击鼠标，即选中一列；选中一列的同时用鼠标向左或向右拖动，可选中多列。

（5）选择整张表格。将鼠标指针停留在表格上，表格左上角会显示表格移动图柄田，单击表格移动图柄，可选择整张表格。

3. 合并单元格与拆分单元格

在表格中选择要合并的单元格，右击弹出快捷菜单，选择【合并单元格】，连续的几个单元格合并成一个，如图 A3.96 所示。

> **提示**　要合并的单元格必须是多个可以组成一个矩形的单元格区域，否则不能合并。

在表格中选择要拆分的单元格。右击弹出快捷菜单，选择【拆分单元格】，如图 A3.96 所示，弹出【拆分单元格】窗口，选择要将选定的单元格拆分成的列数或行数，如图 A3.97 所示。

图 A3.97　【拆分单元格】窗口

> **提示**　拆分单元格只能针对某一个单元格。

图 A3.96　快捷菜单中的合并、拆分单元格

4. 绘制表格和擦除表格

绘制表格常用于修改已插入好的简单表格，选中要修改的表格，在【表格工具】下【格式】选项卡上的【绘图边框】组中，单击【绘制表格】，指针变为铅笔状时，用鼠标拖动，可在表格中手工添加斜线、竖线和横线，画线方法如图 A3.98 所示。

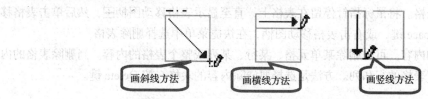

图 A3.98　绘制表格画线方法

要擦除一条线或多条线，在【表格工具】下【格式】选项卡上的【绘图边框】组中，单击【擦除】按钮，指针会变为橡皮状，单击要擦除的线条即可。

5. 添加或删除行或列

（1）在上方或下方添加一行

在要添加行处的上方或下方的单元格内右键单击，在快捷菜单上，鼠标指向【插入】，然后单击【在上方插入行】或【在下方插入行】，如图 A3.99 所示。

（2）在左侧或右侧添加一列

在要添加列处左侧或右侧的单元格内右键单击，在快捷菜单上，鼠标指向【插入】，然后单击【在左侧插入列】或【在右侧插入列】，如图 A3.99 所示。

（3）删除行

选择要删除的行，右击，然后在快捷菜单上单击【删除行】按钮。

（4）删除列

选择要删除的列，右击，然后在快捷菜单上单击【删除列】按钮。

6. 调整行高和列宽

选定想要调整列宽的单元格，将鼠标指针移到单元格的格边框线上，当鼠标指针变成时，按住鼠标左键，出现一条垂直的虚线表示改变单元格的大小，再按住鼠标左键向左或向右拖动，即可改变表格列宽，效果如图 A3.100 所示。

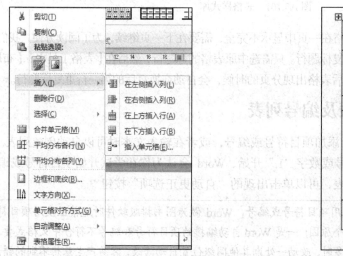

图 A3.99　插入整行或整列

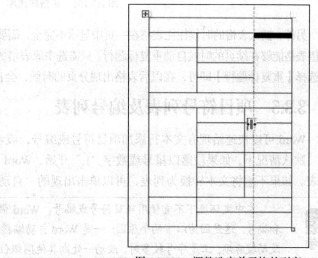

图 A3.100　调整选定单元格的列宽

选定想要调整行高的单元格，将鼠标指针移到单元格的格边框线上，使鼠标指针变成 ÷ 时，按住鼠标左键，出现一条水平的虚线表示改变单元格的大小，再按住鼠标左键向上或向下拖动，即可改变表格行高。

7. 删除表格

（1）删除整个表格。将鼠标指针停留在表格上，直至显示表格移动图柄 ⊞，然后单击表格移动图柄，单击 Backspace 键，或右击表格移动图柄，在快捷菜单中选择删除表格。

（2）删除表格的内容。可以删除某单元格、某行、某列或整个表格的内容。当删除表格的内容时，文档中将保留表格的行和列。方法是选择要清除内容的表格，按 Delete 键。

8. 表格设计

表格是 Word 中经常用到的对象，能够清晰地展现内容。当在 Word 文档中插入表格后，能够轻松为其设置样式，以达到更好的表现效果。选中表格对象，在【表格工具】下，【格式】选项卡上的【表格样式】组中选择一种表格样式，如图 A3.101 所示。

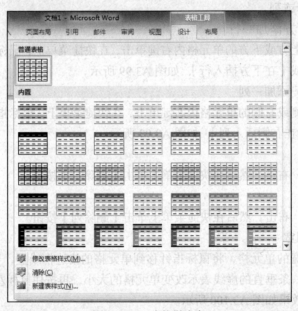

图 A3.101 表格样式库

另外，插入表格的时候往往表格在一页中显示不完全，需要在下一页继续，为了阅读方便，我们会希望表格能够在续页的时候自动重复标题行。只需选中原表格的标题行，然后在【表格工具】|【布局】中选择【重复标题行】即可，在以后表格出现分页的时候，会自动在换页后的第一行重复标题行。

3.3.5 项目符号列表及编号列表

Word 可以快速给现有文本行添加项目符号或编号，或者在输入文本时可以自动创建列表。

默认情况下，如果段落以星号或数字"1."开始，Word 会认为你在尝试开始项目符号或编号列表。如果不想将文本转换为列表，可以单击出现的"自动更正选项"按钮 🛱。

在中文环境下不宜使用项目符号或编号，Word 做为图书排版软件时还禁止使用项目符号和编号。这是因为以下两个原因：一是 Word 自动编排的项目符号和编号不符合中文格式要求，改动较麻烦；二是序号较多时，改动一处则其他同级位置自动修改，容易产生意想不到的错误。

1. 创建列表

创建项目符号或编号列表时，可以执行以下操作之一。

（1）使用方便的项目符号和编号库

使用列表的默认项目符号和编号格式，自定义列表，或从项目符号和编号库中选择其他格式，如图 A3.102 所示。

（2）设置项目符号或编号格式

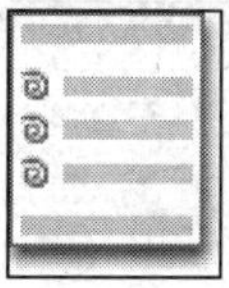

将项目符号或编号设为与列表中的文本不同的格式。例如，单击编号并更改整个列表的编号颜色，但不更改列表中的文本颜色，如图 A3.103 所示。

（3）使用图片或符号

创建图片项目符号列表可为文档或网页添加视觉效果，如图 A3.104 所示。

图 A3.102　项目符号库

2. 输入项目符号列表或编号列表

开始编号列表后，输入所需的文本。按 Enter 键添加下一个列表项，Word 会自动插入下一个项目符号或编号。

要完成列表，请按两次 Enter 键，或按 Backspace 键删除列表中的最后一个项目符号或编号。

3. 在列表中添加项目符号或编号

选择要添加项目符号或编号的项目。在【开始】选项卡上的【段落】组中，单击【项目符号】或【编号】，如图 A3.105 所示。

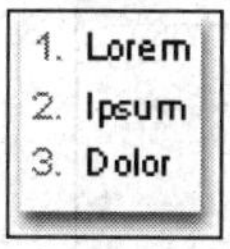

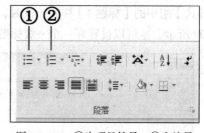

图 A3.103　设置项目符号　　图 A3.104　使用图片或符号　　图 A3.105　①为项目符号；②为编号
　　或编号格式

4. 左移或右移整个列表

单击列表中的项目符号或编号以突出显示列表。将列表拖动到新位置，整个列表将在拖动时相应移动，编号级别不会更改，如图 A3.106 所示。

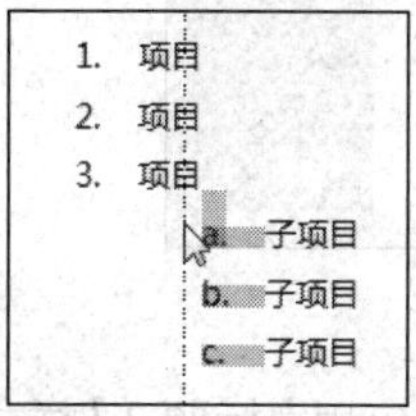

5. 将单级列表转换为多级列表

通过更改列表项的分层级别，可将现有列表转换为多级列表。单击要移到其他级别的项目。在【开始】选项卡上的【段落】组中，单击【项目符号】或【编号】旁边的箭头，单击【更改列表级别】，然后选中所需的级别，如图 A3.107 所示。

6. 从库中选择多级列表样式

可以给任何多级列表应用库中的样式。单击列表中的项。在【开始】选项卡上的【段落】组中，单击【多级列表】旁边的箭头，选中所需的多级列表样式，如图 A3.108 所示。

图 A3.106　移动整个列表

图 A3.107　将单级列表转换为多级列表

图 A3.108　从库中选择多级列表样式

3.3.6　设置标题样式和层次

使用 Word 时，我们经常需要编辑具有很多级别标题的文档，如果针对每个段落标题都进行字体、字号、加粗等设置会很耽误时间。我们可以使用 Word 中的标题样式对文档进行快速设置。

利用前面介绍过的技巧，按住 Ctrl 键选中所有的一级标题，选择完成以后，单击【开始】选项卡【样式】组中的【标题1】样式，这时，所有被选中的标题都会应用【标题1】这种样式，如图 A3.109 所示。也可以设置好一个一级标题，用格式刷复制格式，再应用到其他一级标题中。

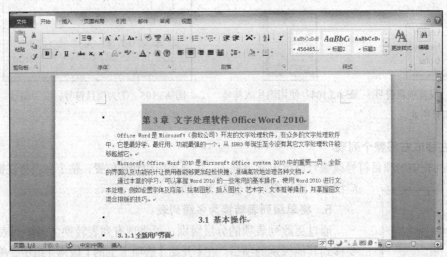

图 A3.109　设置标题

同样的操作，选中所有二级标题，应用【标题2】样式。选中三级标题，应用【标题3】样式。

如果希望修改某一样式的显示格式，不必修改文字上的格式，只需要在相应的样式名称上单击右键，选择【修改】，即可对默认样式进行修改。

设置后，多级别标题的文档更方便管理和查阅，在【导航窗格】（调出【导航窗格】的方式为：

在【视图】选项卡下的【显示】组中选中【导航窗格】)中可看到树状的各级标题，如图 A3.110 所示，通过单击各级标题可快速浏览该标题下的内容；在【大纲视图】(调出【大纲视图】的方式为：单击按钮组中的【大纲视图】)中可看到各级标题前都有一个"＋"号，通过双击鼠标，可选择打开、闭合该级标题下的内容，如图 A3.111 所示。

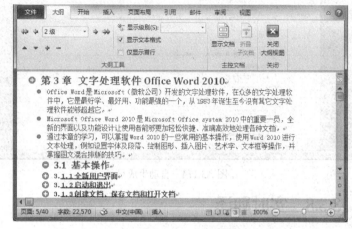

图 A3.110　导航窗格　　　　　　　　　　　　　图 A3.111　大纲视图

3.3.7　编制目录

如果需要给文档插入一个目录，可以选择【引用】选项卡上的【目录】，选择【手动表格】，如图 A3.112 所示。然后在弹出的目录表格内手工编辑目录，如图 A3.113 所示。

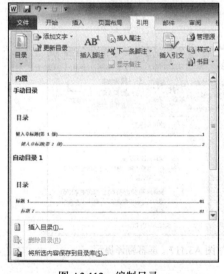

图 A3.112　编制目录　　　　　　　　　　　图 A3.113　手动编辑目录

如果已经用样式对文档的层次结构进行了设定，那么 Word 就能够自动根据这些标题的层次生成目录结构。

选择【引用】选项卡上的【目录】，选择【自动目录 1】或【自动目录 2】，如图 A3.112 所示，即可生成一个非常规整的自动目录，如图 A3.114 所示。

当文档增加或减少内容后，单击【目录】组中的【更新目录】，可弹出更新目录窗口，如图 A3.115 所示，根据情况选择【只更新页码】或【更新整个目录】，单击【确定】按钮，让目录随时保持最新状态；在目录上单击右键，选择【更新域】即可快速更新目录。

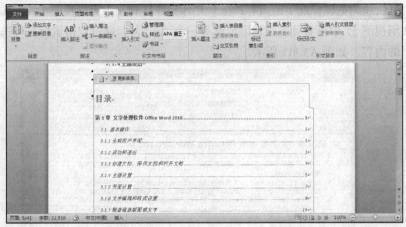

图 A3.114　自动生成目录　　　　　　　　　　　图 A3.115　更新目录窗口

3.3.8　实时翻译

我们在处理公文时往往会遇到不认识的单词，或者需要将某一单词翻译成其他的语言。在 Word 中，只要按住 Alt 键，再用鼠标单击这个单词，或在这个词上单击右键选【翻译】，即可在右侧的【信息检索】任务窗口看到翻译的结果，如图 A3.116 所示。

除了中英互译，还可以选择多种语言互译，这一办法在 IE 浏览器中也同样适用。

另外，还可以在【审阅】选项卡中打开【屏幕翻译提示】功能，这样即可实现鼠标悬停查询单词的功能，如图 A3.117 所示。

图 A3.116　【信息检索】窗口　　　　　　　　图 A3.117　屏幕翻译提示

*3.4　打印文档与共享文档

3.4.1　打印文档

3.4.1.1　预览页面视图

在 Office 2010 中不需要实际打印出文档，即可方便地预览文档在打印时的布局效果。

单击【文件】选项卡中的【打印】命令，如图 A3.118 所示，页面中即可显示文档的打印预览效果，如图 A3.119 所示。

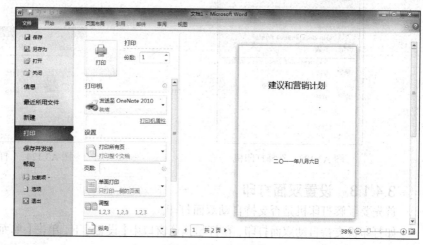

图 A3.118　【打印】按钮　　　　　　　　　　　　　　　　图 A3.119　打印预览

3.4.1.2　打印文档

设置好的文档，在打印预览中看到效果满意后，就可以开始打印了，具体设置方法如下。

单击【文件】选项卡中的【打印】命令，弹出打印预览窗口。在打印前进行以下设置。

（1）设置打印份数。在【份数】框中输入份数，如图 A3.120 所示。

（2）设置打印范围。设置打印文档的范围，包括【打印所有页】、【打印所选内容】、【打印当前页】和【打印自定义范围】四个选项，默认情况下为【打印所有页】，如图 A3.121 所示。在【打印自定义范围】中可设定要打印的指定页或节，需在【页数】选项中输入，如图 A3.122 所示。

图 A3.120　打印份数　　　　　　图 A3.121　打印范围　　　　　　图 A3.122　页数

提示

有多种方法可用于指定要打印的页面，例如输入页码范围（用半角的逗号表示分隔，用半角的"-"表示连续）1,3,5-12 表示打印第 1 页、第 3 页和第 5 到 12 页。

（3）设置纸张大小、页边距及纸张方向。请参照 3.1.5 的内容。

（4）设置打印机。在【打印机】选项下单击选择所需的打印机，如图 A3.123 所示。

（5）单击【打印】即可打印文档，如图 A3.124 所示。

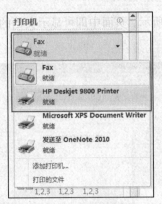

图 A3.123　选择打印机

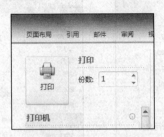

图 A3.124　【打印】按钮

3.4.1.3　设置双面打印

首先要了解打印机是否支持自动双面打印。

如打印机支持自动双面打印，在打印预览窗口中【设置】下，单击【单面打印】，选其中的【双面打印】，打印机即设置为双面打印，如图 A3.125 所示。

如果打印机不支持自动双面打印，用户有两种选择：使用手动双面打印，或分别打印奇数页面和偶数页面。

（1）使用手动双面打印。如果打印机不支持自动双面打印，则可以在打印预览窗口的【设置】下，单击【单面打印】|【手动双面打印】。打印时，Word 将提示用户将纸叠翻过来然后再重新装入打印机，如图 A3.126 所示。

（2）分别打印奇数页和偶数页。在打印预览窗口的【设置】下，单击【打印所有页】，在库的底部附近，单击【仅打印奇数页】，单击库顶部的【打印】按钮。这时打印出所有的奇数页。打印完奇数页后，将纸叠翻转过来，放入打印机，然后在【设置】下，单击【打印所有页】，在库的底部，单击【仅打印偶数页】，单击库顶部的【打印】按钮，即打印出所有的偶数页。

图 A3.125　自动双面打印

图 A3.126　手动双面打印

注意

打印完奇数页，反转打印纸后奇数页的页码大数在上，小数在下，按照 Word 中的默认设置总是从第 1 页打印到最后 1 页，所以打印偶数页时需进行逆序打印设置。其实在打印前只要先在【文件】选项卡【Word 选项】|【高级】选项卡中选中【逆序打印页面】，即可在打印时按逆序从最后一页打印到第一页，这样设置才能保证完成后所有的页是顺序排列的，如图 A3.127 所示。

3.4.1.4　打印技巧

1. 打印同一文档时使用不同的页面方向

如果要在一篇文档中同时使用竖向和横向两种不同的页面方向，我们可在所选内容的前后各插入一个分节符，并仅对这一节中的内容进行页面方向更改，从而实现了在同一文档中使用不同的页面方向。设置纸张方向时，在【页面布局】选项卡中选择【纸张方向】即可。

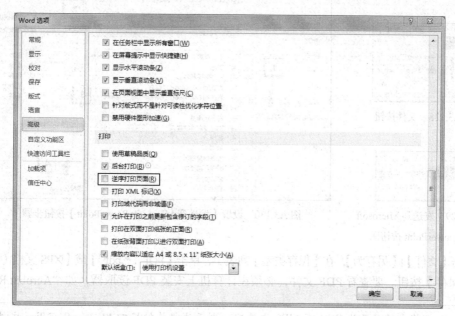

图 A3.127　设置逆序打印

2. 节省一页纸张

利用 Word 进行文档编辑的时候经常会遇到最后一页只剩下几个字的情况，而这些字又很重要不能删掉，既浪费纸张，也不美观。Word 有个好办法可以自动将这一页省掉，只需在【快速访问工具栏】旁边的下拉菜单中选择【其他命令】，再从命令中选中【所有命令】，在下拉菜单中找到【减少一页】功能按钮，将其添加到右侧的快速访问工具栏列表中。以后，只要遇到这种情况，就可以点一下【减少一页】按钮，Word 就会自动根据文本内容调整字体，从而将多于出来的几个字收纳到前面一页，节省纸张又美观！

3.4.2　共享文档

1. 由 word 文档快速导入 PowerPoint

当使用 Word 编辑好文章以后，可以轻松地将其发送到 PowerPoint 中进行展现，只需简单单击鼠标，避免了不停复制、粘贴的繁琐过程。在 Word 的【文件】选项卡中选择【Word 选项】，在【自定义】选项的【所有命令】中找到【发送到 Microsoft Office PowerPoint】，将其添加到自定义工具栏，以后单击这个命令按钮，就可以将 Word 中的文档发送到 PowerPoint 的幻灯片上了，如图 A3.128、图 A3.129、图 A3.130 所示。

提示

> 发送前有个前提，就是 Word 中的文档要通过样式设置好标题的层次结构，否则发送过去的内容很有可能是层次混乱的。

2. 另存为 PDF 或 XPS

有的文件希望他人能查看、保存、打印，但要防止他人修改，例如，简历、法律文档、新闻稿、仅用于阅读和打印的文件以及用于专业打印的文档。借助 Microsoft Office 2010 程序，用户可以将这类文件转换为 PDF 或 XPS 格式。

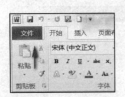

图 A3.128　文件按钮

图 A3.129　发送到 Microsoft
Office PowerPoint 按钮图

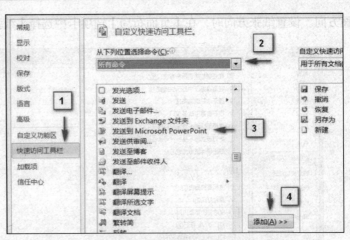

图 A3.130　设置【发送到 Microsoft PowerPoint】按钮步骤

单击【文件】|【另存为】，在【保存类型】列表中，单击【PDF（*.pdf）】或【XPS 文档（*.xps）】，单击【保存】按钮。要查看 PDF 文件，必须在计算机上安装 PDF 读取器，如 "Acrobat Reader"。

提示

将文档另存为 PDF 或 XPS 文件后，则无法将其转换回 Microsoft Office 文件格式，除非使用专业软件或第三方加载项。

可移植文档格式 PDF 可以保留文档格式并允许文件共享。联机查看或打印 PDF 格式的文件时，该文件可保留预期的格式。他人无法轻易更改文件中的数据，并且用户可以将这些数据显示设置为禁止编辑。此外，PDF 格式对于要使用专业印刷方法进行复制的文档十分有用。与 XPS 相比，PDF 支持各种平台，并已作为一种有效格式被众多代理机构、组织和审阅者接受。

XML 纸张规格 XPS 是一种平台独立技术，该技术也可以保留文档格式并支持文件共享。联机查看或打印 XPS 文件时，该文件可保留预期的格式并且他人无法轻易更改文件中的数据。XPS 可以在不考虑指定字体能否用于接收人的计算机的情况下，嵌入文件中的所有字体，从而使这些字体能按预期显示；同时，与 PDF 格式相比，XPS 格式能够在接收人的计算机上呈现更加精确的图像和颜色。

3.5　文件格式及其兼容性

3.5.1　全新的文件格式

在 Microsoft Office 2010 中，Word、Excel 和 PowerPoint 都采用了全新的文件格式，最显著的特征就是文件扩展名后面多了一个 "x"，这是基于 Open XML 的一种全新的文件格式，使 Office 文件变得更小、更可靠，并能与信息系统和外部数据源深入集成。其较原来的.doc 文档格式有以下几个优点。

（1）新的文件格式是经过压缩、分段的文件格式，可极大缩小文件大小，并有助于确保损坏的文件能够轻松恢复。

（2）将文档与业务信息连接在业务中，需要创建文档来沟通重要的业务数据。新格式可通过自动完成该沟通过程来节省时间并降低出错风险。使用新的文档控件和数据绑定连接到后端系统，即可创建能自我更新的动态智能文档。

3.5.2　文件格式兼容性

因为 Office 2010 默认采用了全新的 OOXML 文件格式,所以需要注意文档格式之间的互相兼容性。

1. 使用 Office 2010 打开 Office 2003 或更早版本的文档

Office 2010 提供了良好的向下兼容能力,能支持打开或保存先前版本的文档,无需额外设置。

2. 使用 Office 2003 或更早版本打开 Office 2007、Office 2010 格式的文档

如果希望使用 Office 2003 或更早版本的 Office 打开基于 Office 2007 或 Office 2010 创建的文档,可以选择下面两条途径。

第一,使用 Office 2010 的【另存为】功能,将文档保存成【Word 97—2003 文档】,这样,生成的文档在更早版本的 Office 上可以直接被打开;

第二,安装兼容包,可以从 Office.com 下载适用于 OOXML 文件格式的 Microsoft Office 兼容包。通过该兼容包,可以使用某些早期版本的 Word 打开以.docx 和.docm 格式保存的 Word 2010 文档。

提示

与他人交流文档时,编者推荐使用 doc 文档格式,以免对方不能打开或者显示有误。如果不能确认对方计算机所装文字处理软件,甚至可以使用 rtf 文档格式文档,这是一种几乎所有文字处理软件都能打开的文档,只不过一些能在 docx 文档下显示的特殊"效果"就不能再使用。

习　题

一、选择题

1. Office word 2010 是一种（　　）软件。
　　A. 文字处理软件　　　　B. 系统软件　　　　C. 网络加速软件　　　　D. 分析系统

2. 在 Word 2010 编辑状态下,要统计文档的字数,需要使用的选项卡是（　　）。
　　A. 开始　　　　　　　　B. 插入　　　　　　C. 页面布局　　　　　　D. 审阅

3. 在 Word 2010 编辑状态下,移动鼠标至文档左边框空白处（文本选定区）连击左键三下,结果会选择文档的（　　）。
　　A. 一句话　　　　　　　B. 一行　　　　　　C. 一段　　　　　　　　D. 全文

4. 在 Word 2010 的表格操作中,改变表格的行高与列宽可用鼠标操作,方法是（　　）。
　　A. 当鼠标指针在表格线上变为双箭头形状时拖动鼠标
　　B. 双击表格线
　　C. 单击表格线
　　D. 单击【拆分单元格】按钮

5. 在 Word 的编辑状态,选择了整个表格,执行了表格工具中的【删除行】命令,则（　　）。
　　A. 整个表格被删除　　　　　　　　B. 表格中一行被删除
　　C. 表格中一列被删除　　　　　　　D. 表格中没有被删除的内容

6. 当前已打开一个 Word 文档,若想打开另一个 Word 文档（　　）。

A. 首先关闭原来的文件，才能打开新文件

B. 打开新文件时，系统会自动关闭原文件

C. 两个文件同时打开

D. 新文件的内容将会加入原来打开的文件

二、填空题

1. Word 2010 默认的文件扩展名是_____。

2. Word 2010 在打印文档之前，常常要用_____选项卡中的_____选项对文档进行预览。

3. Word 2010 在编辑状态下，设置显示或隐藏标尺，可在_____选项卡的_____组中选择或取消_____选项。

4. Word 2010 在编辑状态下，若要设置打印页面格式，应当使用_____选项卡中的【页面设置】组。

5. Word 2010 默认的纸张大小是_____。

6. 当执行了误操作后，可以单击_____按钮撤销当前操作。

7. SmartArt 图形是_____的可视表示形式。

三、实操题

1. 用 Word 2010 绘制下面表格。

2. 从网上下载《背影》、《荷塘月色》、《记念刘和珍君》、《在庆祝北京大学建校一百周年大会上的讲话》等文章，并保存在 Word 2010 文档中，清除格式后，按以下要求重新编辑。

（1）每篇文章的标题要求：字体为宋体二号并加粗，居中；正文要求：字体为仿宋小三号，每段首行缩进 2 个字符。

（2）要求应用分隔符，使每篇文章另起一页。

（3）要求文档下方居中部分有页码；页眉设置为文章的名称（页码连续，页眉不同）。

（4）生成目录。

3. 应用表格和图形完成下表。

星期日	星期一	星期二	星期三	星期四	星期五	星期六

第4章
电子表格处理软件

电子表格可以输入/输出、显示数据，可以帮助用户制作各种复杂的表格文档，进行繁琐的数据计算，并能对输入的数据进行各种复杂统计运算后显示为可视性极佳的表格；同时它还能形象地将大量枯燥无味的数据变为多种漂亮的彩色商业图表显示出来，极大地增强了数据的可视性。另外，电子表格还能将各种统计报告和统计图打印出来。

常用的电子表格软件有微软 Excel 和金山 WPS 表格，两者功能相似，操作方法基本相同，本章以微软 Excel 2010 为例介绍电子表格软件，Excel 2010 是 Office 2010 中的一款软件。

通过第三章 Microsoft Office Word 2010 的详细介绍，本章不再讲解与之相似的 Excel 2010 的基本操作，如用户界面，启动和退出，创建工作簿，保存和打开工作簿，主题设置，页面设置，文字编辑和格式设置，随意缩放版面或文字，使用密码、权限和其他限制保护工作簿；Excel 2010 的 SmartArt 图形、图片或剪贴画、形状、艺术字等对象的插入；Excel 2010 的实时翻译、工作簿的打印，以及文件格式和兼容性等功能。这些都可参照 Word 2010 的操作进行。

通过本章的学习，读者可以掌握 Excel 2010 的一些常用的基本操作，使用 Excel 2010 进行数据处理，例如数据的整理和分析、公式和函数、图表等。

在学习本章之前先介绍一些基本知识。

1. 单元格

单元格就是工作表中的一个小方格，是存储数据的最小单位。单元格按所在的行列位置来命名，例如，B5 指 B 列与第 5 行交叉位置上的单元格。

2. 单元格区域

单元格区域是选择的单个或多个单元格的总称。例如，A1:D3 表示 A1 到 D3 的矩形单元格区域。

单元格区域的选择。

（1）选中一个单元格。打开一个 Excel 工作表，将鼠标指针移动到要选中的单元格上，当鼠标指针变为 形状时单击鼠标左键即可选中该单元格，被选中的单元格四周出现黑框，并且单元格的地址出现在名称框中，内容则显示在编辑栏中。

（2）选中相邻的单元格区域。打开 Excel 工作表，选中单元格区域中的第一个单元格，然后按住鼠标左键并拖动到单元格区域的最后一个单元格后释放鼠标左键，即可选中相邻的单元格区域。

（3）选中不相邻的单元格区域。打开 Excel 工作表，选中一个单元格区域，然后按住 Ctrl 键不放再选择其他的单元格，即可选中不相邻的单元格区域。

（4）选中整行或整列。选中整行的方法：打开 Excel 工作表，将鼠标指针移动到要选中行的行号处，单击鼠标左键即可选中整行；选中整列的方法：打开 Excel 工作表，将鼠标指针移动到要选中列的列标处，单击鼠标左键即可选中整列。

（5）选中所有单元格。打开 Excel 工作表，单击工作表左上角的行号和列标交叉处的按钮，即可选中整张工作表。

3. 工作表

工作表就是一张表格，是单元格的集合。默认情况下工作表以 Sheet1、Sheet2、Sheet3……命名。工作表可以重命名。

4. 工作簿

工作簿是用来管理工作表的文件，工作簿的后缀为".xlsx"。默认情况下一个工作簿有 3 张工作表，并且分别以 Sheet1、Sheet2、Sheet3 命名。工作簿中的工作表可以删除与添加。

5. 网格线

在编辑区显示的单元格边框参考线，即网格线是一种辅助线条。

6. 数字格式

通过应用不同的数字格式，可将数字显示为文本、数值、百分比、日期、货币等。例如，如果进行季度预算，则可以使用【货币】数字格式来显示货币值（见表 4.1）。

表 4.1　常用数字格式

格式	说　明
常规	输入数字时 Excel 所应用的默认数字格式。多数情况下，采用"常规"格式的数字以输入的方式显示。然而，如果单元格的宽度不够显示整个数字，则"常规"格式会用小数点对数字进行四舍五入。"常规"格式还对较大的数字（12 位或更多位）使用科学计数（指数）表示法
数值	用于数字的一般表示。通常可以指定要使用的小数位数、是否使用千位分隔符以及如何显示负数
货币	用于一般货币值并显示带有数字的默认货币符号。用户可以指定要使用的小数位数、是否使用千位分隔符以及如何显示负数
会计专用	也用于货币值，但是它会在一列中对齐货币符号和数字的小数点
日期	根据用户指定的类型和区域设置（国家/地区），将日期和时间序列号显示为日期值。以星号（*）开头的日期格式受在【控制面板】中指定的区域日期和时间设置的更改的影响，不带星号的格式不受"控制面板"设置的影响
时间	根据用户指定的类型和区域设置（国家/地区），将日期和时间序列号显示为时间值。以星号（*）开头的时间格式受在"控制面板"中指定的区域日期和时间设置的更改的影响，不带星号的格式不受"控制面板"设置的影响
百分比	将单元格值乘以 100，并用百分号（%）显示结果。这里可以指定小数位数
分数	根据所指定的分数类型显示数字
科学记数	以指数表示法显示数字，用 E+n 替代数字的一部分，其中用 10 的 n 次幂乘以 E（代表指数）前面的数字。例如，2 位小数的"科学记数"格式将 12 345 678 901 显示为 1.23E+10，即用 1.23 乘以 10 的 10 次幂。这里可以指定小数位数
文本	将单元格的内容视为文本（即使输入数字），并在输入时准确显示内容
特殊	将数字显示为邮政编码、电话号码或社会保险号码
自定义	允许修改现有数字格式代码的副本。使用此格式可以创建自定义数字格式并将其添加到数字格式代码的列表中。用户可以添加 200 到 250 个自定义数字格式，具体取决于计算机上所安装的 Excel 的语言版本

【开始】选项卡上【数字】组中包含了可用的数字格式。若要查看所有可用的数字格式，则单击【数字】旁边的对话框启动器。

4.1　简单表格的创建

下面从制作一个实例入手介绍制作 Excel 2010 表格的方法。实例的内容是用 Excel 2010 制作一个"工资统计表"，如图 A4.1 所示。

						工资统计表				
姓名	性别	民族	出生年月	年龄	工作日期	文化程度	所属部门	基本工资	奖金	实发工资
张越	男	汉	1969年2月	42	1996年5月	中专	后勤处	￥1,500.00	￥300.00	￥1,800.00
冯雪兰	女	汉	1980年1月	31	2005年9月	本科	财务处	￥2,300.00	￥800.00	￥3,100.00
高玲	女	回	1973年5月	38	1998年9月	专科	办公室	￥1,800.00	￥500.00	￥2,300.00
吕俊置	女	汉	1970年4月	41	1996年5月	专科	财务处	￥1,800.00	￥500.00	￥2,300.00
沈积祖	男	满	1966年8月	45	1996年5月	高中	后勤处	￥1,500.00	￥200.00	￥1,700.00
孙曼曼	女	汉	1985年6月	26	2009年8月	研究生	科研处	￥3,000.00	￥700.00	￥3,700.00
马志萍	女	汉	1978年3月	33	2006年10月	本科	销售处	￥2,300.00	￥1,300.00	￥3,600.00
辛丽	女	回	1979年9月	32	2006年10月	本科	销售处	￥2,300.00	￥1,800.00	￥4,100.00
安鹏龙	男	蒙	1982年12月	29	2005年9月	后勤处	后勤处	￥1,800.00	￥600.00	￥2,400.00
雒娟	女	汉	1978年1月	33	2006年10月	本科	销售处	￥2,300.00	￥1,400.00	￥3,700.00
田阳	男	汉	1981年5月	30	2008年7月	研究生	科研处	￥3,000.00	￥1,500.00	￥4,500.00
卢炳香	女	满	1974年8月	37	2001年5月	本科	办公室	￥2,300.00	￥900.00	￥3,200.00
刘文静	女	汉	1981年4月	30	2006年10月	专科	销售处	￥1,800.00	￥2,000.00	￥3,800.00
李红琴	女	汉	1980年8月	31	2006年10月	本科	销售处	￥1,800.00	￥1,600.00	￥3,400.00
贾巧花	女	汉	1976年5月	35	2004年7月	中专	后勤处	￥1,500.00	￥300.00	￥1,800.00
王引雄	男	汉	1977年3月	34	2004年7月	本科	办公室	￥2,300.00	￥800.00	￥3,100.00
何雪琴	女	汉	1968年1月	43	1996年5月	中专	后勤处	￥1,500.00	￥300.00	￥1,800.00
樊晓琴	女	汉	1990年8月	21	2010年6月	本科	销售处	￥2,300.00	￥1,200.00	￥3,500.00
安萱	男	汉	1982年7月	29	2007年10月	本科	销售处	￥2,300.00	￥1,300.00	￥3,600.00
王强	男	满	1981年11月	30	2008年7月	本科	销售处	￥2,300.00	￥1,700.00	￥4,000.00

图 A4.1　Excel 数据表格

4.1.1　向工作表中输入数据

建立工作表后，首先要向表格中输入文本、数字等内容，然后才能进行计算、汇总、分析等数据处理工作。下面结合实例介绍向工作表中输入数据的方法。

在一个单元格中输入数据时，首先要单击该单元格选中它。选中 A1 单元格，使其成为活动单元格。在单元格内输入工作表的标题"工资统计表"，如图 A4.2 所示。然后，按 Enter 键确认，当前单元格变成 A2。

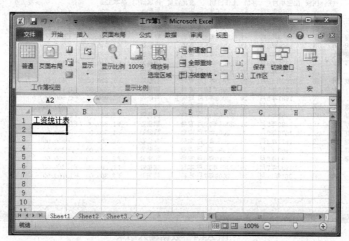

图 A4.2　输入数据

在 A2～K2 单元格，分别输入"姓名""性别""民族""出生年月""年龄""工作日期""文化程度"等项目。

拖动鼠标选中 A1～K1 单元格区域，在【开始】选项卡中的【对齐方式】组中单击【合并后居中】按钮 ，将 A1～K1 单元格合并为一个单元格，如图 A4.3 所示。

将鼠标指针移动到列号栏上的列与列交界处时，指针会变成形状 ，按住鼠标左键拖动，调整到合适的宽度时，释放鼠标左键，也可以双击鼠标左键来获得最合适的列宽，然后向表格中输入其他数据。

图 A4.3   合并后居中

注意，设置数据的格式时，在默认状态下，数值是以数字的形式显示的。如果需要以其他形式显示，则选定【开始】选项卡上【数字】组中的【自定义】下拉菜单，在弹出的菜单中选择需要的数据格式。将"基本工资"和"资金"设置为货币格式。输入后的结果如图 A4.4 所示。

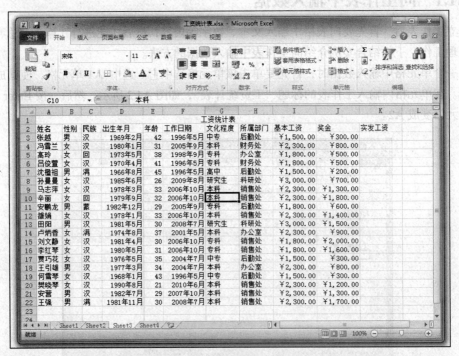

图 A4.4   数据输入结果

向工作表中输入数据通常有以下几种方法。

① 键盘输入。这是数据输入的普通方式，即用键盘输入数据后按 Enter 键或 Tab 键确认输入。如果要在一个单元格内输入两行数据，可按 Alt+Enter 组合键实现换行。

② 自动填充。这是数据输入的快捷方式。用户可以使用该方式快速地在相邻的单元格中填入相同的数据，还可以在一个连续的单元格区域中快速地输入有规律的数据序列。

③ 相同数据填充。首先选择一个单元格作为数据源，用鼠标指向填充柄（单元格右下角的黑方块），当鼠标变成"十"字形时按下左键，拖动虚线框覆盖所有要填充的单元格（见图 A4.5），然后释放鼠标，所有的单元格都会填入数据源数据，如图 A4.6 所示。

图 A4.5　相同数据填充 1

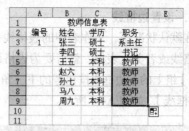

图 A4.6　相同数据填充 2

4.1.2　简单的计算

数据计算是 Excel 的基本功能。在工作表中输入数据之后，需要对基本数据进行计算后获得新数据，如已知"基本工资"和"奖金"，求"实发工资"。

单击 K3 单元格，然后在【开始】选项卡中的【编辑】组中单击【求和】按钮 $\boxed{\Sigma \cdot}$，求和公式会自动出现，如图 A4.7 所示。其中，函数"=SUM(I3:J3)"中反向显示的地址表示求和的区域，如与实际求和区域不符，可以用鼠标选定 I3～J3 单元格，按 Enter 键确认，K3 单元格求和计算完成。

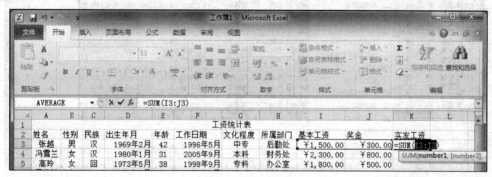

图 A4.7　简单计算

单击 K3 单元格，然后将鼠标指针移动到 K3 单元格的右下角，当指针变成"+"字形时按住鼠标左键向下拖动至 K22，则自动完成求和公式的复制。

4.1.3　对表格进行修饰

工作表不仅要让制作者本人使用方便，有时还要让别人也能方便地使用和理解才行。因此，应适当地对工作表进行修饰，如将工作表的显示格式做一些颜色、字体处理，加入一些边框、图案等，从而使工作表显示更加清晰、流畅，同时还可以美化工作表，在使用工作表时更赏心悦目、轻松愉快。

使用【开始】选项卡下的【字体】组和【对齐方式】组中的工具可以方便地设置表格的显示样式，如字体、对齐方式、格式、边框样式等内容，如图 A4.8 所示。字体、对齐方式的设置可参照 Word 2010。

图 A4.8　设置显示样式的主要工具

1. 设置边框线

在默认状况下，工作表中的表格线是灰色的，而灰色的表格线是不能打印出来的，如果想打印表格线或者美化表格，就需要为表格设置边框线。首先选取要设置的区域 A2～K22，然后单击【字体】组上的【边框】按钮旁的下三角按钮，在拉出的菜单中选取一种边框样式即可，在此选择【所有框线】，如图 A4.9 所示。

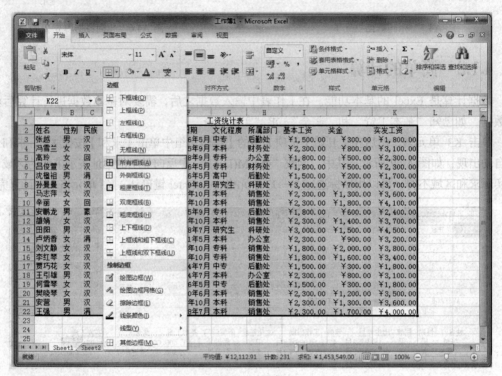

图 A4.9 边框

2. 填充颜色

通过填充颜色，可以为表格的背景填充颜色，使表格显得更醒目。首先选取要填充的区域 A2～K2，然后单击【字体】组上的【填充颜色】的下三角按钮，在【主题颜色】菜单中选取需要的颜色即可，如图 A4.10 所示。此时一个简单的数据表格已创建完毕。

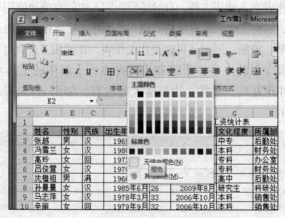

图 A4.10 填充颜色

4.1.4　编辑单元格

实际操作当中，我们经常需要对表格进行修改，下面就介绍一些常用的单元格编辑方式。

删除单元格内容：选定要删除内容的单元格，按 Delete 键。此方法也适合删除区域内的所有内容。

修改单元格内容：双击单元格，或选定单元格后，单击编辑栏（或直接按 F2 功能键）。

删除单元格：先选定要删除的单元格，然后右击，在弹出的快捷菜单中选择【删除】命令，打开【删除】对话框，如图 A4.11 所示。在【删除】对话框中进行相应的选择后单击【确定】按钮，即可删除单元格。

插入单元格：先选定要插入单元格的位置，然后右击，在弹出的快捷菜单中选择【插入】命令，会弹出【插入】对话框，如图 A4.12 所示。在对话框中进行相应的选择后单击【确定】按钮，即可按刚才的设置插入空白单元格。

图 A4.11　【删除】对话

图 A4.12　【插入】对话框

插入（删除）行或列：先用鼠标选中要插入（删除）行或列的行号或列标，然后右击，在弹出的快捷菜单中选择【插入】或【删除】命令，即可增加（删除）一个空行或空列。

合并单元格：选中要合并的单元格区域，然后在【开始】选项卡中的【对齐方式】组中单击【合并后居中】按钮即可。

4.1.5　为工作表命名

建立工作簿文件时，系统会自动产生 3 个工作表，分别为 Sheet1、Sheet2、Sheet3，要为工作表重命名，只需双击当前工作表标签，或右击工作表标签，在弹出的快捷菜单中选择【重命名】命令，输入新的工作表名后单击其他位置或按回车即可。在实例中，工作表被重新命名为"工资统计表"。

4.1.6　插入或删除工作表

在工作表标签上单击右键，在弹出的快捷菜单中选择【插入】命令，或单击最后一个工作表标签右侧的【插入工作表】按钮，即可插入一个空白工作表。

将鼠标指针移动到要删除的工作表标签上，单击鼠标右键，在弹出的快捷菜单中选择【删除】命令，在弹出的提示对话框中单击【删除】按钮，即可删除工作表。

4.2　数据的整理和分析

4.2.1　数据的排序

Excel 提供了多种方法对工作表区域进行排序，用户可以根据需要按行或列、按升序或降序排序。

当按行进行排序时，数据列表中的列将被重新排列，但行保持不变；如果按列进行排序，行将被重新排列而列保持不变。

没有经过排序的数据列表看上去杂乱无章，不利于对数据进行查找和分析，所以此时需要对数据表进行整理。

将实例的工资统计表按"出生年月"进行排序。首先单击表中的任意一个单元格，然后单击【开始】选项卡【编辑】组中的【排序和筛选】按钮，在下拉菜单中选择【自定义排序】命令，如图 A4.13 所示，会弹出【排序】对话框，如图 A4.14 所示。

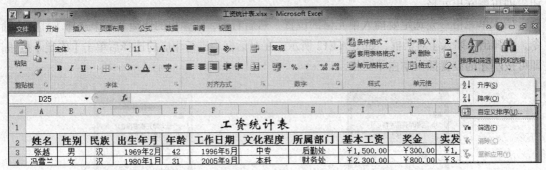

图 A4.13　自定义排序

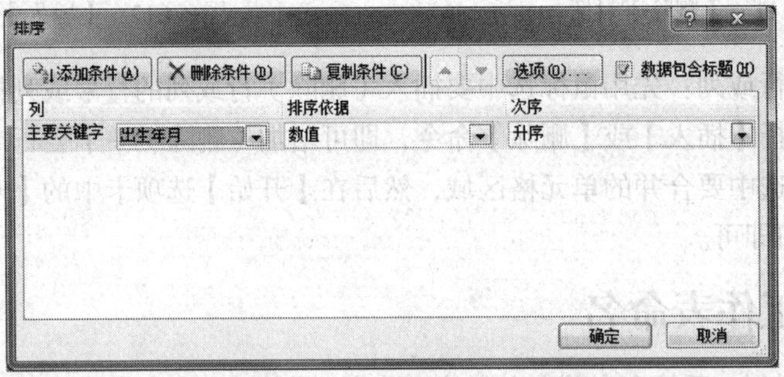

图 A4.14　【排序】对话框

单击【数据】选项卡的【排序和筛选】组中的【排序】按钮同样可以打开【排序】对话框。

在【排序】对话框的【主要关键字】下拉列表中选择【出生年月】命令，设置主要关键字以及排序依据，例如，数值、单元格颜色、字体颜色、单元格图标，在此选择默认的数据作为排序依据。此外，还可以对数据排序次序进行设置，在【次序】下拉列表中可以选择【升序】、【降序】或【自定义排序】命令。在此选择升序。设置完成后单击【确定】按钮，如图 A4.14 所示。

除了对数据表以某个字段为主要关键字进行排序之外，也可以以多个字段为关键字进行排序，如果希望对列表中的数据按"出生年月"升序排序，出生年月相同的数据按"文化程度"升序排序，"出生年月"和"文化程度"都相同的记录按"基本工资"从小到大的顺序排序，此时就要以 3 个不同的字段为关键字进行排序。

在【排序】对话框的【主要关键字】下拉列表中选择【出生年月】命令，设置好主要关键字，单击【添加条件（A）】按钮，在【排序】对话框中增加了【次要关键字】，在下拉菜单中选择【文化程度】，然后再次单击【添加条件】按钮，添加第 3 个排序条件【基本工资】，如图 A4.15 所示。在设置好多列排序依据后，单击【确定】按钮即可看到多列排序后的数据表，如图 A4.16 所示。

在 Excel 2010 中，排序依据最多可以支持 64 个关键字。

图 A4.15　以多个字段为关键字排序

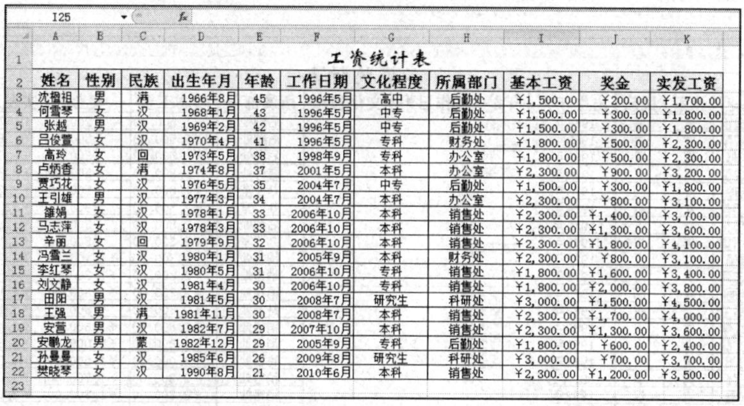

图 A4.16　排序后显得井然有序的表格

4.2.2　数据的筛选

筛选数据列表就是将不符合特定条件的行隐藏起来，可以更方便用户对数据进行查看。Excel 提供了两种筛选数据的命令：自动筛选和高级筛选。

1. 自动筛选

自动筛选适用于简单的筛选条件。

首先单击数据列表中的任意一个单元格，然后单击【开始】选项卡【编辑】组中的【排序和筛选】按钮，在下拉列表框中选择【筛选】命令，如图 A4.17 所示。此时表格中的所有字段中都有一个向下的筛选箭头，如图 A4.18 所示。

图 A4.17　设置自动筛选

在【数据】选项卡上【排序和筛选】组中【筛选】按钮的功能与上面的描述相同。

单击数据表中的任何一列标题行的筛选箭头，设置希望显示的特定信息，Excel 将自动筛选出包含特定行信息的全部数据，如图 A4.19 所示。

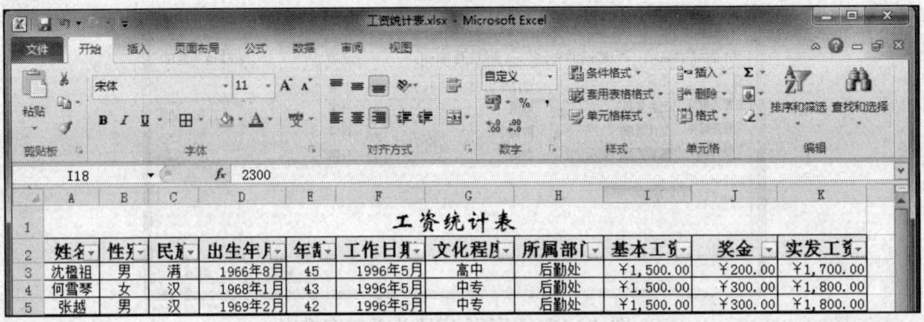

图 A4.18　自动筛选后字段中增加了一个箭头

图 A4.19　筛选箭头下的筛选选项

在数据表中，如果单元格填充了颜色，也可以按照颜色进行筛选。

例如，想要把表中性别为"男"、文化程度为"研究生"、实发工资大于 4000 的人显示出来，可进行如下操作。

首先单击数据表中【性别】右侧的筛选箭头，选择【男】；其次单击数据表中【文化程度】右侧的筛选箭头，选择【研究生】；最后单击数据表中【实发工资】右侧的筛选箭头，选择【数字筛选】|【大于】命令，如图 A4.20 所示，弹出【自定义自动筛选方式】对话框，设置"实发工资"大于 4000，如图 A4.21 所示，然后单击【确定】按钮。筛选结果如图 A4.22 所示。

图 A4.20　设置数字筛选条件

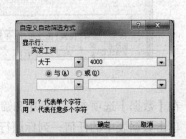

图 A4.21　【自定义自动筛选方式】对话框

图 A4.22　筛选结果

2. 高级筛选

高级筛选适用于复杂的筛选条件。

如果条件比较多，可以使用高级筛选功能把想要看到的数据都找出来。

例如，想要把表中年龄小于 40，实发工资大于 4000 的人显示出来，可按如下操作进行：在表格空白处建立一个条件区域，在第一行输入排序的字段名称，在第二行输入条件，从而建立一个条件区域，如图 A4.23 所示。然后选中数据区域中的任意单元格，单击【数据】选项卡的【排序和筛选】组中的【高级】按钮，如图 A4.24 所示，弹出【高级筛选】对话框，Excel自动选择好了筛选的区域，单击【条件区域】框右侧的【拾取】按钮，选中刚才设置的条件区域，再次单击【拾取】按钮返回【高级筛选】对话框，单击【确定】按钮，如图 A4.25 所示，筛选结果同样如图 A4.22 所示。

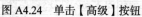

图 A4.23　条件区域的建立

高级筛选可以设置行与行之间的"或"关系条件，也可以对一个特定的列指定 3 个以上的条件，还可以指定计算条件，这些都是比自动筛选优越之处。高级筛选的条件区域应该至少有两行，第一行用来放置列标题，下面的行则放置筛选条件，需要注意的是，这里的列标题一定要与数据清单中的列标题完全一样才行。在条件区域的筛选条件设置中，同一行上的条件默认是"与"条件，而不同行上的条件默认是"或"条件。

图 A4.24　单击【高级】按钮　　　　　　　　　　图 A4.25　【高级筛选】对话框

3. 在筛选时使用通配符

在设置自动筛选的自定义条件时，可以使用通配符，其中问号（?）代表任意单个字符，星号（*）代表任意一组字符。

如筛选出姓王的员工工资，可在表格"姓名"字段的【自定义自动筛选方式】对话框中设置姓名等于"王*"，筛选结果如图 A4.26 所示。若在【自定义自动筛选方式】对话框中设置姓名等于"王?"，则筛选结果如图 A4.27 所示。

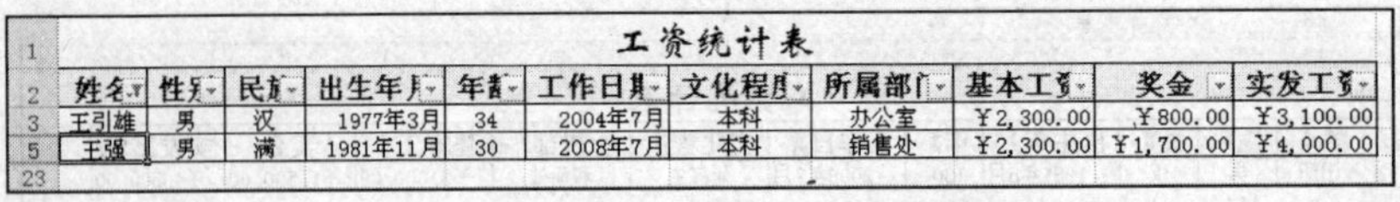

1	工资统计表									
2	姓名	性别	民族	出生年月	年龄	工作日期	文化程度	所属部门	基本工资	奖金	实发工资
3	王引雄	男	汉	1977年3月	34	2004年7月	本科	办公室	¥2,300.00	¥800.00	¥3,100.00
5	王强	男	满	1981年11月	30	2008年7月	本科	销售处	¥2,300.00	¥1,700.00	¥4,000.00
23											

图 A4.26　姓名等于“王*”的筛选结果

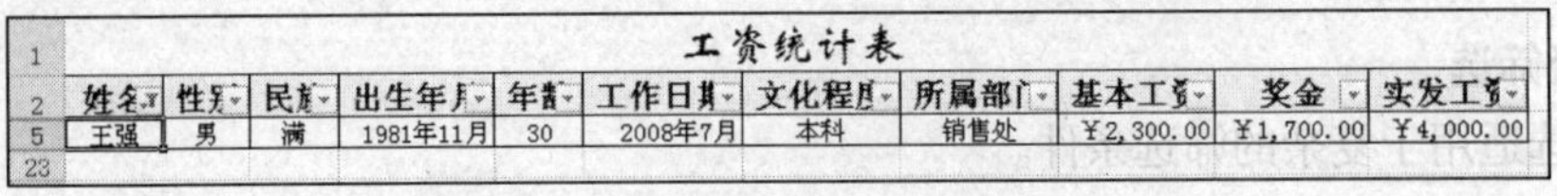

1	工资统计表										
2	姓名	性别	民族	出生年月	年龄	工作日期	文化程度	所属部门	基本工资	奖金	实发工资
5	王强	男	满	1981年11月	30	2008年7月	本科	销售处	¥2,300.00	¥1,700.00	¥4,000.00
23											

图 A4.27　姓名等于“王？”的筛选结果

4.2.3　数据的分类汇总与分级显示

分类汇总是 Excel 中最常用的功能之一，它能够快速地以某一个字段为分类项，对数据列表中的数值字段进行各种统计计算，如求和、计数、平均值、最大值、最小值、乘积等。

接着以实例的工资统计表为例，这次希望可以得出数据表中每个部门的员工实发工资之和。

首先把数据表按照“所属部门”进行排序，然后在【数据】选项卡的【分级显示】组中，单击【分类汇总】按钮，如图 A4.28 所示，弹出【分类汇总】对话框，在【分类字段】下拉列表框中选择【所属部门】，选择汇总方式为【求和】，汇总项选择【实发工资】，然后单击【确定】按钮，如图 A4.29 所示。分类汇总效果如图 A4.30 所示。

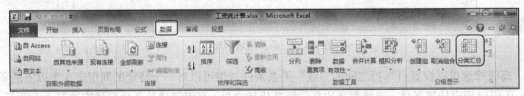

图 A4.28　【分类汇总】按钮

分类汇总的数据是分级显示的，在工作表的左上角分成 1 级、2 级和 3 级，单击 1 级，在表中就只有总计项出现，如图 A4.31 所示。

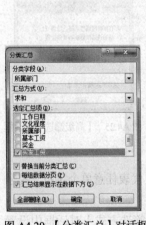

图 A4.29　【分类汇总】对话框

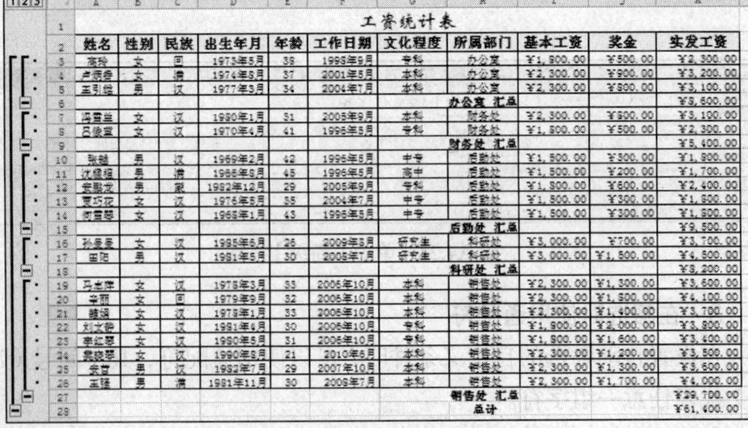

	A	B	C	D	E	F	G	H	I	J	K
1	工资统计表										
2	姓名	性别	民族	出生年月	年龄	工作日期	文化程度	所属部门	基本工资	奖金	实发工资
3	高玲	女	回	1973年5月	38	1995年9月	专科	办公室	¥1,800.00	¥500.00	¥2,300.00
4	卢佩倩	女	满	1974年8月	37	2001年5月	本科	办公室	¥2,300.00	¥900.00	¥3,200.00
5	王引雄	男	汉	1977年3月	34	2004年7月	本科	办公室	¥2,300.00	¥800.00	¥3,100.00
6								办公室 汇总			¥8,600.00
7	冯雪兰	女	汉	1980年1月	31	2005年9月	本科	财务处	¥2,300.00	¥800.00	¥3,100.00
8	吕俊萱	女	汉	1970年4月	41	1996年5月	专科	财务处	¥1,800.00	¥500.00	¥2,300.00
9								财务处 汇总			¥5,400.00
10	张越	男	汉	1969年2月	42	1996年5月	中专	后勤处	¥1,500.00	¥300.00	¥1,800.00
11	沈继组	男	满	1966年8月	45	1996年5月	高中	后勤处	¥1,500.00	¥200.00	¥1,700.00
12	安鹏龙	男	蒙	1982年12月	29	2005年9月	专科	后勤处	¥1,800.00	¥600.00	¥2,400.00
13	夏巧花	女	汉	1976年5月	35	2004年7月	中专	后勤处	¥1,500.00	¥300.00	¥1,800.00
14	何雪琴	女	汉	1968年1月	43	1996年5月	中专	后勤处	¥1,500.00	¥300.00	¥1,800.00
15								后勤处 汇总			¥9,500.00
16	孙曼曼	女	汉	1985年6月	26	2009年8月	研究生	科研处	¥3,000.00	¥700.00	¥3,700.00
17	田阳	男	汉	1981年5月	30	2008年7月	研究生	科研处	¥3,000.00	¥1,500.00	¥4,500.00
18								科研处 汇总			¥8,200.00
19	马志萍	女	汉	1978年3月	33	2006年10月	本科	销售处	¥2,300.00	¥1,300.00	¥3,600.00
20	李丽	女	回	1979年9月	32	2006年10月	本科	销售处	¥2,300.00	¥1,800.00	¥4,100.00
21	韩娟	女	汉	1978年1月	33	2006年10月	本科	销售处	¥2,300.00	¥1,400.00	¥3,700.00
22	刘文静	女	汉	1981年4月	30	2006年10月	专科	销售处	¥1,800.00	¥2,000.00	¥3,800.00
23	李红琴	女	汉	1980年5月	31	2006年10月	专科	销售处	¥1,800.00	¥1,600.00	¥3,400.00
24	魏晓琴	女	汉	1990年8月	21	2010年6月	本科	销售处	¥2,300.00	¥1,200.00	¥3,500.00
25	安宜	男	汉	1982年7月	29	2007年10月	本科	销售处	¥2,300.00	¥1,300.00	¥3,600.00
26	王强	男	满	1981年11月	30	2008年7月	本科	销售处	¥2,300.00	¥1,700.00	¥4,000.00
27								销售处 汇总			¥29,700.00
28								总计			¥61,400.00

图 A4.30　分类汇总效果

单击 2 级，在表中只有汇总和总计部分出现，这样可以清楚地看到各部门的汇总及总计，如图 A4.32 所示。

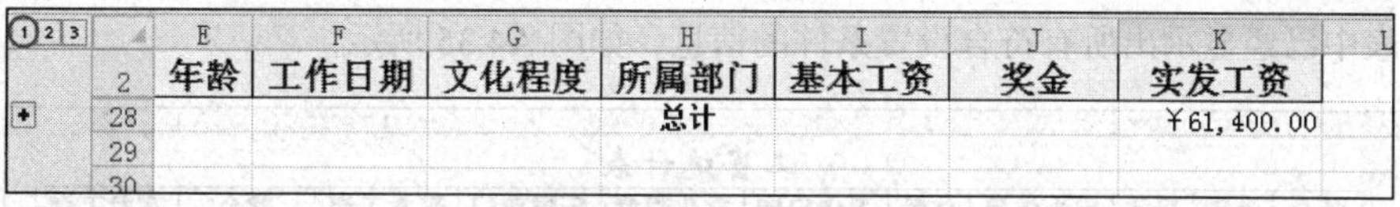

1 2 3		E	F	G	H	I	J	K	L
	2	年龄	工作日期	文化程度	所属部门	基本工资	奖金	实发工资	
+	28				总计			￥61,400.00	
	29								
	30								

图 A4.31　分类汇总 1 级显示

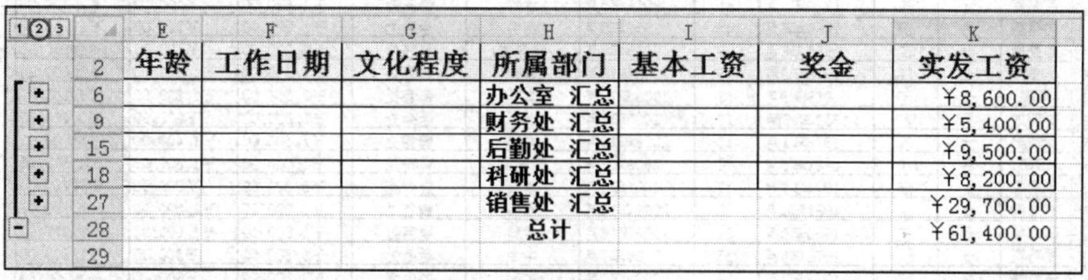

1 2 3		E	F	G	H	I	J	K
	2	年龄	工作日期	文化程度	所属部门	基本工资	奖金	实发工资
+	6				办公室　汇总			￥8,600.00
+	9				财务处　汇总			￥5,400.00
+	15				后勤处　汇总			￥9,500.00
+	18				科研处　汇总			￥8,200.00
+	27				销售处　汇总			￥29,700.00
	28				总计			￥61,400.00
	29							

图 A4.32　分类汇总 2 级显示

单击 3 级，可以显示所有的内容，如图 A4.30 所示。

4.2.4　条件格式

使用 Excel 中的条件格式功能，可以预置一种单元格格式，并在指定的某种条件被满足时自动应用于目标单元格。可以预置的单元格格式包括边框、底纹、字体颜色等。此功能可以根据用户的要求，快速对特定单元格进行必要的标识，以起到突出显示的作用。

例如，在工资统计表中要快速找出所有实发工资大于实发平均工资 3070 元的相关数据。

首先选中"实发工资"字段的所有数据，单击【开始】选项卡【样式】选项组中的【条件格式】按钮，选择【突出显示单元格规则】|【大于】命令，如图 A4.33 所示，弹出【大于】对话框，将数值部分设置为"￥3070.00"，然后设置单元格显示样式为【浅红填充色深红色文本】，设置完毕后单击【确定】按钮，如图 A4.34 所示。

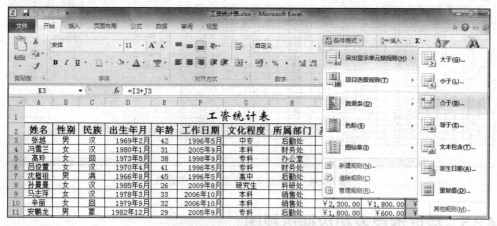

图 A4.33　突出显示单元格规则

图 A4.34　【大于】对话框

数据表中已经显示出所有符合设置条件的信息，如图 A4.35 所示。

	姓名	性别	民族	出生年月	年龄	工作日期	文化程度	所属部门	基本工资	奖金	实发工资
						工资统计表					
3	张媛	男	汉	1969年2月	42	1996年5月	中专	后勤处	¥1,500.00	¥300.00	¥1,800.00
4	冯霏兰	女	汉	1980年1月	31	2005年9月	本科	财务处	¥2,300.00	¥800.00	¥3,100.00
5	高玲	女	回	1973年5月	38	1998年9月	专科	办公室	¥1,800.00	¥500.00	¥2,300.00
6	吕俊宽	女	汉	1970年4月	41	1996年5月	专科	财务处	¥1,800.00	¥500.00	¥2,300.00
7	沈楷棍	男	满	1966年8月	45	1996年5月	高中	后勤处	¥1,500.00	¥200.00	¥1,700.00
8	孙晏晏	女	汉	1985年6月	26	2009年8月	研究生	科研处	¥3,000.00	¥700.00	¥3,700.00
9	马志辉	女	汉	1978年3月	33	2006年10月	本科	销售处	¥2,300.00	¥1,300.00	¥3,600.00
10	辛圆	女	回	1979年9月	32	2006年10月	本科	销售处	¥2,300.00	¥1,800.00	¥4,100.00
11	安腾龙	男	蒙	1982年12月	29	2005年9月	专科	后勤处	¥1,800.00	¥600.00	¥2,400.00
12	韩润	女	汉	1978年1月	33	2006年10月	本科	销售处	¥2,300.00	¥1,400.00	¥3,700.00
13	田阳	男	汉	1981年5月	30	2008年7月	研究生	科研处	¥3,000.00	¥1,500.00	¥4,500.00
14	卢炳香	女	汉	1974年8月	37	2001年5月	本科	办公室	¥2,300.00	¥900.00	¥3,200.00
15	刘文静	女	汉	1981年4月	30	2006年10月	专科	销售处	¥1,800.00	¥2,000.00	¥3,800.00
16	李红琴	女	汉	1980年5月	31	2006年10月	专科	销售处	¥1,800.00	¥500.00	¥3,400.00
17	贾巧花	女	汉	1976年5月	35	2004年7月	中专	后勤处	¥1,500.00	¥300.00	¥1,800.00
18	王引娣	男	汉	1977年3月	34	2004年7月	本科	办公室	¥2,300.00	¥800.00	¥3,100.00
19	何盲琴	男	汉	1968年1月	43	1996年5月	中专	后勤处	¥1,500.00	¥300.00	¥1,800.00
20	吴娜琴	女	汉	1990年8月	21	2010年6月	本科	销售处	¥2,300.00	¥1,200.00	¥3,500.00
21	麦雪	男	汉	1982年7月	29	2007年10月	本科	销售处	¥2,300.00	¥1,300.00	¥3,600.00
22	王强	男	满	1981年11月	30	2008年7月	本科	销售处	¥2,300.00	¥1,700.00	¥4,000.00

图 A4.35 使用条件格式快速查找的效果

在 Excel 2010 中，使用条件格式不仅可以快速查找相关数据，还可以通过数据条、色阶、图标显示数据大小。

首先选中"实发工资"的所有数据，单击【开始】选项卡中【样式】选项组的【条件格式】按钮，选择【数据条】，在打开的选项中选择颜色，此时可以看到数据的大小，如图 A4.36 所示。

图 A4.36 以数据条突出显示单元格效果

4.2.5 数据透视表和数据透视图

1. 数据透视表

数据透视表是一种对大量数据快速汇总和建立交叉列表的交互式动态表格，能帮助用户分析、组织数据。例如，计算平均数、标准差，建立列联表、计算百分比、建立新的数据子集等。建好数据透视表后，可以对数据透视表重新安排，以便从不同的角度查看数据。数据透视表可以从大量看似无关的数据中寻找联系，从而将纷繁的数据转化为有价值的信息，以供研究和决策所用。

　　例如实例的工资统计表，我们用数据透视表可以得出数据表中每个部门的员工实发工资之和。

　　在【插入】选项卡的【表格】组中，单击【数据透视表】按钮，如图 A4.37 所示，打开【创建数据透视表】对话框。在该对话框中选择透视表的数据来源以及透视表放置的位置，然后单击【确定】按钮，如图 A4.38 所示。

图 A4.37 【数据透视表】按钮

图 A4.38 【创建数据透视表】对话框

　　此时出现提示：【若要生成报表，请从"数据透视表字段列表"中选择字段。】，同时界面右侧出现了一个数据透视表字段列表，里面列出了所有可以使用的字段，如图 A4.39 所示，选中【所属部门】和【实发工资】复选框。此时，可以看到每个部门员工实发工资之和显示在数据透视表中，如图 A4.40 所示。

图 A4.39　数据透视表报表字段

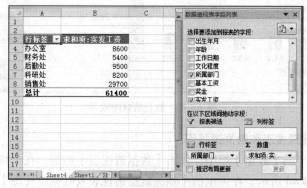

图 A4.40　数据透视表效果

2. 数据透视图

　　根据数据透视表可以直接生成图表，在【选项】选项卡的【工具】组中，单击【数据透视图】

按钮，如图 A4.41 所示。在弹出的【插入图表】对话框中选择图表的样式后，单击【确定】按钮，如图 A4.42 所示。创建的数据透视图如图 A4.43 所示。

图 A4.41 【数据透视图】按钮

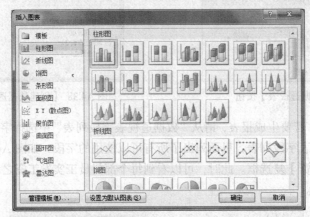

图 A4.42 【插入图表】对话框

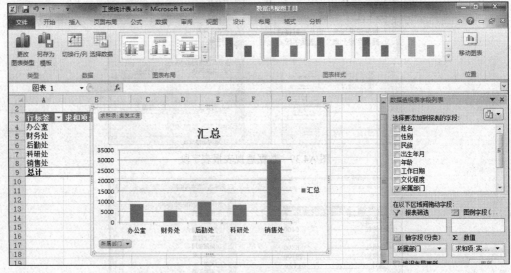

图 A4.43 数据透视图效果

3. 直接创建数据透视表和数据透视图

在【插入】选项卡的【表格】组中，单击【数据透视表】按钮，在下拉列表中选择【数据透视图】命令，如图 A4.44 所示。在弹出的【创建数据透视表及数据透视图】对话框中，选择透视表的数据来源的区域，并选择透视表放置的位置，然后单击【确定】按钮，如图 A4.45 所示。出现如图 A4.46 所示提示，在要添加到报表的字段中选择所属部门和实发工资，即可同时创建数据透视表和数据透视图，如图 A4.43 所示。

图 A4.44　选择【数据透视图】命令　　　　图 A4.45　【创建数据透视表及数据透视图】对话框

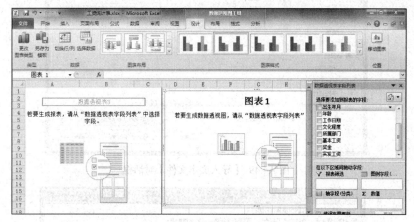

图 A4.46　选择报表字段

4.2.6　获取外部数据

在 Excel 中可以获取外部的数据到 Excel 中，并利用 Excel 的功能对数据进行整理和分析，而不用重复复制数据。这些数据包括 Access 数据、文本数据、网站数据、SQL Server 数据、XML 数据等。现以获取文本数据为例进行介绍，文本文件如图 A4.47 所示。

学号	姓名	物流学导论	高等数学	大学英语	地理	应用文写作	体育	总分	平均分	名次
0321142001	王思慧	87	76	75	78	79	80	475.00	79.17	3
0321142002	刘　贺	65	76	68	87	88	99	483.00	80.50	1
0321142003	刘怀林	63	92	76	79	86	85	481.00	80.17	2
0321142004	王大峰	87	65	87	67	78	89	473.00	78.83	4
0321142005	蔡亚楠	76	65	65	88	90	73	457.00	76.17	5
0321142006	王　静	98	56	78	54	90	76	452.00	75.33	6
0321142007	望兰方	74	71	76	78	79	70	448.00	74.67	7
0321142008	薛　文	87	54	65	67	87	80	440.00	73.33	8
0321142009	薛　盼	76	65	66	62	78	77	424.00	70.67	9
0321142010	杨　焕	76	65	54	89	76	55	415.00	69.17	10

图 A4.47　文本文件

打开 Excel，单击【数据】选项卡中【获取外部数据】组的【自文本】按钮，如图 A4.48 所示，弹出【导入文本文件】对话框，然后选择文本文件所在位置，选择完毕后单击【导入】按钮，如图 A4.49 所示。此时会弹出【文本导入向导】对话框，设置【原始数据类型】和【导入起始行】，然后单击【下一步】按钮，如图 A4.50 所示。选择文本文件的数据字段分隔符，然

图 A4.48　【自文本】按钮

后单击【下一步】按钮，如图 A4.51 所示。选择导入数据的默认格式，然后单击【完成】按钮，如图 A4.52 所示。弹出【导入数据】对话框，可以选择将数据导入到现有工作表或新建工作表，然后单击【确定】按钮，如图 A4.53 所示，这样就把文本文件中的数据全部导入 Excel 了。

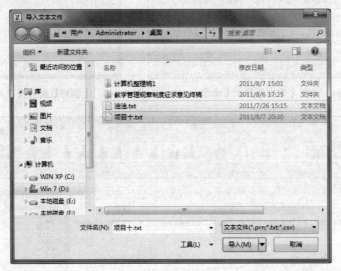

图 A4.49 【导入文本文件】对话框

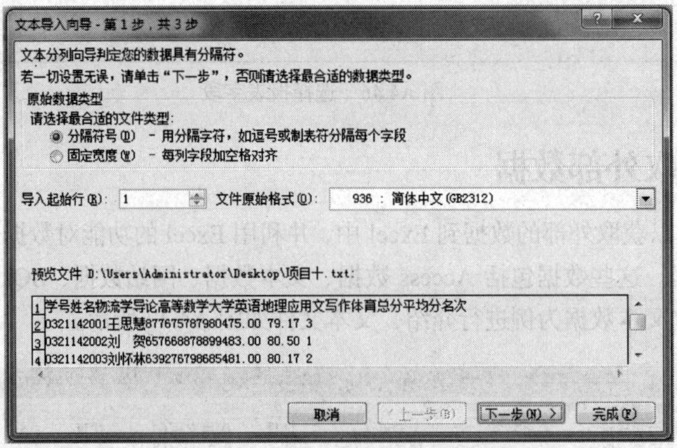

图 A4.50 文本导入向导第 1 步

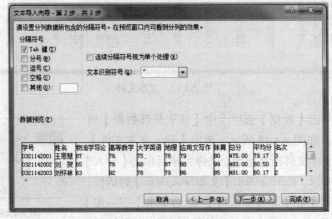

图 A4.51 文本导入向导第 2 步

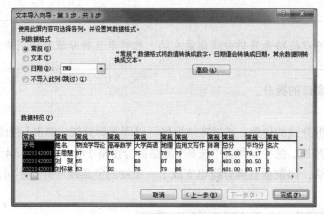

图 A4.52　文本导入向导第 3 步

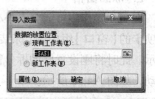

图 A4.53　设置数据放置位置

4.2.7　冻结和拆分窗格

如果工作表数据比较多，在显示器中无法全部显示，查找数据比较困难，这时可以利用窗格的拆分和冻结功能，使工作表的某一部分在其他部分滚动时一直可见，同时查看工作表分布较远的部分。例如，在工资统计表中让"姓名"部分一直是可见的。

1. 拆分窗格

使用【视图】选项卡的【窗口】组中的【拆分】按钮来拆分窗口，如图 A4.54 所示，此时窗口被一竖一横两条线拆分成 4 个可调的窗格，如图 A4.55 所示。调整窗格的水平和垂直位置，可以同时查看工作表分布较远的部分。此例需要"姓名"部分一直可见，所以要垂直拆分，拖动水平拆分线到最顶端去掉水平拆分，这时窗口被分成一左一右两个窗格，将垂直拆分线拖至"姓名"与"性别"之间，这时右侧窗格滚动时，左侧窗格姓名部分一直可见，这样可以更快地查找与姓名相关的其他数据，如图 A4.56 所示。

图 A4.54 【拆分】按钮

	A	B	C	D	E	F	G	H	I	J	K
2	姓名	性别	民族	出生年月	年龄	工作日期	文化程度	所属部门	基本工资	奖金	实发工资
3	张越	男	汉	1969年2月	42	1996年5月	中专	后勤处	￥1,500.00	￥300.00	￥1,800.00
4	冯雪兰	女	汉	1980年1月	31	2005年9月	本科	财务处	￥2,300.00	￥800.00	￥3,100.00
5	高玲	女	回	1973年5月	38	1998年9月	专科	办公室	￥1,800.00	￥500.00	￥2,300.00
6	吕俊萱	女	汉	1970年4月	41	1996年5月	专科	财务处	￥1,800.00	￥500.00	￥2,300.00
7	沈楹祖	男	满	1966年8月	45	1996年5月	高中	后勤处	￥1,500.00	￥200.00	￥1,700.00
8	孙曼曼	女	汉	1985年6月	26	2009年8月	研究生	科研处	￥3,000.00	￥700.00	￥3,700.00
9	马志萍	女	汉	1978年3月	33	2006年10月	本科	销售处	￥2,300.00	￥1,300.00	￥3,600.00
10	辛丽	女	回	1979年9月	32	2006年10月	本科	销售处	￥2,300.00	￥1,800.00	￥4,100.00
11	安鹏龙	男	蒙	1982年12月	29	2005年9月	专科	后勤处	￥1,800.00	￥600.00	￥2,400.00
12	雒娟	女	汉	1978年1月	33	2006年10月	本科	销售处	￥2,300.00	￥1,400.00	￥3,700.00
13	田阳	男	汉	1981年5月	30	2008年7月	研究生	科研处	￥3,000.00	￥1,500.00	￥4,500.00
14	卢炳香	女	满	1974年8月	37	2001年5月	本科	办公室	￥2,300.00	￥900.00	￥3,200.00
15	刘文静	女	汉	1981年4月	30	2006年10月	专科	销售处	￥1,800.00	￥2,000.00	￥3,800.00
16	李红琴	女	汉	1980年5月	31	2006年10月	专科	销售处	￥1,800.00	￥1,600.00	￥3,400.00
17	贾巧花	女	汉	1976年5月	35	2004年7月	中专	后勤处	￥1,500.00	￥300.00	￥1,800.00

图 A4.55　窗口拆分效果

	A	K
2	姓名	实发工资
3	张越	￥1,800.00
4	冯雪兰	￥3,100.00
5	高玲	￥2,300.00
6	吕俊萱	￥2,300.00
7	沈楹祖	￥1,700.00
8	孙曼曼	￥3,700.00
9	马志萍	￥3,600.00
10	辛丽	￥4,100.00
11	安鹏龙	￥2,400.00
12	雒娟	￥3,700.00
13	田阳	￥4,500.00
14	卢炳香	￥3,200.00
15	刘文静	￥3,800.00
16	李红琴	￥3,400.00
17	贾巧花	￥1,800.00
18	王引雄	￥3,100.00

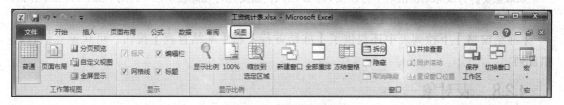

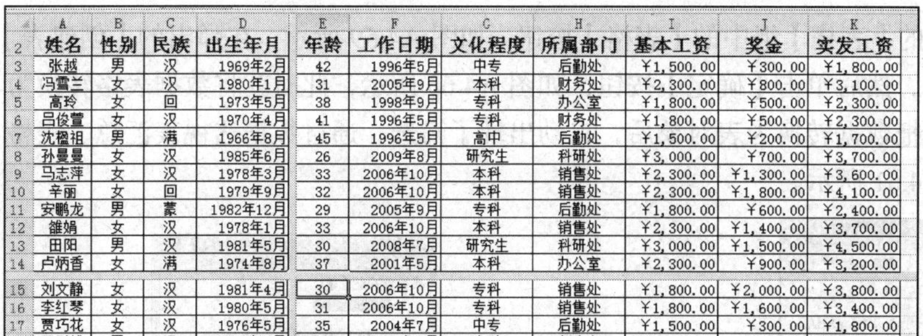

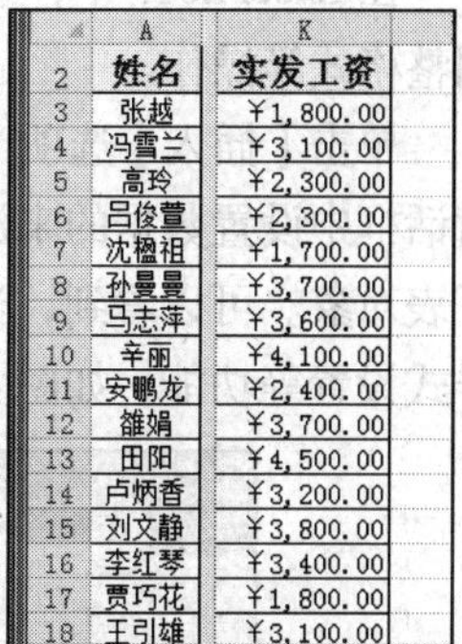

图 A4.56　调整后的窗口拆分效果

如果只需要水平拆分，可以拖动垂直拆分线到最左端，此时垂直拆分线就会消失。

再次单击【拆分】按钮即可撤销窗口的拆分。

2. 冻结窗格

在实际操作中可能会不小心改变拆分线的位置，通过冻结窗格可以固定拆分线。单击【视图】选项卡的【窗口】组中的【冻结窗格】按钮，在下拉列表中选择【冻结拆分窗格】命令，如图A4.57所示。此时将刚设置好的拆分窗格冻结，那条垂直拆分线也变成了一条细的竖黑线，并且不可以拖动，如图A4.58所示。

图 A4.57　冻结拆分窗格按钮　　　　　　　　　　　　　　　图 A4.58　冻结窗格效果

3. 快速拆分与冻结窗口

如果想要拆分或冻结窗格第1行以及A、B两列，需要先将光标放在第一行的下面、A、B两列的右侧，即C2单元格，此时单击【拆分】或【冻结窗格】即可直接拆分或冻结第1行以及A、B两列。

【冻结窗格】下拉列表中还提供了【冻结首行】和【冻结首列】按钮，可快速冻结首行和首列。

4.2.8　表对象

在Excel 2010中，可以将数据表格直接转换为表对象，从而直接对数据表格进行排序、筛选、调整格式等操作。

单击【插入】选项卡的【表格】组中的【表格】按钮，如图A4.59所示，在弹出的【创建表】对话框中设置数据的来源，然后单击【确定】按钮，如图A4.60所示，此时就将数据表格转换为了表对象。可以看到，当把数据转换为表对象后，自动出现了筛选、通过数据透视表汇总、表格样式设置等功能，如图A4.61所示。

　　　　　　　　　　　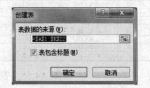

图 A4.59　【表格】按钮　　　　　　　　　　　　　图 A4.60　【创建表】对话框

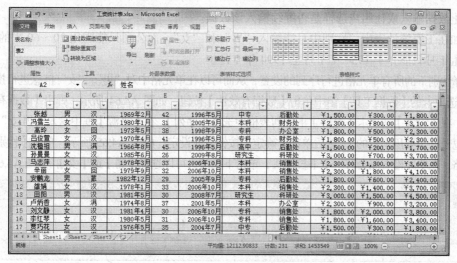

图 A4.61　表对象效果

4.2.9　选择性粘贴

选择性粘贴是指把剪贴板中的内容按照一定的规则粘贴到工作表中，不是简单地拷贝。例如，工资统计表中的【实发工资】列是使用公式计算得来的，选择这一列，直接复制到别的区域或别的工作表中时，显示的并不是原来的数值。这时使用选择性粘贴可以解决这个问题。

在粘贴目标位置右击鼠标，选择【选择性粘贴】命令，打开【选择性粘贴】对话框（见图 A4.62），在【粘贴】组中选中【值和数字格式】单选按钮，然后单击【确定】按钮，这样数值及货币格式就被粘贴过来了。

也可以右击，在弹出的快捷菜单中【选择性粘贴】选项的【粘贴选项】中选择，如图 A4.63 所示。

图 A4.62　【选择性粘贴】对话框

图 A4.63　选择性粘贴及粘贴选项

选择性粘贴还有一个很常用的功能就是转置功能。简单地理解就是把一个横排的表变成竖排的或把一个竖排的表变成横排的。在要转换的表中，用前面的方法打开【选择性粘贴】对话框，选中【转置】复选框，然后单击【确定】按钮，即可实现行和列的位置相互转换。

一些简单的计算可以用选择性粘贴来完成，此外还可以粘贴全部格式或部分格式，或只粘贴公式等。

4.2.10　数据的有效性

使用 Excel 的数据有效性功能，可以对输入单元格的数据进行必要的限制，并根据用户的设置，禁止数据输入或让用户选择是否继续输入该数据。

例如在工资统计表中，性别中只能输入"男"和"女"，而公司只能聘用 20～60 岁的员工，所以出生年月只能介于 1954 年 1 月至 1994 年 1 月。

选择性别下的所有单元格进行序列的设置，从而可以在单元格中对"男"、"女"信息进行挑选。在【数据】选项卡的【数据工具】组中单击【数据有效性】按钮，如图 A4.64 所示，弹出【数据有效性】对话框，在【设置】选项卡【允许】下拉列表框中选择【序列】，在【来源】框中输入"男,女"（注意，此时的逗号一定要用半角的），然后单击【确定】按钮完成设定，如图 A4.65 所示。单击【性别】列任意单元格，在单元格右侧会有一个下拉箭头，单击下拉箭头可以选择【男】或【女】，如图 A4.66 所示。

图 A4.64　【数据有效性】按钮

单击【出生年月】列中任意单元格，然后单击【数据有效性】按钮，在【设置】选项卡中的【允许】下拉列表框中选择【日期】命令，在【数据】下拉列表框中选择【介于】命令，在【开始日期】和【结束日期】输入框中分别输入"1954-1"和"1994-1"，选择【出错警告】选项卡，同样在【标题】和【错误信息】输入框中输入"输入出生年月错误"和"输入日期范围：1954 年 1 月至 1994 年 1月"。在输入完信息后，单击【确定】按钮，如图 A4.67所示。此时如果在【出生年月】列中输入数据不符合要求就会有错误提示，如图 A4.68 所示。

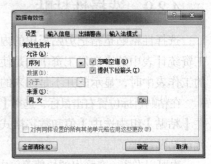

图 A4.65　【数据有效性】对话框

图 A4.66　数据有效性序列效果　　图 A4.67　【出错警告】选项卡　　图 A4.68　错误提示

4.3　公式和函数

4.3.1　相对引用与绝对引用

随着公式的位置变化，所引用单元格位置也在变化就是相对引用；随着公式位置变化所引用单元格位置不变化就是绝对引用。

以单元格 C4 为例，下面介绍一下"C4"、"$C4"、"C$4"和"$C$4"之间的区别。

在一个工作表中，单元格 C4、C5 中的数据分别是 60、50。如果在 D4 单元格中输入"=C4"，那么将 D4 向下拖动到 D5 时，D5 中的内容就变成了 50，如果将 D4 向右拖动到 E4，E4 中的内容是 60，里面的公式变成了"=D4"，如图 A4.69 所示。

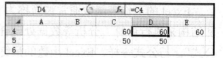

图 A4.69　相对引用和绝对引用 1

现在在 D4 单元格中输入"=$C4"，将 D4 向右拖动

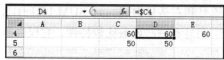

图 A4.70　相对引用和绝对引用 2

到 E4，E4 中的公式还是"=$C4"，而向下拖动到 D5 时，D5 中的公式就成了"=$C5"，如图 A4.70 所示。

如果在 D4 单元格中输入"=C$4"，那么将 D4 向右拖动到 E4 时，E4 中的公式变为"=D$4"，将 D4 向下拖动到 D5 时，D5 中的公式还是"=C$4"，如图 A4.71 所示。

如果在 D4 单元格中输入"=$C$4"，那么不论将 D4 向哪个方向拖动，自动填充的公式都是"=$C$4"。原来谁前面带上了"$"号，在进行拖动时谁就不变。如果都带上了"$"，在拖动时两个位置都不能变，如图 A4.72 所示。

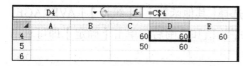

图 A4.71　相对引用和绝对引用 3

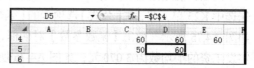

图 A4.72　相对引用和绝对引用 4

4.3.2　公式创建

公式是由用户自行设计并结合常量数据、单元格引用、运算符等元素进行数据处理和计算的算式。用户使用公式是为了有目的地计算结果，因此 Excel 的公式必须（且只能）返回值，如"=（A2+A3）*5"。

从公式的结构来看，构成公式的元素通常包括等号、常量、引用和运算符等元素。其中，等号是不可或缺的。在实际应用中，公式还可以使用数组、Excel 函数或名称（命名公式）来进行运算。

如果在某个区域使用相同的计算方法，用户不必逐个编辑函数公式，这是因为公式具有可复制性。如果希望在连续的区域中使用相同算法的公式，可以通过"双击"或"拖动"单元格右下角的填充柄进行公式的复制。如果公式所在单元格区域并不连续，还可以借助"复制"和"粘贴"功能来实现公式的复制。

例如，在工资统计表中，实发工资=基本工资+资金，通过使用公式计算实发工资。在 K3 单元格中输入【=I3+J3】并按回车键即可算出张越的实发工资金额。使用填充的方式还可以将其他人的实发工资也计算出来，如图 A4.73 所示。

姓名	性别	民族	出生年月	年龄	工作日期	文化程度	所属部门	基本工资	奖金	实发工资
张越	男	汉	1969年2月	42	1996年5月	中专	后勤处	￥1,500.00	￥300.00	￥1,800.00
冯雪兰	女	汉	1980年1月	31	2005年9月	本科	财务处	￥2,300.00	￥800.00	￥3,100.00
高玲	女	回	1973年5月	38	1998年9月	专科	办公室	￥1,800.00	￥500.00	￥2,300.00
吕俊霞	女	汉	1970年4月	41	1996年5月	专科	财务处	￥1,800.00	￥500.00	￥2,300.00
沈慰祖	男	满	1966年8月	45	1984年9月	高中	后勤处	￥1,500.00	￥200.00	￥1,700.00
孙曼曼	女	汉	1985年6月	26	2009年8月	研究生	科研处	￥3,000.00	￥700.00	￥3,700.00
马志萍	女	汉	1978年3月	33	2006年10月	本科	销售处	￥2,300.00	￥1,300.00	￥3,600.00
辛丽	女	回	1979年9月	32	2006年10月	本科	销售处	￥2,800.00	￥1,300.00	￥4,100.00
安鹏龙	男	蒙	1982年12月	29	2005年9月	专科	后勤处	￥1,800.00	￥600.00	￥2,400.00
雒娟	女	汉	1978年1月	33	2006年10月	本科	销售处	￥1,400.00	￥1,400.00	￥2,800.00
田阳	男	汉	1981年5月	30	2008年7月	研究生	科研处	￥3,000.00	￥1,500.00	￥4,500.00
卢炳香	女	满	1974年8月	37	2001年9月	本科	办公室	￥1,800.00	￥500.00	￥2,300.00
刘文静	女	汉	1981年4月	30	2006年10月	专科	销售处	￥1,800.00	￥2,000.00	￥3,800.00
李红翠	女	汉	1980年5月	31	2006年10月	本科	销售处	￥1,800.00	￥1,600.00	
蕙巧芬	女	汉	1976年5月	35	2004年7月	中专		￥1,500.00	￥300.00	

图 A4.73　应用公式计算实发工资

4.3.3　函数使用

Excel 的工作表函数通常被简称为 Excel 函数，它是由 Excel 内部预先定义并按照特定的顺序和结构来执行计算、分析等数据处理任务的功能模块。因此，Excel 函数也常被人们称为"特殊公式"。与公式一样，Excel 函数的最终返回结果为值。

Excel 函数只有唯一的名称且不区分大小写，它决定了函数的功能和用途。

Excel 函数通常是由函数名称、左括号、参数、半角逗号和右括号构成。如 SUM（B1:B10，C1:C10）表示求 B1 至 B10 与 C1 至 C10 所有单元格的和。另外有一些函数比较特殊，它仅由函数名和成对的括号构成，是因为这类函数没有参数，如 NOW 函数、RAND 函数。

图 A4.74　函数库

在 Excel 2010【公式】选项卡的【函数库】组中，将函数分成了不同的类型，当进行函数输入的时候，可以从中快速查找，如图 A4.74 所示。

例如，使用函数求所有员工实发工资的平均数，先选中 K23 单元格，在【公式】选项卡的【函数库】组中选择【其他函数】|【统计】| AVERAGE，如图 A4.75 所示，弹出【函数参数】对话框，设置好求平均值和范围后，单击【确定】即可求出实发工资的平均数为 3 070 元，如图 A4.76 所示。

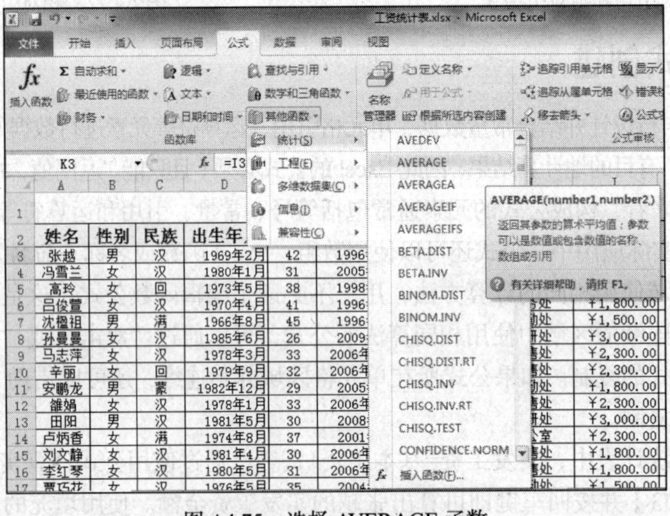

图 A4.75　选择 AVERAGE 函数

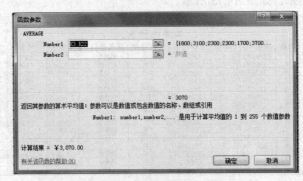

图 A4.76　【函数参数】对话框

4.3.4　绝对引用的应用

例如，要在 L3:L22 中求出每个人实发工资占平均实发工资的百分比。把 L3:L22 数据格式设置为百分比，在 L3 中输入"=K3/K23"后按回车键，可以看到张越实发工资占平均实发工资的 58.63%，如图 A4.77 所示。这时应用填充的方式计算他人实发工资占平均实发工资的百分比，结果除刚设置好的正确外，其他人的都不正确，如图 A4.78 所示。

图 A4.77　应用公式计算实发工资占平均实发工资百分比　　　图 A4.78　填充公式后出现错误

造成这个错误的原因是，公式中"平均实发工资"单元格 K23 位置应不发生变化，由于开始设置的是相对引用，在填充公式时它的位置已发生变化。所以解决办法为将单元格设置为绝对引用，将 L3 中公式改为"=K3/$K$23"然后按回车键，再运用填充公式的办法填充其他单元格。

 提示　在运用公式填充后，一定要检查填充后的公式是否正确。

4.4　Excel 中的图表

4.4.1　图表的建立

图表是图形化的数据，它由点、线、面等图形与数据文件按特定的方式组合而成。一般情况下，用户使用 Excel 工作簿内的数据制作图表，生成的图表也存放在工作簿中。图表是 Excel 的重要组成部分，具有直观形象、双向联动、二维坐标等特点。

表 4.2 是一个市场调查表，显示了几种品牌的饮料在各个季度的销量百分比。

下面来做一个表示第一季度几种商品所占比例的饼图。首先选择数据区域，然后选择【插入】选项卡，单击【饼图】按钮，在打开的下拉菜单中选择饼图样式，如图 A4.79 所示。

此时已经创建了一个饼图，接下来对图表的布局和样式进行选择，通过 Excel 2010 新的样式，可以方便地设计出漂亮的图表，如图 A4.80 所示。

表 4.2　各季度销售情况

品牌名称	第一季度（%）	第二季度（%）	第三季度（%）	第四季度（%）
A	25.50	26.10	26.70	26.30
B	15.10	14.80	15.10	15.20
C	10.30	10.50	10.90	10.70
D	8.90	9	8.10	8.50
E	6	5.40	5.70	6
F	4.10	3.90	3.80	3.70
G	12.40	12.50	12.30	12.50
H	8.10	8.30	8.30	8.40

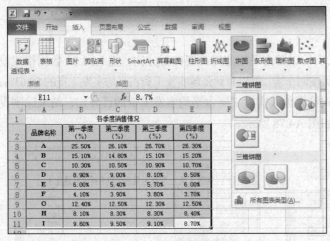

图 A4.79 【饼图】按钮　　　　　　　　　　　图 A4.80　生成的饼图

4.4.2　图表的修改

我们经常可以看到那种有一部分同其他部分分离的饼图，这种图的做法是：单击饼图，在饼的周围会出现一些句柄，再单击其中的某一色块，句柄出现在该色块的周围，这时向外拖动此色块，就可以把这个色块拖动出来，如图 A4.81 所示。用同样的方法可以把其他各个部分分离出来，或者在【插入】选项卡中直接选择【饼图】下拉列表中的分离效果。

合并饼图的方法是：先单击图表的空白区域，取消对饼图的选取，然后单击选中分离的部分，向里拖动鼠标，就可以把这个圆饼合并到一起了。

我们还经常见到这样的饼图：把占总量比较少的部分单独做了一个小饼图以便看清。做这种图的方法是：选中刚生成的饼图，在【插入】选项卡中选择【饼图】下拉列表，然后选择相应效果即可，设置好的效果如图 A4.82 所示。

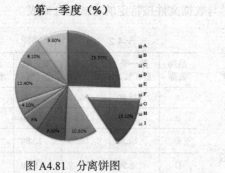

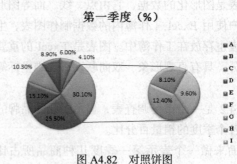

图 A4.81　分离饼图　　　　　　　　　　　图 A4.82　对照饼图

4.4.3　常见的图表及应用技巧

Excel 提供了 14 种标准的图表类型，每一种都具有多种组合和变换。在众多的图表类型中，根据数据的不同和使用要求的不同，用户可以选择不同类型的图表。图表的选择主要同数据的形式有关，其次才考虑感觉效果和美观性。下面介绍一些常见的图表类型。

柱形图（或条形图）：由一系列相同宽度的柱形或条形组成，通常用来比较一段时间中两个或多个项目的相对数量。例如，不同产品季度或年销售量对比、在几个项目中不同部门的经费分配情况、每年各类资料的数目等。柱形图（条形图）是应用较广的图表类型，很多人用图表都是从它开始的。

折线图：用来表现事物数量发展的变化。例如，数据在一段时间内是呈增长趋势的，另一段时间内处于下降趋势，通过折线图可以对将来作出预测。例如，速度-时间曲线、推力-耗油量曲线、升力系数-马赫数曲线、压力-温度曲线、疲劳强度-转数曲线、转输功率代价-传输距离曲线等，都可以利用折线图来表示。折线图一般在工程上应用较多，若是其中一个数据有几种情况，折线图里就有几条不同的线，比如五名运动员在万米赛跑中的速度变化，就有五条折线，可以互相对比，也可以添加趋势线对速度进行预测。

饼图：在用于对比几个数据在其形成的总和中所占百分比值时最有用。整个饼代表总和，每一个数用一个楔形代表。例如，表示不同产品的销售量占总销售量的百分比，各单位的经费占总经费的比例、收集的藏书中每一类占的比例等。饼图虽然只能表达一个数据列的情况，但因为表达清楚明了，又易学好用，所以在实际工作中用得比较多。如果想表示多个系列的数据时，可以用环形图。

条形图：由一系列水平条组成，使得对于时间轴上的某一点，两个或多个项目的相对尺寸具有可比性。比如，它可以比较每个季度 3 种产品中任意一种的销售数量。条形图中的每一条在工作表上是一个单独的数据点或数。

面积图：显示一段时间内变动的幅值。面积图可以观察各部分的变动，同时也看到总体的变化。

散点图：展示成对的数和它们所代表的趋势之间的关系。对于每一数对，一个数被绘制在 X 轴上，而另一个被绘制在 Y 轴上。过两点作轴垂线，相交处在图表上有一个标记。当大量的这种数对被绘制后，出现一个图形。散点图的重要作用是可以用来绘制函数曲线，从简单的三角函数、指数函数、对数函数到更复杂的混合型函数，都可以利用它快速准确地绘制出曲线，所以在教学、科学计算中会经常用到。

股价图：这是具有 3 个数据序列的折线图，可以用来显示一段时间内一种股标的最高价、最低价和收盘价。通过在最高、最低数据点之间画线形成垂直线条，而轴上的小刻度代表收盘价。股价图多用于金融、商贸等行业，用来描述商品价格、货币兑换率，以及温度、压力测量等。

雷达图：显示数据如何按中心点或其他数据变动。每个类别的坐标值从中心点辐射。来源于同一序列的数据同线条相连。你可以采用雷达图来绘制几个内部关联的序列，这样能很容易地做出可视的对比。例如，对于 5 个相同部件的机器，在雷达图上就可以绘制出每一台机器上每一部件的磨损量。

还有其他一些类型的图表，比如圆柱图、圆锥图、棱锥图，只是都是由条形图和柱形图变化而来的，没有突出的特点，而且用得相对较少，这里就不一一赘述。这里要说明的是，以上只是图表的一般应用情况，有时一组数据可以用多种图表来表现，那时就要根据具体情况加以选择。对有些图表，如果一个数据序列绘制成柱形，而另一个绘制成折线图或面积图，则该图表看上去会更好些。

*4.5 高 级 技 巧

4.5.1 编辑技巧

1. 分数的输入

如果直接输入"1/5"，系统会将其变为"1 月 5 日"，解决办法是：先输入"0"，然后输入空格，再输入分数"1/5"。

2. 序列"001"的输入

如果直接输入"001"，系统会自动判断 001 为数据 1，解决办法是：首先输入"'"（半角单引号），然后输入 "001"。

3. 日期的输入

如果要输入 "4 月 5 日"，直接输入 "4/5"，再按回车键就行了。如果要输入当前日期，按 Ctrl+; 组合键。

4. 在多张工作表中输入相同的内容

在几个工作表中的同一位置输入同一数据时，可以选中一张工作表，然后按住 Ctrl 键，再单击窗口左下角的 Sheet1、Sheet2……，可以直接选择需要输入相同内容的多个工作表，接着在其中的任意一个工作表中输入数据，这些数据就会自动出现在选中的其他工作表中。输入完毕之后，再次按 Ctrl 键，然后单击所选择的多个工作表，解除这些工作表之间的联系，否则在一张工作表中输入的数据会继续出现在选中的其他工作表内。

5. 不连续单元格填充同一数据

选中一个单元格，按住 Ctrl 键，用鼠标单击其他单元格，将这些单元格全部选中。然后在编辑区中输入数据，按住 Ctrl 键，同时按回车键，在所有选中的单元格中就会都出现这一数据。

6. 利用 Ctrl+*组合键选取文本

如果一个工作表中有很多数据表格时，可以通过选定表格中某个单元格，然后按下 Ctrl+*组合键选定整个表格。Ctrl+*组合键选定的区域为：根据选定单元格向四周辐射所涉及的有数据单元格的最大区域。这样我们可以方便准确地选取数据表格，并能有效避免拖动鼠标选取较大单元格区域时屏幕乱滚的现象。

7. 快速清除单元格的内容

如果要删除单元格中的内容及其格式和批注，不能简单地选定该单元格，然后按 Delete 键。要彻底清除单元格，应先选定想要清除的单元格或单元格范围，然后单击【开始】选项卡【编辑】组中的【清除】按钮，在下拉列表中选择【全部清除】命令。

4.5.2 单元格内容的合并

根据需要，有时想把 B 列与 C 列的内容进行合并，如果行数较少，可以直接用剪切和粘贴功能来完成操作，但如果有几万行，就不能这样办。解决办法是：在 C 行后插入一个空列（如果 D 列没有内容，就直接在 D 列操作），在 D1 中输入 "=B1&C1"，D1 列的内容就是 B、C 两列的和。选中 D1 单元格，用鼠标指向单元格右下角的小方块，当光标变成 "+" 后，按住鼠标拖动光标到要合并的尾行，就完成了 B 列和 C 列的合并。这时先不要忙着把 B 列和 C 列删除，先要把 D 列的结果复制一下，再用 "选择性粘贴" 命令，将数据粘贴到一个空列上。这时再删掉 B、C、D 列的数据。

下面是一个 "&" 实际应用的例子。用 AutoCAD 绘图时，有人喜欢在 Excel 中存储坐标点，在绘制曲线时调用这些参数。存放数据格式为 "x,y"，首先在 Excel 中输入坐标值，将 x 坐标值放入 A 列，y 坐标值放入 B 列，然后利用 "&" 将 A 列和 B 列合并成 C 列，在 C1 中输入"=A1&",", "&B1"，此时 C1 中的数据形式就符合要求了，再用鼠标向下拖动 C1 单元格，完成对 A 列和 B 列的所有内容的合并。

合并不同单元格的内容，还有一种方法是利用 CONCATENATE 函数，此函数的作用是将若干文字串合并到一个字串中，具体操作为 "=CONCATENATE(B1,C1)"。例如，假设在某一河流生态调查工作表中，B2 包含 "物种"、B3 包含 "河鳟鱼"，B7 包含总数 45，那么：输入 "=CONCATENATE("本次河流生态调查结果：",B3,"",B2,"为",B7,"条/公里。")" 计算结果为 "本次河流生态调查结果：河鳟鱼物种为 45 条/公里"。

4.5.3　条件显示

利用 if 函数，可以实现按照条件显示。例如，教师在统计学生成绩时，希望输入 60 分以下的分数时显示为"不及格"；输入 60 以上的分数时，显示为"及格"。这样的效果，利用 if 函数可以很方便地实现。假设成绩在 A2 单元格中，判断结果在 A3 单元格中。那么在 A3 单元格中输入"=if(A2<60,"不及格","及格")即可。同时，在 if 函数中还可以嵌套 if 函数或其他函数。

例如，如果输入"=if(A2<60,"不及格",if(A2<=90,"及格","优秀"))"；就把成绩分成了 3 个等级。如果输入"=if(A2<60,"差",if(A2<=70,"中",if(A2<90, "良","优")))"；就把成绩分为了 4 个等级。

再如，公式"=if(SUM(A1:A5>0,SUM(A1:A5),0)"，此式就利用了嵌套函数，当 A1 至 A5 的和大于 0 时，返回这个值，如果小于 0，那么就返回 0。还有一点要注意：以上的符号均为半角，而且 if 与括号之间也不能有空格。

4.5.4　自定义格式

Excel 中预设了很多有用的数据格式，基本能够满足使用的要求，但对一些特殊的要求，如强调显示某些重要数据或信息、设置显示条件等，就要使用自定义格式功能来完成。Excel 的自定义格式使用下面的通用模型：正数格式、负数格式、零格式、文本格式。在这个通用模型中，包含三个数字段和一个文本段：大于零的数据使用正数格式；小于零的数据使用负数格式；等于零的数据使用零格式；输入单元格的正文使用文本格式。我们还可以通过使用条件测试添加描述文本，使用颜色来扩展自定义格式通用模型的应用。

（1）使用颜色。要在自定义格式的某个段中设置颜色，只需在该段中增加用方括号括住的颜色名或颜色编号。Excel 识别的颜色名为：[黑色]、[红色]、[白色]、[蓝色]、[绿色]、[青色]和[洋红]。Excel也识别按[颜色 X]指定的颜色，其中 X 是 1 至 56 的数字，代表 56 种颜色，如图 A4.83 所示。

图 A4.83　颜色区分数据

（2）添加描述文本。要在输入数字数据之后自动添加文本，自定义格式为""文本内容"@"；要在输入数字数据之前自动添加文本，使用自定义格式 "@"文本内容""。@符号的位置决定了Excel输入的数字数据相对于添加文本的位置。

（3）条件格式可以使用 6 种逻辑符号来设计：>（大于）、>=（大于或等于）、<（小于）、<=（小于或等于）、=（等于）、<>（不等于）。

由于自定义格式中最多只有 3 个数字段，Excel 规定最多只能在前两个数字段中包括两个条件测试，满足某个测试条件的数字使用相应段中指定的格式，其余数字使用第 3 段格式。如果仅包含一个条件测试，则要根据不同的情况来具体分析。

自定义格式的通用模型相当于

[>；0]正数格式；[<；0]负数格式；零格式；文本格式。

下面给出一个例子：选中一列，然后在右击快捷菜单中选择【单元格格式】命令，在弹出的对话框中选择【数字】选项卡，在【分类】列表中选择【自定义】，然后在【类型】文本框中输入 ""正数: " ($#,##0.00); "负数: " ($#,##0.00); "零";"文本: "@"，最后单击【确定】按钮，完成格式设置。这时如果输入 "12"，就会在单元格中显示 "正数:($12.00)"，如果输入 "−0.3"，就会在单元格中显示 "负数:($0.30)"，如果输入 "0"，就会在单元格中显示 "零"，如果输入文本 "thisisabook"，就会在单元格中显示 "文本: thisisabook"。如果改变自定义格式的内容，"[红色] "正数: " ($#,##0.00);[蓝色] "负数: " ($#,##0.00);[黄色] "零";"文本: "@"，那么正数、负数、零将显示为不同的颜色。如果输入 "[蓝色];[红色];[绿色];[黄色]"，那么正数、负数、零和文本将分别显示上面的颜色。

再举一个例子，假设正在进行账目的结算，想要用蓝色显示结余超过$50 000 的账目，负数用红色显示在括号中，其余的值用默认颜色显示，可以创建如下的格式："[蓝色][>50 000]$#,##0.00_);[红色][<0]($#,##0.00);$#,##0.00_)"。使用条件运算符也可以作为缩放数值的强有力的辅助方式。例如，如果所在单位生产几种产品，每个产品中只要几克某化合物，而一天生产几千个此产品，那么在编制使用预算时，需要将单位从克转为千克、吨，这时可以定义下面的格式："[>999 999]#,##0_m"吨";[>999]##,_k_m"千克";#_k"克""可以看到，使用条件格式、千分符和均匀间隔指示符的组合，不用增加公式的数目就可以改进工作表的可读性和效率。

另外，还可以运用自定义格式来达到隐藏输入数据的目的。例如，格式 "; # # ;0" 只显示负数和零，输入的正数则不显示；格式 ";;;;" 则隐藏所有的输入值。自定义格式只改变数据的显示外观，并不改变数据的数值，也就是说不影响数据的计算。灵活运用好自定义格式功能，将会给实际工作带来很大的方便。

4.5.5 自动切换输入法

在一张工作表中，往往是既要输入数据又要输入文字，这样就需要在中英文之间反复切换输入法，非常麻烦。如果要输入的内容很有规律，比如这一列全是英文单词，下一列全是汉语解释，可以用以下方法实现自动切换：选中要输入英文的列，选择【数据】选项卡，在【数据工具】组中单击【数据有效性】，在弹出的【数据有效性】对话框中，选中【输入法模式】选项卡，在【模式】下拉列表框中选择【关闭（英文模式）】命令，然后单击【确定】按钮，如图 A4.84 所示。

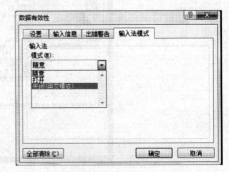

图 A4.84 输入法自动切换

4.5.6 批量删除空行

有时需要删除 Excel 工作表中的空行，如果工作表的行数很多，这样做就非常不方便。这时可以利用 "自动筛选" 功能，把空行全部找到，然后一次性删除。做法是：先在表中插入一个空行，然后按 Ctrl+A 组合键，选择整个工作表，在【数据】选项卡中单击【筛选】按钮。这时在每一列的顶部，都出现一个下拉列表框，在下拉列表框中选择【空白】，直到页面内已看不到数据为止。在所有数据都被选中的情况下，单击鼠标右键，选择【删除】命令。这时所有的空行都被删去，再单击【数据】选项卡中【选取筛选】项中的【自动筛选】命令，工作表中的数据就全恢复了。

如果想只删除某一列中的空白单元格，而其他列的数据和空白单元格都不受影响，可以先复制此列，把它粘贴到一个空白工作表上，按上面的方法将空行全部删掉，然后再将此列复制，粘贴到原工作表的相应位置上。

4.5.7　如何避免错误信息

在 Excel 中输入公式后，有时不能正确地计算出结果，并在单元格内显示错误信息。这些错误的产生，有的是因公式本身产生的，有的不是。下面介绍几种常见的错误信息，并提出避免出错的办法。

1. 错误值：# # #

含义：输入到单元格中的数据太长或单元格公式所产生的结果太大，结果在单元格中显示不了；或是日期和时间格式的单元格做减法，出现了负值。

解决办法：增加列的宽度，使结果能够完全显示。如果是由日期或时间相减产生了负值引起的，可以改变单元格的格式，如改为文本格式，结果为负的时间。

2. 错误值：# DIV/0!

含义：试图除以 0。这个错误的产生通常有下面几种情况：除数为 0，在公式中除数使用了空单元格或是包含零值单元格的单元格引用。

解决办法：修改单元格引用，或者在用作除数的单元格中输入不为零的值。

3. 错误值：# VALUE!

含义：输入引用文本项的数学公式。如果使用了不正确的参数或运算符，或者当执行自动更正公式功能时不能更正公式，都将产生该错误信息。

解决办法：这时应确认公式或函数所需的运算符或参数正确，并且公式引用的单元格中包含有效的数值。例如，单元格 C4 中有一个数字或逻辑值，而单元格 D4 包含文本，则在计算公式"=C4+D4"时，系统不能将文本转换为正确的数据类型，因而返回错误值"# VALUE!"。

4. 错误值：# REF!

含义：删除了被公式引用的单元格范围。

解决办法：恢复被引用的单元格范围，或是重新设定引用范围。

5. 错误值：# N/A

含义：无信息可用于所要执行的计算。在建立模型时，用户可以在单元格中输入"#N/A"，以表明正在等待数据。任何引用含有#N/A 值的单元格都将返回"#N/A"。

解决办法：在等待数据的单元格内填充数据。

6. 错误值：# NAME?

含义：在公式中使用了 Excel 所不能识别的文本，比如可能是输错了名称，或是输入了一个已删除的名称，如果没有将文字串括在双引号中，也会产生此错误值。

解决办法：如果是使用了不存在的名称，应确认使用的名称确实存在；如果是函数名拼写错误，应改正过来。确保将文字串括在双引号中，确认公式中使用的所有区域引用都使用了冒号（:）。

7. 错误值：# NUM!

含义：提供了无效的参数给工作表函数，或是公式的结果太大或太小而无法在工作表中显示。

解决办法：确认函数中使用的参数类型正确。如果公式结果太大或太小，就要修改公式，使其结果在-1×10 307 和 1×10 307 之间。

8. 错误值：# NULL!

含义：在公式中的两个范围之间插入一个空格以表示交叉点，但这两个范围没有公共单元格。比如输入"=SUM(A1:A10 C1:C10)"，就会出现这种情况。

解决办法：取消两个范围之间的空格。如上式可改为"=SUM(A1:A10,C1:C10)"。

提示　　电子表格处理、演示文稿制作是工作中极重要的两项技能，如果能精通，对就业及职场生涯有极大的帮助。本章只介绍较基础的知识，读者有兴趣可利用网络免费资源自学，如 ExcelHOME 论坛（http://club.excelhome.net/forum.php）内学习资料就极为丰富，其他还有很多网络资源可供使用。

习　题

一、选择题

1. 一个 Excel 工作表中第 5 行第 4 列的单元格地址是（　　　）。

    A. 5D　　　　　　B. 4E　　　　　　C. D5　　　　　　D. E4

2. 在 Excel 工作表中，当前单元格只能是（　　　）。

    A. 单元格指针选定的1个单元格　　　　B. 单元格指针选中的1行

    C. 单元格指针选中的1列　　　　　　　D. 单元格指针选中的区域

3. 在 Excel 中，将 3、4 两行选定，然后进行插入行操作，下面正确的表述是（　　　）。

    A. 在行号2和3之间插入两个空行　　　B. 在行号3和4之间插入两个空行

    C. 在行号4和5之间插入两个空行　　　D. 在行号3和4之间插入一个空行

4. 在 Excel 中，给当前单元格输入数值型数据时，默认为（　　　）。

    A. 居中　　　　　B. 左对齐　　　　　C. 右对齐　　　　　D. 随机

5. 用户在 Excel 电子表格中对数据进行排序操作时，在"排序"对话框中，必须指定排序的关键字为（　　　）。

    A. 第一关键字　　B. 第二关键字　　C. 第三关键字　　D. 主要关键字

6. 在 Excel 中，对单元格"$D$2"的引用是（　　　）。

    A. 绝对引用　　　B. 相对引用　　　C. 一般引用　　　D. 混合引用

7. 使用 Excel 处理学生成绩单时，对不及格的成绩用醒目的方式表示（如用红色下划线表示），当要处理大量的学生成绩时，利用（　　　）命令最为方便。

    A. 查找　　　　　B. 条件格式　　　C. 数据筛选　　　D. 定位

8. 在 Excel 中，进行分类汇总之前，必须对数据清单进行（　　　）。

    A. 筛选　　　　　B. 排序　　　　　C. 建立数据库　　D. 有效计算

9. Excel 中有一"书籍管理工作表"，数据清单字段名有"书籍编号""书名""出版社名称""出库数量""入库数量""出库日期""入库日期"。若要统计各出版社书籍的"出库数量"总和及"入库数量"总和,应对数据进行分类汇总,分类汇总前要对数据排序,排序的主要关键字应是(　　)。

　　A. 入库数量　　　　B. 出库数量　　　　C. 书名　　　　D. 出版社名称

10. 在 Excel 中,图表是(　　)。

　　A. 用户通过【绘图】工具栏的工具绘制的特殊图形

　　B. 由数据清单生成的用于形象表现数据的图形

　　C. 由数据透视表派生的特殊表格

　　D. 一种将表格与图形混排的对象

二、实操题

在 Excel 中制作下表,并按(1)至(8)要求完成"学生单科成绩分析表"。

(1)利用自动填充的方式填充完学号(学号递增)。

(2)利用公式计算出综合成绩,平时成绩占综合成绩的 20%,期中考试成绩占综合成绩的 20%,期末考试成绩占综合成绩的 60%。

(3)利用函数计算平时成绩、期中考试成绩、期末考试成绩及综合成绩的平均分。

(4)利用函数统计综合成绩各个分数段的人数。

(5)按照综合成绩的分值大小,降序排序。

(6)利用条件格式将综合成绩低于 60 分的进行"浅红色填充"。

(7)利用 if 函数评出优秀学生,并在总评栏显示"优秀"。(综合成绩>=90 分,为优秀)

(8)利用成绩分析数据生成"饼图"。

学生成绩统计表

课程名称:计算机应用基础

学号	姓名	平时成绩	期中考试成绩	期末考试成绩	综合成绩	总评
01001	李环	92	98	90		
	李红红	87	95	93		
	郭超	89	92	91		
	张明	75	90	88		
	李文娟	56	63	60		
	高晓妮	71	70	67		
	秦萌	85	85	96		
	张慧	68	80	75		
	王大鹏	54	65	59		
	王捷	35	50	55		
	陈军	73	72	89		
平均分						

成绩分析

分数段	90—100分	80—89分	70—79分	60—69分	60分以下
人数					

第5章
电子演示文稿制作软件

演示文稿在工作汇报、企业宣传、产品推介、婚礼庆典、项目竞标、管理咨询中被广泛使用，通过电子演示文稿制作软件，制作者可以用文本、图形、图片、音频、视频、动画等元素来设计具有视觉震撼力的演示文稿。演示文稿可使用幻灯片机或投影仪播放。

最常用的电子演示文稿制作软件是微软的 PowerPoint 和金山 WPS 演示，两者功能相似、操作方法基本相同，本章以微软的 PowerPoint 2010 软件为例进行介绍。

PowerPoint 2010 的基本操作，如用户界面，启动和退出，演示文稿的保存和打开，随意缩放版面或文字，使用密码、权限和其他限制保护演示文稿，SmartArt 图形、图片或剪贴画、形状、艺术字、图表等对象的插入，实时翻译、格式及兼容性等功能，这些都可参照 Word 2010 及 Excel 2010 的操作进行。

通过本章的学习，学生可以掌握 PowerPoint 2010 的一些基本操作，如创建演示文稿、编辑幻灯片、幻灯片的复制、移动、插入和删除的方法、建立动作按钮、插入声音与影像、自定义幻灯片的动画效果以及幻灯片切换的设置方法。

5.1 演示文稿的创建

5.1.1 快速创建演示文稿

1. 利用已有模板创建演示文稿

当需要创建一个新的演示文稿时，可以单击【开始】选项卡，在下拉菜单中选择【新建】命令，可以看到【可用的模板和主题】界面，如图 A5.1 所示。

在【可用的模板和主题】界面下选择【样本模板】、【主题】、【我的模板】，可以应用已有模板。此时，开始编辑的演示文稿就会按照模板里设定好的背景、字体等规则进行显示。

例如，在【可用的模板和主题】界面中选择【样本模板】，弹出【样本模板】界面，如图 A5.2 所示。选择合适的模板后，利用模板中设置好的背景、字体、图片等设置演示文稿，如图 A5.3 所示。

2. 从 Office Online 下载模板

如果没有合适的模板可以使用，可以单击【开始】选项卡，在下拉菜单中选择【新建】命令，可以看到【可用的模板和主题】界面，选择【Office.com 模板】下的模板类型，进行下载。

图 A5.1 【可用的模板和主题】界面

图 A5.2 【样本模板】界面

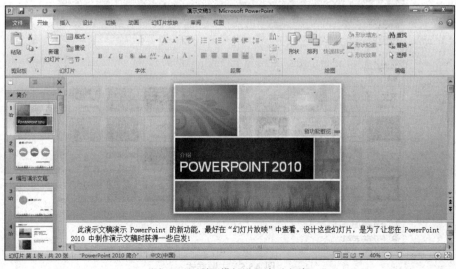

图 A5.3 利用模板设置演示文稿

5.1.2 保存"我的模板"

当遇到喜欢的演示文稿时，希望将其模板保存下来以备下次使用，可以利用【另存为】命令，弹出【另存为】对话框，在【保存类型】中选择【PowerPoint 模板】类型（后缀名为.potx），如图 A5.4 所示，保存在默认路径下。以后可以在【可用的模板和主题】界面中的【我的模板】里找到该模板。

图 A5.4　【另存为】对话框

5.1.3 设置样式

可以利用【设计】选项卡中【主题】组中的主题模式功能快速对现有演示文稿的背景、字体、效果等进行设置。

1. 快速应用主题

在【设计】选项卡的【主题】组中，单击预览图右侧的下三角按钮调出主题库，在所有预览图中选择想要的主题，单击选中，应用在幻灯片中，如图 A5.5 所示。

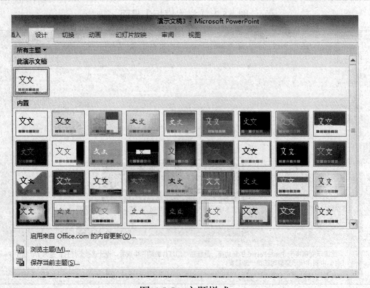

图 A5.5　主题样式

2.　自定义并保存主题样式

如对主题样式库中的样式不满意，可利用【设计】选项卡【主题】组中的主题样式设置工具设置主题的颜色、字体和效果，如图 A5.6 所示。

图 A5.6　主题样式设置工具

对于设置好的主题，如果想要保存并留在以后使用，单击图 A5.5 中最下方的【保存当前主题（S）】按钮，弹出【保存当前主题】对话框，保存在默认的路径中（主题后缀名为.thmx），以后在主题的预览界面中可以看到该主题，如图 A5.7 所示。

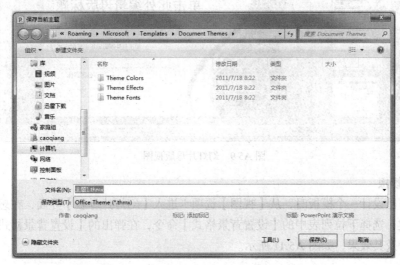

图 A5.7　保存当前主题

5.1.4　母版的设置

1.　母版

当需要对已有模板或主题进行调整或设计新的模板时，就会使用到【幻灯片母版】命令。单击【视图】选项卡【母版视图】组中的【幻灯片母版】按钮，如图 A5.8 所示。进入幻灯片母版界面，如图 A5.9 所示。

图 A5.8　【幻灯片母版】按钮

在该界面下，我们可以看到左侧有模板的缩略图，其中第一张缩略图大于其他缩略图，在第一张缩略图中进行背景图片、字体、字号、颜色等设置后会全部应用在下面所有的缩略图中。

下面不同的缩略图对应着幻灯片制作时可选择的不同版式（即可以选择单栏、双栏、仅标题等，在编辑幻灯片时可在左侧缩略图上右击，在弹出的下拉菜单中选择【版式】，弹出版式库，再此选择喜欢的版式即可更改）。由于实际使用时不同版式也会有设计上的差异，所以也可以在此处针对母版视图下的各个版式进行单独的设置，以使版式各有不同，从而满足使用的具体需求，如图 A5.10 所示。

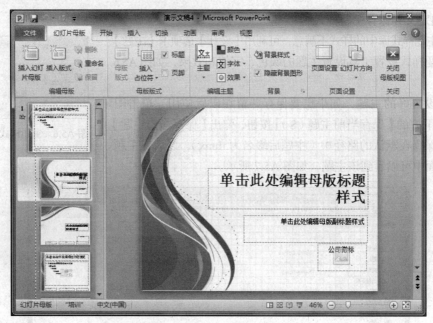

图 A5.9　幻灯片母版视图

2. 设计模板

当需要自己设计一个模板时，从【视图】选项卡进入【幻灯片母版】界面，在想要改变的母版上单击右键，选择下拉列表中的【设置背景格式】命令，在弹出的【设置背景格式】对话框中设置背景图片及其效果，如图 A5.11 所示。

图 A5.10　在幻灯片母版视图中进行设置　　　　图 A5.11　【设置背景格式】对话框

设置好背景以后，在虚线占位符中选中字体，对不同级别的文字进行字体、字号、字体颜色等内容的设置，并对标题进行同样的设置。

例如，需要为演示文稿添加公司的标志，则需要利用【插入】选项卡内的【插入图片】命令，将图片插入母版视图的不同版式中，也可利用插入母版第一张幻灯片的方式对所有版式进行统一的图片插入。

设置完所有的内容后，在【幻灯片母版】选项卡内单击【关闭母版视图】按钮，回到普通的幻灯片编辑界面，这时会发现所有的幻灯片已经按照刚才母版设置的样式进行了更改。

5.2　幻灯片的基本操作

修改演示文稿时可能要添加新的幻灯片，也可能要删除不需要的幻灯片。

5.2.1　幻灯片的插入和删除

1. 插入幻灯片

在【开始】选项卡中的【幻灯片】组中，单击【新建幻灯片】下三角按钮，选择需要的新幻灯片的类型，便可在当前幻灯片下插入一张新的幻灯片，如图 A5.12 所示。

右击幻灯片略缩图，选择【新建幻灯片】命令，也可以在当前幻灯片下插入一张新的幻灯片。

2. 删除幻灯片

右击想要删除的幻灯片略缩图，选择【删除幻灯片】命令。

5.2.2　幻灯片的文字信息编辑

在演示文稿所使用的模板或主题确定后，可以向演示文稿中输入文字。

1. 占位符的应用

在演示文稿模板中有一个含有项目符号的虚线框（内写"单击此处添加文本"）供我们输入文字，在此可以将正文文字内容按照标题级别输入进去。这个虚线框就是占位符，在 PowerPoint 2010

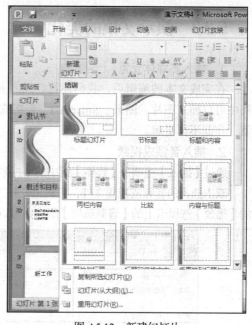

图 A5.12　新建幻灯片

中，占位符可以是文本、图片、图表、表格、SmartArt、媒体和图画等。

2. 项目符号和编号

在填写正文内容的时候，所有输入的文本都是默认为 1 级标题的，若要使用 2、3 级标题，请选中对应的标题，使用【开始】选项卡【段落】组中的【提高表列级别】按钮进行缩进量的调整。如图 A5.13 所示。

图 A5.13　段落组中的操作按钮

使用【段落】组中的【项目符号】按钮和【编号】按钮可以设置项目的符号和编号。

3. 利用智能标记让文本编辑更轻松

在编辑正文内容的时候，如果文本长度超过了占位符的长度，那么文本字号会自动缩小。此时在占位符的左下角会出现 ⬦ 按钮，单击按钮，会出现图 A5.14 所示菜单。选择【停止根据此占位符调整文本】选项可以将文本还原回原大小，超出可视区域的部分可以利用图 A5.14 中的【将文本拆分到两个幻灯片】等命令放到多页幻灯片上。

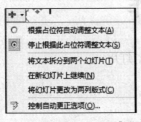

图 A5.14 【自动调整选项】菜单

4. 文字格式的快速更改

当需要对全文档的字体等进行重新调整时，进入【幻灯片母版】视图对母版进行调整是最简便的方法。

需要注意的是，母版的调整只对写在占位符里的文本起作用，插入文本框里的文本不受其控制。

5.2.3 演示文稿的美化

1. 插入多媒体元素

在完成文本的编辑后，我们还可以插入多媒体元素以协助演示文稿说明演示内容。在演示文稿中可以插入图片、图形、SmartArt、表格或图表等，具体方法可参考第 3 章和第 4 章的详细介绍，在此不再讲解。

2. 插入音频或视频

通过【插入】选项卡【媒体】组中的【视频】或【音频】功能，可以在演示文稿中插入影音文件。

双击插入的音频或视频文件，可调出音频工具或视频工具。以插入音频为例，在【音频工具】中的【播放】选项卡上的【音频选项】组中，可以设置音频（视频）的播放起止时间，如图 A5.15 所示。

图 A5.15 设置音频（视频）播放时间界面

（1）若要在放映该幻灯片时自动开始播放音频剪辑，可在【音频选项】组的【开始】列表中单击【自动】按钮。

（2）若要通过在幻灯片上单击音频剪辑来手动播放，可在【音频选项】组的【开始】列表中单击【单击时】按钮。

（3）若要在演示文稿中单击切换到下一张幻灯片时播放音频剪辑，可在【音频选项】组的【开始】列表中单击【跨幻灯片播放】按钮。

（4）要连续播放音频剪辑直至停止播放，可选中【音频选项】组的【循环播放，直到停止】复选框。

（5）在播放声音文件的时候，屏幕中会出现一个小喇叭图标，如在播放时要求不显示，可以选中该图标，在【音频工具】中的【播放】选项卡上，在【音频选项】组中，选中【放映时隐藏】复选框。

3. 音频与视频文件的打包发送

当我们把制作的演示文稿发给别人时，演示文稿中所插入的音频或视频文件会因路径丢失而不能正常播放。在日常工作中，经常要带着磁盘，将一个演示文稿通过磁盘带到另一台电脑中，然后将这些演示文稿展示给别人。如果另一台电脑没有安装 PowerPoint 软件，那么将无法使用这个演示文稿。打包功能可以解决这个问题。

在【文件】选项卡中选择【保存并发送】命令，选择其中的【将演示文稿打包成 CD】命令，单击【打包成 CD】按钮，如图 A5.16 所示，弹出【打包成 CD】对话框。

图 A5.16　【打包成 CD】按钮

在【打包成 CD】对话框中单击【复制到文件夹】按钮，选择保存路径并命名文件夹后单击【确定】按钮，如图 A5.17 所示。演示文稿与音频视频文件将被打包在一个文件夹内，传送文件夹给别人后可以照常播放，不会再丢失链接。这样，在 Windows 系统中，没有安装 PowerPoint 软件也可以播放。

图 A5.17　【打包成 CD】对话框

5.2.4　应用动画效果

1. 设置切换效果

在幻灯片播放的时候，需要根据不同的需求设置幻灯片的切换效果，此时可使用【切换】选项卡中的命令进行设置。

（1）幻灯片切换效果。在【切换】选项卡中，有【切换到此幻灯片】的功能区，在该处可对幻灯片的切换效果进行设置，如图 A5.18 所示。在【切换】选项卡中单击幻灯片切换效果缩略图右侧的下拉按钮，可在切换效果库中选择想要的效果，如图 A5.19 所示。

图 A5.18　【切换】选项卡

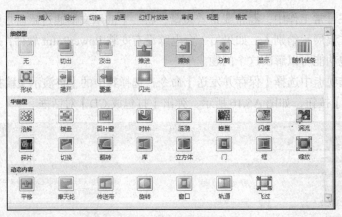

图 A5.19　幻灯片切换效果库

（2）幻灯片切换声音。在【切换】选项卡的【计时】组中，从【声音】下拉菜单中可以选择所需要的幻灯片切换声音。

（3）幻灯片切换速度。在【切换】选项卡的【计时】组中，在【持续时间】中可以设置切换速度。通常在演示正常文字时可选择较快的速度。

2. 设置动画效果

在幻灯片播放的时候，需要根据不同的需求设置幻灯片中对象的动画效果，此时可使用【动画】选项卡中的命令进行设置。

（1）幻灯片动画效果。当我们选中演示文稿中的某一对象（文本、图片、形状等）时，在【动画】选项卡中，有【动画】的功能区，在该处可对幻灯片中的对象动画效果进行设置，如图 A5.20所示。单击幻灯片动画效果缩略图右侧的下拉按钮，可在动画效果库中选择想要的动画效果，如图 A5.21 所示。

图 A5.20　【动画】选项卡

（2）幻灯片切换速度。在【动画】选项卡的【计时】组中，在【开始】下拉菜单中选择动画激活方式，在【持续时间】中可以设置动画速度，在【延迟时间】中可以设置动画延迟的时间。

（3）使用自定义动画。当简单的幻灯片动画不能满足演示需求时，可通过动画效果库中的【更多进入效果】、【更多强调效果】、【更多退出效果】、【其他动作路径】，来设置所需的动画效果。通过在【动画】选项卡的【计时】组可设置时间和动画激活方式。

图 A5.21　动画效果库

5.3　演示技巧和打印

5.3.1　演示技巧

5.3.1.1　幻灯片的放映

在 PowerPoint 中不必使用其他的放映工具就可以直接播放并查看演示文稿的实际播放效果，主要有以下两种方法。

方法一：单击演示文稿窗口右下角视图按钮中的【幻灯片放映】按钮。这时从插入点所在幻灯片开始放映。

方法二：单击【幻灯片放映】选项卡中的【从头开始】或【从当前幻灯片开始】按钮。

5.3.1.2　自动演示文稿

很多人在利用演示文稿进行演讲时，一边讲，一边播放演示文稿，一边看稿件（演讲内容与演示内容不一致时），显的很忙乱，通过以下设置可以使演示文稿自动演示。

1．排练计时

【幻灯片放映】选项卡（见图 A5.22）【设置】组中提供了【排练计时】功能，在启用该功能后，幻灯片进入放映状态，当单击【播放】按钮时，会帮助我们记录每一张幻灯片切换的时间，并在今后使用该幻灯片进行放映时自动按照该时间设置播放幻灯片。

图 A5.22　【幻灯片放映】选项卡

单击【排练计时】按钮后，演示进入放映状态，在界面的左上角有显示记录时间的控件，如图 A5.23 所示。

2．录制旁白

录制旁白是在排练计时的基础上加上录制演示者声音的功能，可

图 A5.23　记录时间的控件

以供排练者事后观摩自己的讲演，以便进行改进。

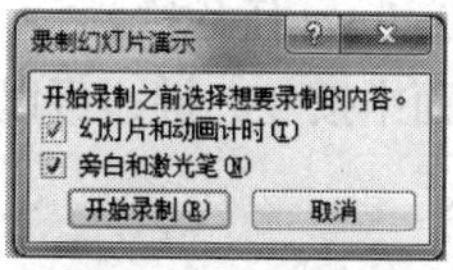

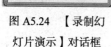

图 A5.24　【录制幻灯片演示】对话框

单击【幻灯片放映】选项卡【设置】组中的【录制幻灯片演示】按钮，弹出【录制幻灯片演示】对话框，选择【旁白和激光笔】复选框，单击【开始录制】按钮开始录制，如图 A5.24 所示。

3．设置放映方式

设置好排练计时和录制旁白后，还需设置放映方式才能让演示文稿自动放映。单击【幻灯片放映】选项卡【设置】组中的【设置幻灯片放映】按钮，弹出【设置放映方式】对话框，在【换片方式】组中选中【如果存在排练时间，则使用它】单选按钮，单击【确定】按钮，如图 A5.25 所示。再放映时就会按排练好的时间及旁白进行自动演示。

*5.3.1.3　幻灯片放映技巧

1．放映中查看提示

在演讲过程中，由于演讲内容与演示文稿的内容不一定一致，常常需要一些文字提示。此时会使用到"演示者视图"功能。在使用该功能的状态下，演讲者可以在演示状态下同时看到缩略图、当前视图和备注等几个区域，而观众看到投影显示的画面只有全屏显示的当前视图。

想要激活该模式，可以在【幻灯片放映】选项卡的【监视器】组中，选择【使用演示者视图】。系统会自动寻找多个监视器，并打开【显示属性】对话框。在该对话框的【显示】下拉列表中选择第 2 号监视器，选中【将 Windows 桌面扩展到该监视器上】复选框，然后单击【确定】按钮即可。该模式需要有投影设备的配合才能实现。

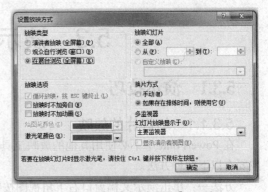

图 A5.25 【设置放映方式】对话框

在切换到演示者视图后，进入演示文稿播放后投影仪显示 PPT 视图，其他时候则显示演示者电脑的桌面背景，不显示桌面图标以及任务栏信息。

2. 放映时的快捷键

在幻灯片播放过程中，有多组快捷键可以使演示过程更轻松、方便。

（1）在编辑状态下按 F5 键，可以从幻灯片的第一页开始播放；Shift+F5 组合键可以从当前缩略图所选页开始播放，适用于演示途中退出后重新进入播放状态。

（2）播放状态下按 Ctrl+P 组合键，可以将鼠标切换到荧光笔状态，在演示视图中进行标记。

（3）在演示界面中按 Ctrl+A 组合键，可以从荧光笔状态切换回鼠标指针状态。

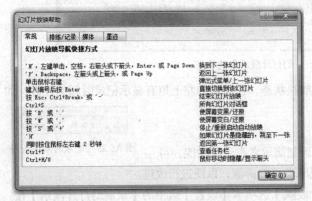

图 A5.26 【幻灯片放映帮助】对话框

（4）在演示界面中按 Ctrl+E 组合键，可以切换到笔画橡皮擦工具，每次擦掉一个笔画的荧光笔标记。

（5）在演示界面中按 E 键，可以一次清除所有荧光笔标记。

（6）在演示界面中按 B 键，可以切换到黑屏状态。

（7）在演示界面中按 Ctrl+T 组合键，可以切换出 Windows 任务栏。

（8）在演示界面中按 F1 键，可以打开帮助菜单查询。

*5.3.2　演示文稿的打印

在将演示文稿进行打印的时候，可以选择不同的打印方式。在【文件】选项卡中选择【打印】，如图 A5.27 所示，可以设置打印的范围以及打印的份数。同时，还可以选择打印的类型，可供选择的有幻灯片、讲义、备注页和大纲。在选择打印讲义类型后，还可以选择每页打印几张幻灯片的内容。

1. 打印预览

在打印前可以预览打印效果。

（1）显示打印预览。单击【文件】选项卡，然后单击【打印】按钮。幻灯片的打印预览将显示在屏幕的右侧。若要显示其他页面，可以单击打印预览屏幕底部的箭头进行翻页，如图 A5.28 所示。

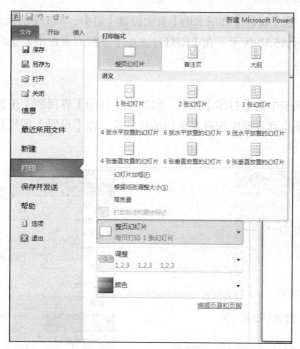

图 A5.27　设置打印

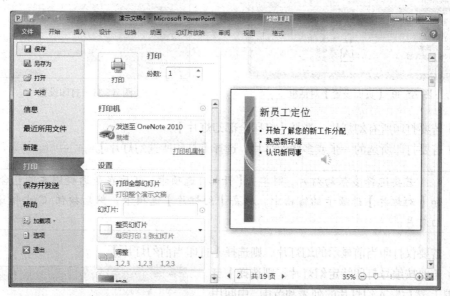

图 A5.28　打印预览

（2）更改打印预览缩放设置。使用位于打印预览界面右下角的缩放滑块，可以增加或减小显示大小。单击缩放滑块上的 ⊕ 可以放大显示，单击 ⊖ 按钮可以缩小显示。

（3）退出打印预览。单击【退出】按钮或【开始】选项卡，打印预览窗口关闭，返回编辑窗口。

2. 设置幻灯片页面的方向、大小

设置幻灯片页面方向：默认情况下，幻灯片布局显示为横向，要为幻灯片设置页面方向，在【设计】选项卡的【页面设置】组中的【幻灯片方向】下拉列表中选择【横向】或【纵向】，如图 A5.29 所示。

设置幻灯片大小：在【设计】选项卡的【页面设置】组中，单击【页面设置】按钮，打开【页面设置】对话框，如图 A5.30 所示。在【幻灯片大小】下拉列表框中，选择要显示幻灯片的比例和纸张大小。

3. 打印幻灯片

单击【文件】选项卡中的【打印】按钮，然后在【打印】界面的【份数】框中输入要打印的份数。在【打印机】下拉列表框中选择要使用的打印机。在【设置】下拉列表框中选择【自定义范围】，如图 A5.31 所示。

图 A5.29　设置幻灯片方向

图 A5.30　【页面设置】对话框

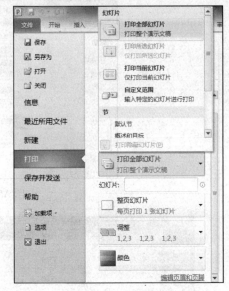

图 A5.31　打印设置

（1）若要打印所有幻灯片，选择【打印全部幻灯片】。

（2）若要打印所选的一张或多张幻灯片，选择【打印所选幻灯片】。

> 若要选择多张幻灯片，则单击【开始】选项卡，然后在普通视图左侧包含【大纲】和【幻灯片】选项卡的窗格中，单击【幻灯片】选项卡，然后按住 Ctrl 键选择所需幻灯片。

（3）若要仅打印当前显示的幻灯片，则选择【打印当前幻灯片】。

（4）若要按编号打印特定幻灯片，则选择【自定义范围】，然后输入幻灯片的列表和范围，中间用半角逗号或短线隔开，例如"1,3,5-12"。

4. 打印讲义

打印讲义时选择图 A5.27 所示的【整页幻灯片】，然后执行如下操作。

（1）若要在一整页上打印一张幻灯片，在【打印版式】下单击【整页幻灯片】按钮。

（2）若要以讲义格式在一页上打印一张或多张幻灯片，在【讲义】下单击每页所需的幻灯片数，

图 A5.32　【页眉和页脚】对话框

此页面还可选择按垂直还是水平顺序显示这些幻灯片。

（3）单击【逐份打印】列表，然后选择是否逐份打印幻灯片。若要更改页眉和页脚，请单击【编辑页眉和页脚】链接，然后在显示的【页眉和页脚】对话框中进行选择，如图 A5.32 所示。

（4）单击【打印】按钮，完成打印。

1. 职场中，电子表格多数情况下处于"工作过程工具"的位置，而电子演示文稿则是"工作成果输出"的手段。因此，掌握电子演示文稿的制作技巧是十分有必要的，你可以把演示文稿做得很"炫"，但应该注意不能使之喧宾夺主，也就是说它应该是演讲者的辅助工具，而不是"主角"，这一点要特别注意。

2. 本章只讲述了电子演示文稿软件基本操作方法，有兴趣进一步学习的读者除可通过网络搜索学习资源外，编者更推荐李治编著的《别告诉我你懂 PPT》一书（北京大学出版社出版），其实用性更强。

3. 使用电子演示文稿演讲时的几个小技巧。

① 2-30 原则。2 是指一张电子演示文稿配合两分钟左右的演讲为宜，30 是指电子演示文稿主体文字应大于 30 号。

② 精练、有趣的演讲。同文章或杂志相比，人们期望在演讲中感受到演讲者的激情，而不是枯燥无味的背诵。同时必须要在有限的时间里，用较少的幻灯片和精练的语言将其精华传达给听众。

③ 放慢速度。紧张或没经验的演讲者更容易在演讲时像打机关枪一样说个不停。试着放慢语速，并且通过增加一些停顿来达到强调的效果。

④ 眼神交流，与所有听众进行眼神交流，而不是集中在一个人或几个人身上。

⑤ 用 15 个词做总结。将演讲的内容总结成十几个词，在演讲中不断重复这些词可以达到强调和加深记忆的效果。

⑥ 提高音量。演讲最忌讳听众无法听到演讲者在讲什么，挺直身体，从肺部而不是从喉咙里能发出更为清晰的声音。

习　题

一、选择题

1. 幻灯片的主题不包括（　　）。

　　A. 主题动画　　　　B. 主题颜色　　　C. 主题动画　　　D. 主题效果

2. 幻灯片中占位符的作用是（　　）。

　　A. 表示文本长度　　　　　　　　B. 限制插入对象的数量

　　C. 表示图形大小　　　　　　　　D. 为文本、图形预留位置

3. 在幻灯片中插入艺术字，需要单击【插入】选项卡，在功能区的（　　）工具组中，单击【艺术字】按钮。

　　A.【文本】　　　　B.【表格】　　　C.【图形】　　　D.【插画】

4. PowerPoint 2010 中是通过（　　）的方式来插入 Flash 动画的。

　　A. 插入 ActiveX 控件　　　　　　B. 插入影片

　　C. 插入声音　　　　　　　　　　D. 插入图片

5. 幻灯片母版是模板的一部分，它存储的信息不包括（　　　）。

    A. 文本内容   B. 颜色主题、效果和动画

    C. 文本和对象占位符的大小   D. 文本和对象在幻灯片上的放置位置

6. 在幻灯片放映过程中，单击鼠标右键弹出的控制幻灯片放映的菜单中包含下面的（　　　）。

    A.【上一页】：跳至当前幻灯片的前一页

    B.【定位至幻灯片】：跳转至演示文稿的任意页

    C.【指针选项】：可以在放映时，给幻灯片添加标注

    D. A，B，C 全部包括

7. 为了精确控制幻灯片的放映时间，一般使用下列哪种操作？（　　　）

    A. 设置切换效果   B. 设置换页方式

    C. 排练计时   D. 设置每隔多少时间换页

二、填空题

1. Office PowerPoint 是一种_____软件。

2. PowerPoint 2010 默认其文件的扩展名为_____。

3. 在幻灯片中需按鼠标左键和_____键来同时选中多个不连续幻灯片。

4. 在演示文稿放映过程中，可随时按_____键终止放映，返回到原来的视图中。

5. 直接按_____键，即可放映演示文稿。

三、实操题

按以下要求应用 PowerPoint 2010 制作一个演示文稿。

（1）创建一个演示文档，并尝试在演示文档中插入几段文字，一个表格，一个 Smart Art 图形，一段 Flash。

（2）尝试修改一个母版并应用到刚创建的演示文档中。

（3）为刚才创建的演示文档添加动画效果。

第6章
网页设计基础

在当今的信息时代，互联网是人们交流沟通、获取信息的重要手段，而网页作为网站的基本构成单位，在这个过程中发挥着重要作用。通过对本章网页相关知识和常用网页制作软件的学习，学生可以掌握简单的网页设计和制作方法，也为日后相关课程的学习奠定基础。

6.1　网页制作基础知识

6.1.1　基本概念

1. 万维网

万维网（World Wide Web，WWW）是为解决网络中的信息传递问题而建立的。在万维网诞生之前，网络中的信息传递大多采用电子邮件、文件传送协议（FTP）、档案检索（Archie）系统和信息查找（Gopher）系统来实现，这些传递方式采用的协议大多无法兼容，难以实现对互联网中信息的有效检索。由于这些限制，开发一种能够独立于各种平台并方便用户获取信息的技术手段，已经成为互联网发展过程中的迫切需要。

1984年，欧洲量子物理实验室（CERN）为了使分散在欧洲各国的物理学家能够通过网络合作，分享各自实验室的研究成果，委托蒂姆·伯纳斯·李利用超文本技术开发了一个网络应用软件，这就是浏览器的雏形。在此基础上，又开发出了超文本标记语言（HTML）和超文本传输协议（HTTP），用户可以远程利用浏览器软件进入服务器进行信息查询等操作，这标志着万维网的诞生。随后，万维网联盟（W3C）成立，万维网迅速在世界范围内开始推广，现已成为互联网中最重要的应用之一。

2. 网页与网站

所谓网站，是指在互联网中提供多种服务的信息平台，由域名和站点空间构成。网站可以提供网页服务、数据传输服务、邮件服务和数据库服务等多种服务内容。网页服务是指根据一定的规则，在互联网上进行特定内容展示的网页集合。

网页通常由文本、图像、音视频文件、脚本程序等元素构成。网页需要用户通过浏览器进行阅读，超文本标记语言（HTML）一般是制作网页的标准代码。利用HTML可以创建包含图像、声音、动画的格式化文本，即网页文件。在HTML的基础上，还诞生了一种衍生语言XML（可扩展标记语言），可以实现自定义标记，具有良好的扩展性，已成为新一代的网页标准规范。

3. 域名

互联网中的计算机采用的身份标识是IP地址，但由于IP地址完全由数字构成，不便于人们记忆，为了解决这个问题，人们按照一定的规则对互联网中的计算机定义了字符形式的地址标记，这就是域名。在网络中，域名通常与 IP 地址是一一对应的。按照互联网中的组织模式，域名系统最早分为了六大类，即.com（商业组织）、.edu（教育机构）、.gov（政府部门）、.mil（军事机构）、.net（网络相关组织）、.org（非营利性组织）。随着互联网在国际范围内的进一步发展，后期增设了以国家或地区为界限的域名系统，如.cn（中国）、.jp（日本）、.uk（英国）、.hk（中国香港）等。

6.1.2 静态网页与动态网页

网页是万维网中的基本文档，可以使用超文本标记语言（HTML）等多种语言编写。本质上来说，网页仍然是由代码构成的源文件，这体现在未经浏览器和服务器处理之前。当网页在浏览器中呈现出来后，就包含了背景、文本、图片、动画、视频等多种元素，这需要通过浏览器或服务器对网页的源文件进行执行才可以实现。不同网页的执行过程也不相同，下面分别来说明。

1. 静态网页

静态网页并不是指网页中的元素静止，而是指纯粹的超文本标记语言（HTML）格式的网页，它相对于动态网页而言，不包含后台数据库，不含程序，不可交互。网页的制作人员制作的页面就是用户最终浏览的页面，不会发生任何改动。静态网页较难进行更新，一般适用于展示型内容。

静态网页的执行过程比较简单，如图 A6.1 所示，首先网络中的计算机向万维网服务器提出浏览请求，服务器在接受请求信号后，将网页文件传送至提出请求的计算机，即响应过程。此时的文件仍为源代码形式的文本文件，浏览器在接收到网页的源代码后，对其中的超文本标记语言（HTML）标签进行解读，并将解读后的结果转换成相应元素显示在浏览器中，静态网页的浏览过程到此结束。

图 A6.1 静态网页执行过程

2. 动态网页

与静态网页一样，动态网页同样与动画、滚动字幕等视觉上的运动效果没有关系。动态网页可以是纯文字的页面，也可以包含动画等运动效果，这都是内容的表现形式，无论页面的内容是否具有运动效果，只有采用了动态网页技术生成的页面才被称为动态网页。

从浏览者的角度来看，动态页面与静态页面在浏览器中展示出的各种信息并没有太大不同，但从工作原理来看，两者存在着本质的差别。静态网页仅由超文本标记语言（HTML）构成，而动态网页采用动态网页语言进行编写，如 ASP、JSP、PHP 等。动态网页支持数据库技术，并可以实现浏览器端与服务器端的交互功能，能够为用户提供种类更多、功能更强的服务。

动态网页的执行过程比较复杂，如图 A6.2 所示。首先，应用程序服务器会读取网页中的源代码，执行代码中的指令，如果该网页包含数据库，则还需要在后台数据库中进行相应的操作，执行的结果将得到一个静态网页，应用程序服务器将该网页传递回万维网服务器，由万维网服务器

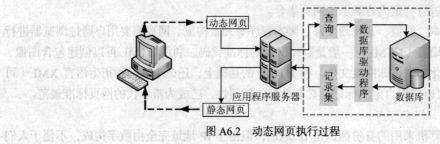

图 A6.2 动态网页执行过程

再传送至客户端，这样浏览器得到的仍然是一个超文本标记语言（HTML）格式的页面，但它的代码与最初的动态网页代码已是完全不同。

6.1.3　网站运行方式

当网页制作完成后，还需要发布在服务器上才可以供互联网中的其他用户浏览。目前采用的网站运行方式主要有以下三类。

1. 实体主机

这是一种由网站的所有者自行购买主机，建立独立的万维网服务器，并自行维护的方式。这种方案具有较强的功能性和较大的主动权，使用者可以随时调整服务项目，并且独享硬件资源和线路带宽。但是，购买主机服务器的费用较为高昂，加之雇用专业维护人员的开销，并非所有网站的所有者都可以承受，所以实体主机多见于公司内网和高流量站点。

2. 主机托管

这是网站所有者自行购买服务器主机，并将其放置在互联网服务供应商（ISP）所设立的机房，每月支付必要费用，由互联网服务供应商代为管理维护，而网站所有者从远端连线服务器进行操作的服务方式。网站所有者对设备拥有所有权和配置权，并可要求预留足够的扩展空间。主机托管方式不需要雇用专业的维护人员，同时也可以通过共用网络带宽来进一步降低费用。目前多数的中小企业主机都采用这种方式提供服务。

3. 虚拟主机

虚拟主机是使用特殊的软硬件技术，把真实的物理服务器主机分割成多个逻辑存储单元，即虚拟主机，虚拟主机没有物理实体，但是都能像真实的物理主机一样在网络上工作，具有单独的域名、IP 地址（或共享的 IP 地址）以及完整的互联网服务器功能，网站所有者只需要租用这样一个虚拟单元就可以实现站点发布。在这三类方法中，这种方式成本最低、开销最小，被个人用户所广泛采用。

6.2　超文本标记语言简介

超文本标记语言（Hyper Text Mark-up Language，HTML）是目前网络中应用最广泛的语言，也是构成网页文档的主要语言。它与常见的编程语言不同，是一种描述性的标记语言，用于描述超文本中内容的显示方式。超文本标记语言在文本文件的基础上，增加了一系列标记，用来描述颜色、字体、字号等信息，同时可以将声音、图像、动画插入页面中形成丰富多彩的网页文件，这也是它得到广泛普及的重要原因。

6.2.1　超文本标记语言基本语法

超文本标记语言语法的基本形式为：<标记>内容</标记>。其中的标记通常成对出现，有开始标记就有结束标记，结束标记的形式是开始标记加上斜杠"/"、一般来说，结束标记与开始标记配合使用，但在某些情况下也可以省略。当浏览器接收到超文本标记语言文件后，会根据标记中的内容逐条解释，将相对应的功能表达出来。由于标记在超文本标记语言中有着重要作用，因此学习超文本标记语言实际上就是学习如何使用各种超文本标记语言的标记。下面使用基本的标记来制作一个简单的网页。

6.2.2　使用超文本标记语言创建简单网页

平时我们所见到的大多数网页文件都是利用超文本标记语言做成的，所以网页文件又被称为 HTML 文件。从本质上来看，HTML 文件仍然是文本文件，只是扩展名变成了".htm"或".html"，所以使用任何的文本编辑工具都可以创建、修改 HTML 文件。这里以最基本的文本编辑软件——记事本为例来创建一个网页文件。

使用文本编辑工具创建网页的方法非常简单，只需要将超文本标记语言代码写入，并保存为网页文件格式即可，具体步骤见以下流程。

（1）打开 Windows 自带的记事本工具。

（2）在记事本中输入以下代码，如图 A6.3 所示。

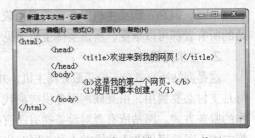

```
<html>
    <head>
        <title>欢迎来到我的网页！</title>
    </head>
    <body>
        <b>这是我的第一个网页。</b>
        <i>使用记事本创建。</i>
    </body>
</html>
```

图 A6.3　在记事本中输入 HTML 代码

（3）保存该文档。选择【文件】菜单中的【另存为】命令，弹出【另存为】对话框，将【保存类型】设置为【所有文件】，在【文件名】文本框中输入文件名（注意加上".htm"或".html"的后缀），如图 A6.4 所示。

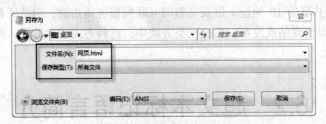

图 A6.4　设置保存方式

（4）单击【保存】按钮，这时网页文件就被成功保存在指定位置，可以看到它的图标显示为网页文件。打开这个文件，就会自动打开浏览器并显示文件的内容，如图 A6.5 所示。

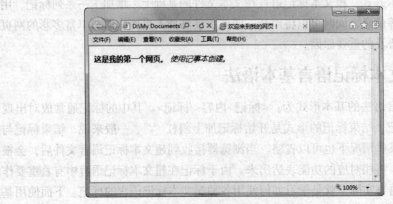

图 A6.5　IE 浏览器中的效果

6.2.3 超文本标记语言文件结构

在上面的例子中，用到了多个超文本标记语言标记，其中部分标记构成了完整的 HTML 文件结构，下面对它们来进行简单介绍。

1. <html>标记

<html>标记位于 HTML 文件的开始位置，属于形式上的说明标记，以表明该文件类型为 HTML 网页文件。相对应的结束标记</html>要放在文档结尾处，标志该网页文件的结束。

2. <head>标记

<head>标记又称为头标记，位于 HTML 文档的开始部分，一般放在<html>标记中。其作用是放置关于此文件的信息，如页面元信息、脚本类型、CSS 样式等，头标记中的内容不会在浏览器中显示。

3. <title>标记

<title>标记为标题标记，包含在<head>标记中，它的作用是设定网页的标题。标题的内容会在浏览器标签和任务栏中显示出来。

4. <body>标记

<body>标记是 HTML 文档的主体部分，在此标记中的内容构成了网页的页面显示部分，它所定义的文本、图像等内容都会在浏览器中展示出来。<body>标记本身也可以对网页的背景颜色或背景图像进行控制，相关实例会在后续章节进行介绍。

6.2.4 超文本标记语言网页实例

通过前面的介绍，我们对超文本标记语言已经有了基本认识，下面我们通过使用超文本标记语言代码创建简单网页的实例，来进一步了解超文本标记语言的工作原理，掌握常用标记的使用方法。

【例 6.1】设置背景色、体会标题样式的使用。

```
<html>
<head>
  <title>例 6.1 设置背景色、体会标题样式的使用</title>
</head>
<body bgcolor=red>
以下为标题样式：
    <h1>标题一</h1>
    <h2>标题二</h2>
    <h3>标题三</h3>
    <h4>标题四</h4>
    <h5>标题五</h5>
    <h6>标题六</h6>
</body>
</html>
```

在例 6.1 中，<body>标记中的 bgcolor 属性控制页面背景色的设定，该属性的值除了可以使用如 black、white、gray、green、yellow 等颜色的英文名称外，还可以使用颜色的 RGB 表示法表示，具体表现形式为 6 位十六进制数，要注意在 RGB 值前加上 "#" 号，如红色用 RGB 表示为 "#FF0000"，蓝色为 "#0000FF"。通过设定不同的值可以表现出多种多样的色彩。

在例 6.1 中还使用了标题标记<H*n*></H*n*>（*n* 为 1 到 6 的数字）来展示标题文字的显示效果。

标题标记用来设置标题文字并加粗显示在网页中，共有 6 种大小样式，在网页设计中可以选择使用。本例的效果如图 A6.6 所示。

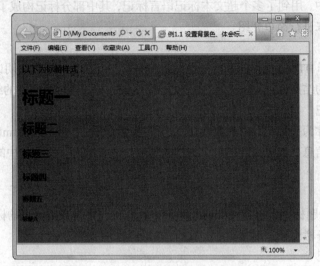

图 A6.6　设置背景色及标题样式

【例 6.2】设置文字颜色。
```
<html>
 <head>
    <title>例 6.2 设置文字颜色</title>
 </head>
 <body>
        <font color=purple>
        紫色文字
        </font>
   </body>
 </html>
```
例 6.2 中，<font>标记是对文本内容进行设置的标记，这里通过 color 属性将文本的颜色设定为紫色。除了文字的颜色，<font>标记还可以对文本的字体和字号进行设定。本例的效果如图 A6.7 所示。

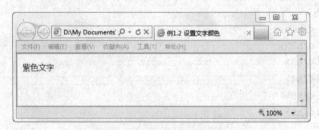

图 A6.7　设置文字颜色

【例 6.3】设置加粗、倾斜，设置背景图。
```
<html>
 <head>
    <title>例 6.3 设置加粗、倾斜，设置背景图</title>
 </head>
<body background=bg.jpg>
```

```
    <font color=blue>
        <b>
            <i>
            此处文字为蓝色粗斜体
            </i>
        </b>
    </font>
  </body>
</html>
```

<body>标记中的 background 属性用来控制背景图，例 6.3 中使用图片 bg.jpg 来作为网页的背景图。要注意图片文件的位置，如果与 HTML 文件在同一目录下，则不需要添加路径；如果位于其他目录中，则必须添加相应的路径以指向正确的图片文件。

<b></b>标记的作用是对其中的文字加粗显示，<i></i>标记的作用是对其中的文字以斜体形式显示。在本例中，这些标记相互嵌套使用，也就是一个标记位于另一个标记中，共同控制内容的显示方式。当标记嵌套使用时，要注意结束标记的顺序，把握"先出现，后结束；后出现，先结束"的原则，避免混乱。本例的效果如图 A6.8 所示。

图 A6.8　设置加粗、倾斜文字和背景图

【例 6.4】插入图片。

```
<html>
    <head>
        <title>例 6.4 插入图片</title>
    </head>
    <body>
        <img src=pic.jpg>
        在网页中插入图片，让网页丰富多彩！
    </body>
</html>
```

插入图片的标记是<img>，它所对应的结束标记可以省略，其中的属性 src 用来指向要插入的图像文件。在这里同样要注意文件所在位置，如果图像文件与网页文件不在同一目录下，则必须加上所在目录的路径。例 6.4 效果如图 A6.9 所示。

图 A6.9　插入图片

6.2.5　查看网页源文件

通过以上几个实例的学习，我们对超文本标记语言标记有了进一步的了解，网页中无论是文字还是图片，都可以通过相应的超文本标记语言标记来插入、设置，可以说超文本标记语言标记直接控制着网页中的内容。

对于初学者来说，尽管超文本标记语言本身并不复杂，但要使用超文本标记语言来制作精美的网页却并非易事，这需要长时间的实践，在这个过程中不仅要多动手，还需要多学习，看看那些优秀的网页是如何设计制作的。而查看超文本标记语言代码最简单的方式，就是查看网页的源文件。

大多数浏览器都提供直接查看超文本标记语言代码的方法，这里以 IE 浏览器为例，选择菜单栏中【查看】菜单下的【源文件】命令，即可看到该网页的源文件，如图 A6.10 所示。

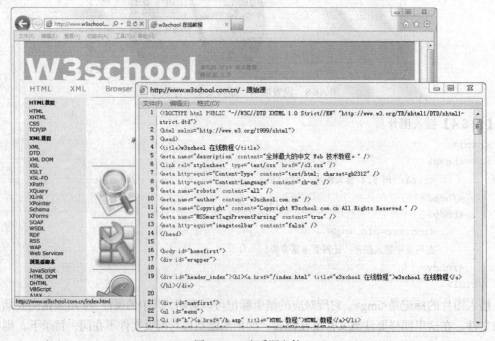

图 A6.10　查看源文件

6.3 Dreamweaver 基础

Dreamweaver 是美国 Adobe 公司开发的集网页制作和站点管理于一身的所见即所得网页编辑器，它是针对专业网页设计师特别开发的视觉化网页开发工具，利用它可以轻而易举地制作出跨越平台限制和跨越浏览器限制的符合规范的网页。

6.3.1 Dreamweaver CS4 简介

启动 Dreamweaver CS4，首先出现的是欢迎界面，如图 A6.11 所示。

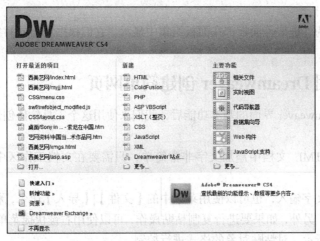

图 A6.11　Dreamweaver CS4 欢迎界面

在欢迎界面中选择【新建】|【HTML】选项，创建 HTML 文档，进入工作界面，其各部分名称如图 A6.12 所示。

图 A6.12　工作界面

工作界面中各部分的功能如下所述。

1. 文档工作区

文档工作区是工作界面的主要区域，在窗口中部，它是进行网页编辑创作的主要区域，编排的结果与网页在浏览器中的效果近似，但仍有部分差异，这就是可视化设计工具的重要特性"所见即所得"。

2. "插入"工具栏

位于界面上方，主要用于插入各种对象，单击标签可以切换不同类型的插入对象，默认为【常用】工具栏，包括超级链接、图像、表格等工具按钮。

3. 属性栏

当选中某对象时，属性栏会实时显示相关信息和参数，并可以对其进行修改设置，其中的内容会随着选择对象的不同而变化。

4. 面板组

CSS 样式、行为、框架等面板都在面板组集中显示，它们根据所面向对象的不同分别发挥着特殊作用。

6.3.2　使用 Dreamweaver 创建简单网页

在了解了 Dreamweaver 界面的基本功能后，我们来使用这个工具软件创建简单的网页。

1. 添加文本

在创建好的 HTML 文档中添加文字非常简单，只需要在文档工作区中输入内容即可，如图 A6.13 所示。

除了直接进行文字输入，也可以使用菜单中的【文件】|【导入】命令，将其他的外部文档导入 Dreamweaver 中。另外，如果要进行复制粘贴操作，可以使用右键快捷菜单中的【选择性粘贴】命令，如图 A6.14 所示，对粘贴对象的格式进行控制。

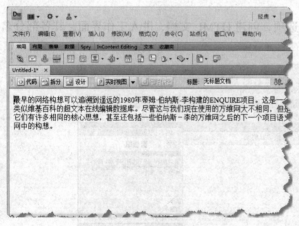

图 A6.13　添加文本

图 A6.14　【选择性粘贴】对话框

在文本添加完毕后，我们还可以在【属性】面板中对文本进行设置，如图 A6.15 所示。

图 A6.15　设置文本属性

2. 插入图片

要插入图片，需要先将光标移动到插入图片的位置，然后选择【插入】|【图片】命令，或者单击【插入】工具栏中的■·按钮，在弹出的对话框中选择需要插入的图片文件。同样我们可以在【属性】面板中对图像的属性进行各种设置，如图 A6.16 所示。

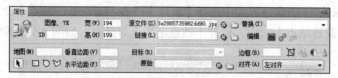

图 A6.16　图像的【属性】面板

在本例中我们将对齐方式设置为【左对齐】，就实现了图片与文字的混排效果，如图 A6.17 所示。

图 A6.17　图文混排效果

3. 创建超链接

在浏览网页的过程中，单击某段文字或图像，即可打开或转到一个新页面，或启动新的程序等，这就是超级链接的作用。超级链接给网页中的元素，如文字、图片等，赋予了可以连接到其他网页的地址，在网页之间建立了互相关联。正是有了超级链接的存在，网站才形成内容丰富的立体结构。下面使用 Dreamweaver 来创建超链接。

首先，选中需要建立超链接的对象，如文字、图片等元素，然后在属性面板中输入要链接的地址，如图 A6.18 所示，超链接就建立成功了。在页面中单击添加链接的对象，就可以实现网页的跳转或打开新的页面。

图 A6.18　建立超链接

6.3.3　创建站点

由于单独的页面无法向浏览者传递太多的信息，所以具有实用功能的网站往往由很多网页以及其他类型的文件构成。如何对这些文件进行管理，如何将本地的网页文件上传至服务器，如何设定一个网站的首页，这些都可以在创建站点的过程中解决。创建站点是网站建设过程中的基础工作，下面通过实例来介绍创建一个新站点的基本方法。

1. 定义站点

（1）在 Dreamweaver 的欢迎界面中选择【新建】|【Dreamweaver 站点】命令，或者在菜单栏中选择【站点】|【新建站点】命令，打开【站点定义】对话框，如图 A6.19 所示。

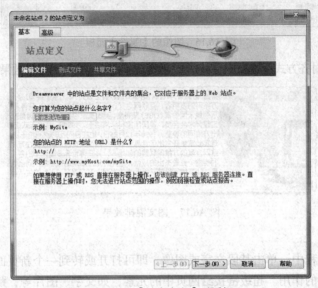

图 A6.19 【站点定义】对话框

（2）在图 A6.20 所示的位置输入站点的名称，在本例中将站点命名为"MyWebsite"。

（3）单击【下一步（N）】按钮，进入服务器技术设定界面，可以使用如图 A6.21 所示的服务器技术来创建动态网页，也可以选择【否，我不想使用服务器技术】选项来创建静态网页。

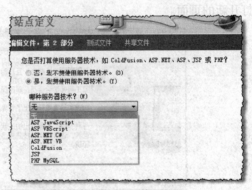

图 A6.20　为站点命名　　　　图 A6.21　使用服务器技术来创建动态网页

（4）单击【下一步（N）】按钮，在图 A6.22 所示的界面中选择文件的保存位置。

（5）单击【下一步（N）】按钮，选择连接远程服务器的方式和远程服务器的目录地址，由于现在还没有远程服务器，可以选择本地目录进行替代，如图 A6.23 所示。

（6）单击【下一步（N）】按钮，设定存回和取出，该设置适用于多人协同工作的情况，如果站点的建设由一人独立完成，可以不进行设置，如图 A6.24 所示。

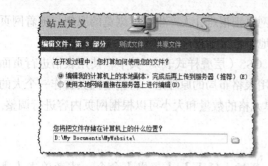

图 A6.22　选择文件的保存位置　　　　　　图 A6.23　选择连接远程服务器的方式

（7）单击【下一步（N）】按钮，进入站点定义的"总结"页面，该页面显示此次创建站点的基本信息，如图 A6.25 所示。单击【完成】按钮即可退出站点定义向导，站点的定义工作到此结束。

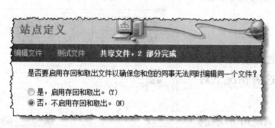

图 A6.24　选择是否启用存回和取出文件功能　　　　　图 A6.25　站点定义的总结页面

2. 添加文件和文件夹

完成站点定义，仅是明确了站点名称、位置等基本信息，网站本身仍然没有任何内容，需要通过添加文件和文件夹来进行网站的建设工作，下面我们来学习如何在站点目录下建立文件和文件夹。

（1）在图 A6.26 所示的文件面板空白处单击鼠标右键，选择快捷菜单中的【新建文件】或【新建文件夹】命令。

（2）对新建的文件和文件夹进行命名操作，如图 A6.27 所示。

图 A6.26　文件面板　　　　　　　　　图 A6.27　命名文件

为站点添加内容除了采用新建的方式外，也可以添加已有的文件和文件夹，其操作可以在文件管理器中完成，此处不再赘述。

6.3.4　页面布局

当网页中的内容确定后，如何对页面中的这些元素进行组织排列，使其便于浏览者阅读查看，就成为了网页设计过程中的重要问题。页面布局类似于报纸杂志的排版工作，良好的页面布局可以清晰地向浏览者传递信息，反之，内容混乱的网页则很难让人产生继续浏览的愿望。随着网页制作技术的发展，页面布局在网页设计过程中的地位也日渐提高。

目前，网页布局主要采用两种方式：表格和 CSS（层叠样式表）。其中，使用表格进行页面布局操作简单，易于实现，很受初学者欢迎。利用表格布局的原理是，将整个网页看作一个大的表格，每个网页元素都放置在独立的单元格中，单元格的数量和大小可以根据网页内容进行调整。下面我们来介绍具体的表格布局方法。

1. 插入表格

在 Dreamweaver 中插入表格的方法很多，通过【插入】|【表格】命令，或者单击【常用】工具栏中的【表格】按钮，会弹出【表格】对话框，如图 A6.28 所示。在这个对话框中可以对插入表格的属性进行设置，包括行数和列数、表格宽度、边框粗细等。

图 A6.28　插入表格

在完成表格的设置后，Dreamweaver 的文档工作区中会出现一个空白表格，如图 A6.29 所示。这个空白表格还没有任何的内容，但是可以在它的单元格中插入文字或图像元素。

2. 调整表格

插入的空白表格中，无论单元格的大小还是数量以及排列方式，都不可能完全符合我们的要求，这种情况下对单元格的调整就显得非常重要。

首先将鼠标移向表格的左上角，出现图 A6.30 所示的光标时，单击鼠标左键，选中整个表格。此时在属性栏中，可以对表格的各种属性进行设置，如图 A6.31 所示，在这里我们将【对齐】方式改为【居中对齐】。

图 A6.29　空白表格

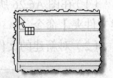

图 A6.30　选中表格

图 A6.31　设置表格属性

为了调整出合适的单元格数量，需要进行单元格的合并与拆分。单元格合并的方式是，选中需要合并的单元格，单击鼠标右键，选择【表格】|【合并单元格】命令，即可完成单元格合并；拆分单元格时类似，选择需要拆分的单元格，单击鼠标右键，选择【表格】|【拆分单元格】命令并进行相应的设置后，原本的一个单元格即被拆分成多个单元格。通过以上的操作，我们将表格调整为图 A6.32 所示的样式。

图 A6.32　单元格的拆分与合并

3. 插入内容

使用前文所述方法分别在单元格中插入文字和图像元素，对于单元格内还需要使用表格进行排列布局的，可以使用表格的嵌套，即选中需要嵌套的单元格，再次执行插入表格的命令，即可实现嵌套。完成这些工作后的页面如图 A6.33 所示。

图 A6.33　表格内插入内容

4. 调整单元格、设置边框

图 A6.33 页面元素基本符合网页布局的要求，但还可以对单元格中的内容进行进一步设置。单击某个单元格，下方会出现相应的属性栏，如图 A6.34 所示。在属性栏中，可以对单元格的尺寸、对齐方式和背景色进行修改。

图 A6.34　设置单元格属性

当使用表格进行布局后，最破坏整体效果的是表格的边框。当表格作为统计用途时，边框的作用非常明显，但作为布局方法时，边框则严重影响网页的显示效果，因此布局后对表格边框的隐藏就显得非常重要，而相应的操作也非常简单，即选中表格后，在【属性】面板中，将【边框】项设置为 0 即可。网页的最终显示效果如图 A6.35 所示。通过表格布局的简单网页实例就制作完成了。

多数读者将来工作中不一定会涉及网页编辑的内容，但不少读者开通了博客。一般博客平台的编辑功能都不太强，如果其提供按源代码编辑的功能，则可先用 Dreamweaver 之类可视网页编辑软件在本地编辑好，而后将全部源代码复制过去即可。如新浪博客，在发博文时勾选"显示源代码"，将源代码复制过来后再取消"显示源代码"前的勾，即可看到编辑效果。

图 A6.35　页面布局效果

习　题

一、选择题

1. WWW 是（　　　）的英文缩写。

　　A. 互联网　　　　B. 万维网　　　　　C. 局域网　　　　　D. 阿帕网

2. Web 采用的通信协议是（　　　）。

　　A. HTTP　　　　B. FTP　　　　　C. Mailto 协议　　　D. Telnet 协议

3. 网站的运行方式主要有（　　　）。

　　A. 实体主机　　　　B. 主机托管　　　C. 虚拟主机　　　D. 以上都对

二、填空题

1. 网页按照执行方式的不同分为_____和_____。

2. 在网络中，_____通常与 IP 地址一一对应。

3. 用来制作超文本文档的标记语言是_____。

三、操作题

利用本章所学内容，为自己创建简单的个人主页，要求图文并茂、布局合理，并且可以通过超链接在不同页面间进行跳转。

第7章
计算机网络与互联网

计算机网络是计算机技术和通信技术紧密结合的产物,它的诞生使计算机体系结构发生了巨大变化。当今,计算机网络在社会经济中起着非常重要的作用,对人类社会的进步做出了巨大的贡献。而计算机网络技术的迅速发展和互联网的普及,使人们更深刻地体会到计算机网络无所不在,并且其已经对人们的日常生活、工作甚至思想产生了较大的影响。

7.1　计算机网络概述

现今,计算机网络无处不在,从手机中的浏览器到具有无线接入服务的机场,从具有宽带接入的家庭网络到每张办公桌都有连网功能的传统办公场所,再到连网的汽车、连网的传感器、星际互联网等,可以说计算机网络已成为了人类日常生活与工作中必不可少的一部分。

7.1.1　计算机网络的概念

计算机网络与人类生活有着密切的关联,那么到底什么才是计算机网络呢? 简单地说,计算机网络就是通过电缆、电话线或无线电波将两台以上的计算机互连起来的集合。

计算机网络完整的定义是指将地理位置不同的具有独立功能的多台计算机及其外部设备,通过通信线路连接起来,在网络操作系统、网络管理软件及网络通信协议的管理和协调下,实现资源共享和信息传递的计算机系统,如图 A7.1 所示。

从以上定义可以看出,计算机网络涉及多个方面的问题。

（1）至少有两台计算机互连。这些计算机系统在地理上是分布的,可能在一个房间内,在一个单位的楼群里,一个或几个城市里,甚至在全国乃至全球范围内。

（2）这些计算机系统是自治的,即每台计算机既能单独工作,又能在网络协议控制下协同工作。

（3）资源共享是计算机网络的主要目的,

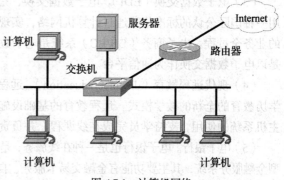

图 A7.1　计算机网络

计算机资源包括硬件资源（磁盘、光盘、打印机等）、软件资源（如语言编辑器、文本编辑器、工具软件、应用程序等）和数据资源（如数据文件、数据库等）。

（4）计算机之间的互连通过通信设备及通信线路来实现，其通信方式多种多样。

（5）连网计算机之间的信息交换必须遵循统一的通信协议。

计算机网络主要由网络硬件系统和网络软件系统组成。其中网络硬件系统主要包括网络服务器、网络工作站、网络适配器、传输介质（可以是有形的，也可以是无形的，如无线网络的传输介质就是无线电波）等。网络软件系统主要包括网络操作系统软件、网络通信协议、网络工具软件、网络应用软件等。

7.1.2 计算机网络功能与应用

1. 计算机网络功能

计算机网络的功能主要表现在硬件资源共享、软件资源共享、用户间信息交换和分布式处理四个方面。

（1）硬件资源共享。即可以在全网范围内提供负责处理资源、存储资源、输入输出资源等的昂贵设备的共享，使用户节省投资，也便于集中管理和均衡分担负荷。

（2）软件资源共享。即允许互联网上的用户远程访问各类大型数据库，用户可以得到网络文件传送服务、远地进程管理服务和远程文件访问服务，从而避免软件研制上的重复劳动以及数据资源的重复存储，也便于集中管理。

（3）用户间信息交换。计算机网络为分布在各地的用户提供了强有力的通信手段。用户可以通过计算机网络传送电子邮件、发布新闻消息和进行电子商务活动。

（4）分布式处理。即将一项复杂的任务划分成许多部分，由网络内各计算机分别协作并行完成有关部分，使整个系统的性能大为增强。

2. 计算机网络的应用

计算机网络随着发展在各行各业获得了广泛应用。

（1）办公自动化系统（OAS）。办公自动化是以先进的科学技术（信息技术、系统科学和行为科学）完成各种办公业务。办公自动化系统的核心是通信和信息，通过将办公室的计算机和其他办公设备连接成网络，可充分、有效地利用信息资源，以提高生产效率、工作效率和工作质量，更好地辅助决策。

（2）管理信息系统（MIS）。MIS 是基于数据库的应用系统。在计算机网络的基础上建立管理信息系统，是企业管理的基本前提和特征。例如，使用 MIS，企业可以实现各部门动态信息的管理、查询和部门间信息的传递，可以大幅提高企业的管理水平和工作效率。

（3）电子数据交换（EDI）。电子数据交换，是将贸易、运输、保险、银行、海关等行业信息用一种国际公认的标准格式通过计算机网络，实现各企业之间的数据交换，并完成以贸易为中心的业务全过程。电子商务（EB/EC）系统是电子数据交换的进一步发展。我国的"金关"工程就是以电子数据交换作为通信平台。

（4）现代远程教育（distance education）。远程教育是一种利用在线服务系统，开展学历或非学历教育的全新的教学模式。远程教育的基础设施是网络，其主要作用是向学员提供课程软件及主机系统的使用，支持学员完成在线课程，并负责行政管理、协同合作等。

（5）电子银行。电子银行也是一种在线服务，是一种由银行提供的基于计算机和计算机网络的新型金融服务系统，其主要功能有金融交易卡服务、自动存取款服务、转账服务、电子汇款与清算等。

（6）企业信息化。分布式控制系统（DCS）和计算机集成与制造系统（CIMS）是两种典型的企业网络系统。

（7）信息检索系统（IRS）。即利用计算机网络检索各类信息，如股票、商贸、气象、生活产品等。

计算机网络作为信息收集、存储、传输、处理和利用的整体系统，在信息社会中得到更加广泛的应用。还有许多应用，如 IP 电话、网上寻呼、网络实时通信、视频点播（VOD）、网络游戏、网上教学、网上书店、网上购物、网上订票、网上电视直播、网上医院、网上证券交易、虚拟现实、电子商务等，正走进普通百姓的生活、学习和工作当中。随着网络技术的不断发展，网络应用将层出不穷，并将逐渐深入到社会的各个领域及人们的日常生活当中，改变着人们的工作、学习、生活乃至思维方式。

7.1.3　计算机网络与互联网的发展历史

计算机网络技术是计算机技术与通信技术相结合的产物，它从产生到发展，总体来说可以分成 4 个阶段。

第 1 阶段：20 世纪 60 年代末到 20 世纪 70 年代初为计算机网络发展的萌芽阶段。其主要特征是：为了增加系统的计算能力和资源共享，把小型计算机连成实验性的网络。第一个远程分组交换网叫阿帕网（ARPANET），是由美国国防部高级研究计划署于 1969 年建成的，第一次实现了由通信网络和资源网络复合构成计算机网络系统，标志计算机网络的真正产生。阿帕网是这一阶段的典型代表。

第 2 阶段：20 世纪 70 年代中后期是局域网络（LAN）发展的重要阶段。其主要特征为：局域网络作为一种新型的计算机体系结构开始进入产业部门。局域网技术是从远程分组交换通信网络和 I/O 总线结构计算机系统派生出来的。1976 年，美国的施乐公司帕洛阿尔托研究中心推出以太网（Ethernet）。它成功地采用了夏威夷大学 ALOHA 无线电网络系统的基本原理，使之发展成为第一个总线竞争式局域网络。1974 年，英国剑桥大学计算机研究所开发了著名的剑桥环局域网（cambridge ring），这些网络的成功实现，一方面标志着局域网络的产生，另一方面，它们形成的以太网及环网对以后局域网络的发展起到了导航的作用。

第 3 阶段：整个 20 世纪 80 年代是计算机局域网络的高速发展阶段。局域网络完全从硬件上实现了 ISO 的开放系统互连通信模式协议的能力。计算机局域网及其互连产品的集成，使得局域网与局域网互连、局域网与各类主机互连，以及局域网与广域网互连的技术越来越成熟。综合业务数据通信网络（ISDN）和智能化网络（IN）的发展，标志着局域网络的飞速发展。1980 年 2 月，IEEE（电气和电子工程师学会）下属的 802 局域网络标准委员会宣告成立，并相继提出 IEEE 801.5～802.6 等局域网络标准草案，其中的绝大部分内容已被国际标准化组织（ISO）正式认可。作为局域网络的国际标准，它标志着局域网协议及其标准化的确定，为局域网的进一步发展奠定了基础。

第 4 阶段：20 世纪 90 年代初至今是计算机网络飞速发展的阶段。计算机的网络化、协同计算能力发展以及全球互联网的盛行、计算机的发展已经完全与网络融为一体，体现了"网络就是计算机"的口号。目前，计算机网络已经真正进入社会各行各业，为社会各行各业所采用。另外，ADSL（利用电话线）、HFC（利用光纤同轴电缆）、小区宽带及 ATM 技术的应用，加上接入成本的下降，使网络技术蓬勃发展并迅速走向市场，走进平民百姓的生活。

7.1.4　计算机网络的标准化工作及相关组织

计算机网络的标准化工作对于计算机网络的发展具有十分重要的意义。目前，在全世界范围内，制定网络标准的标准化组织有很多，所制定的标准自然也很多，但在实际的应用中，大部分的数据通信和计算机网络方面的标准主要是由以下机构制定并发布的：国际标准化组织（ISO）、国际电信联盟电信标准化部（ITU-T）、电气电子工程师协会（IEEE）、电子工业协会（EIA）、互联网工程任务组（IETF）等。

1．国际标准化组织

国际标准化组织是一个由国家标准化机构组成的世界范围的联合会，现有 140 个成员国、2 850 个技术委员会、分委员会及工作组，由 30 000 名专家参加。该组织创建于 1947 年，是一个完全志愿的、致力于国际标准制定的机构。该组织的中央办事机构设在瑞士的日内瓦。中国既是发起国又是首批成员国。

国际标准化组织的主要任务是：制定国际标准，协调世界范围内的标准化工作，与其他国际性组织合作研究有关标准化问题。开放系统互连参考模型（OSI/RM）就是该组织在信息技术领域的工作成果。

2．国际电信联盟

早在 20 世纪 70 年代就有许多国家开始制定电信业的国家标准，但是电信业标准的国际性和兼容性几乎不存在。联合国为此在它的国际电信联盟（International Tele-communication Union，ITU）组织内部成立了一个委员会，称为国际电报电话咨询委员会（CCITT），这个委员会致力于研究和建立适用于一般电信领域或特定的电话和数据系统的标准。1993 年 3 月，该委员会的名称改为国际电信联盟电信标准化部。

国际电信联盟电信标准化部分为若干个研究小组，各个小组注重电信业标准的不同方面。各国的标准化组织向这些研究小组提出建议，如果研究小组认可，建议就被批准为 4 年发布一次的 ITU-T 标准的一部分。

3．电气电子工程师协会

电气电子工程师协会（Institute of Electrical and Electronics Engineers，IEEE）是世界上最大的专业工程师团体。作为一个国际性组织，它的目标是在电气工程、电子、无线电，以及相关的工程学分支中促进理论研究、创新活动和产品质量的提高。负责为局域网制定 802 系列标准（如 IEEE 802.3 以太网标准）的委员会就是 IEEE 的一个专门委员会。

4．电子工业协会

电子工业协会（Electronic Industries Association，EIA）是一个致力于促进电子产品生产的非赢利组织，它的工作除了制定标准外，还有公众观念教育等。在信息技术领域，EIA 在定义数据通信的物理接口和信号特性方面作出了重要贡献。尤其值得指出的是，它定义了串行通信接口标准：EIA-232-D、EIA-449 和 EIA-530。

5．互联网工程任务组

互联网工程任务组（Internet Engineering Task Force，IETF）主要关注互联网运行中的一些问题，对互联网运行中出现的问题提出解决方案。很多互联网标准都是由互联网工程任务组开发的。互联网工程任务组的工作被划分为不同的领域，每个领域集中研究互联网中的特定课题。目前互联网工程任务组的工作主要集中在以下 9 个领域：应用、互联网协议、路由、运行、用户服务、网络管理、传输、IPng（Internet Protocol next generation，下一代互联网协议）和安全。

7.2 数据通信的基本概念

数据通信是计算机与计算机或计算机与终端之间的通信，它是计算机网络的基础，没有数据通信技术的发展，就没有计算机网络的今天。数据通信传送数据的目的不仅是为了交换数据，更主要是利用计算机来处理数据。可以说它是将快速传输数据的通信技术和数据处理、加工及存储的计算机技术相结合，从而给用户提供及时准确的数据。

7.2.1　数据通信系统组成

数据通信系统是通过数据电路将分布在远地的数据终端设备与计算机系统连接起来，实现数据传输、交换、存储和处理的系统。比较典型的数据通信系统主要由数据终端设备、数据电路、计算机系统三部分组成，如图 A7.2 所示。

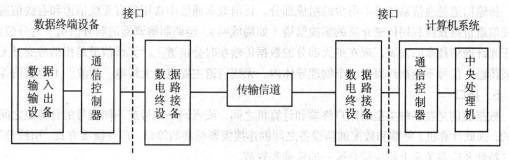

图 A7.2　数据通信系统

1. 数据终端设备

在数据通信系统中，用于发送和接收数据的设备称为数据终端设备（DTE）。数据终端设备可能是大、中、小型计算机、个人计算机，也可能是一台只接收数据的打印机，所以说数据终端设备属于用户范畴，其种类繁多，功能差别较大。从计算机和计算机通信系统的观点来看，终端是输入/输出的工具；从数据通信网络的观点来看，计算机和终端都称为网络的数据终端设备，简称终端。

在图 A7.2 所示的数据终端设置中，数据输入/输出设备很好理解，值得一提的是通信控制器。由于数据通信是计算机与计算机或计算机与终端间的通信，为了有效而可靠地进行通信，通信双方必须按一定的规程进行，如收发双方的同步、差错控制、传输链路的建立、维护和拆除、数据流量控制等，所以必须设置通信控制器来完成这些功能，对应的软件部分就是通信协议，这也是数据通信与传统电话通信的主要区别。

2. 数据通信设备

用来连接数据终端设备与数据通信网络的设备称为数据通信设备（DCE，也叫数据电路终接设备），可见该设备为用户设备提供入网的连接点。

数据通信设备的功能就是完成数据信号的变换。因为传输信道可能是模拟的，也可能是数字的，数据终端设备发出的数据信号不适合信道传输，所以要把数据信号变成适合信道传输的信号。

利用模拟信道传输，要进行"数字→模拟"变换，方法就是调制，而接收端要进行反变换，即"模拟→数字"变换，这就是解调。实现调制与解调的设备称为调制解调器（Modem），因此调制解调器就是模拟信道的数据通信设备。

利用数字信道传输信号时不需调制解调器，但数据终端设备发出的数据信号也要经过某些变换才能有效而可靠地传输，对应的数据通信设备，即数据服务单元（DSU），其功能是负责码型变换和电平的变换，信道特性的均衡，同步时钟信号的形成，控制接续的建立、保持和拆除（指交换连接情况），维护测试等。

3. 数据电路和数据链路

数据电路指的是在线路或信道上加信号变换设备之后形成的二进制比特流通路，它由传输信道及其两端的数据通信设备组成。

数据链路是在数据电路已建立的基础上，通过发送方和接收方之间交换"握手"信号，使双方确认后方可开始传输数据的两个或两个以上的终端装置与互连线路的组合体。所谓"握手"信号是指通信双方建立同步联系、使双方设备处于正确收发状态、通信双方相互核对地址等的信号。加了通信控制器以后的数据电路称为数据链路。可见数据链路包括物理链路和实现链路协议的硬件和软件。只有建立了数据链路之后，双方数据终端设备才可真正进行数据传输。

4. 传输信道

传输信道是通信系统必不可少的组成部分。目前数据通信中常用的有无线信道和有线信道。有线信道包括直接利用传输介质的实线信道（如局域网）、经调制解调器的频分信道、时分信道。由于光纤通信技术的发展，现在绝大部分的数据传输在时分信道上。无线信道是指信号通过无线电波传输，信号不能被约束在一个物理导体内。无线信道主要包括无线电、微波、卫星通信等。

5. 接口

数据通信是在各种类型的用户终端和计算机之间，或者同一型号或不同型号的计算机之间进行的，因此计算机、终端和数据通信设备之间的连接需要标准的接口，即在插接方式、引线分配、电气特性及应答关系上均应符合统一的标准和规范。

7.2.2 数据通信传输模式

传输模式定义了比特组合从一个设备传到另一个设备的方式。它还定义了比特是可以同时在两个方向上传输，还是设备必须轮流地发送和接收信息。

1. 并行传输和串行传输

并行传输（parallel transmission）指可以同时传输一组比特，每个比特使用单独的一条线路，如图 A7.3（a）所示。这些线路通常被捆扎在一条电缆里。并行传输使用非常普遍，特别是用于两个短距离的设备之间，最常见的例子是计算机和外围设备之间的通信。

并行传输应用到长距离的连接上就无优点可言了。首先，在长距离上使用多条线路要比使用一条单独线路昂贵。其次，长距离的传输要用较粗的导线，从而降低信号的衰减。这时要把多条线路放到一条单独电缆里相当困难。第三个问题涉及比特传输所需要的时间。短距离时，同时发送的比特几乎总是能够同时收到，但长距离时，导线上的电阻会或多或少地阻碍比特的传输，从而使它们的到达稍快或稍慢，这将给接收端带来麻烦。

串行传输（serial transmission）提供了并行传输以外的另一种选择，如图 A7.3（b）所示。它只使用一条线路，逐个地传送所有的比特。它比较便宜，用在长距离连接中也比并行传输更加可靠。由于它每次只能发送一个比特位，所以其速度也比较慢。

串行传输的缺点是给发送设备和接收设备增加了额外的复杂性。发送方必须明确比特发送的顺序。比如说，发送一个字节的 8 个比特位时，发送方必须确定是先发送高位比特还是先发送低位比特。同样，接收方必须知道一个目标字节中收到的第一个比特位应该放在什么位置上。这个问题虽然看起来比较琐碎，但不同的体系结构对字节内比特的编号各不相同，而且如果各协议在比特的顺序上无法取得一致的话，信息的传输将出现错误。

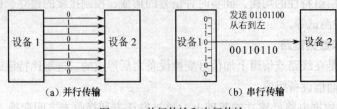

（a）并行传输　　　　　　　（b）串行传输

图 A7.3　并行传输和串行传输

2. 异步传输和同步传输

串行通信有两种方法：异步传输和同步传输。

异步传输（asynchronous transmission）将比特划分成小组独立传送。发送方可以在任何时刻发送这些比特组，而接收方从不知道它们会在什么时候到达。

一个常见的例子是使用终端与一台计算机进行通信。按下一个字母键、数字键或特殊字符键就发送一个 8 比特位的 ASCII 代码。终端可以在任何时刻发送代码，这取决于输入速度，内部的硬件必须能够在任何时刻接收一个输入的字符。

每次异步传输都以一个开始位开头（见图 A7.4）。它通知接收方数据已经到达了。这就给了接收方响应、接收和缓存数据比特的时间。在传输结束时，一个停止位表示一次传输的终止。

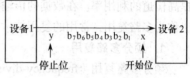

图 A7.4　异步传输

异步传输被设计用于低速设备，如键盘、某些打印机等。它的主要缺点是传输效率低。在上面的例子中，每 8 个比特就多传送 2 个比特。这样，总的传输负载就增加 25%。对于数据传输量很小的低速设备来说问题不大，但对于那些数据传输量很大的高速设备来说，25% 的负载增值就是相当严重的问题了。

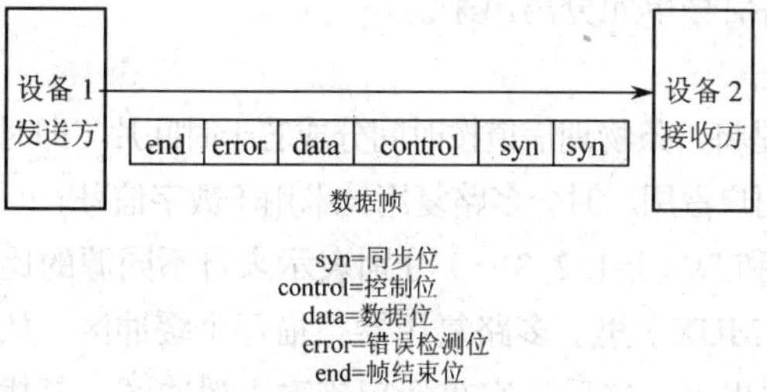

同步传输（synchronous transmission）的比特分组要大得多，它不是独立地发送每个字符，而是把它们组合起来一起发送。我们称这些组合为"数据帧"或简称为"帧"。数据帧的具体组织形式随协议而定，如图 A7.5 所示。

数据帧的第一部分包含同步字符（SYN），它是一个独特的比特组合，用于通知接收方一个帧已经到达。同步字符类似于前面提到的开始位，同时它还能确保接收方的接收速度和数据的到达速度保持一致。

接下来是控制位，主要包含为保证数据的正确传输而加入的一些比特控制信息，如地址信息、序列号、帧类型指示等。

数据位承载的是用户的数据。

错误检查位被用来检测或校正传输错误。

最后一部分是一个帧结束标记。和同步字符一样，它是一个独特的比特串，用于表示没有别的即将到达的比特了。

同步传输接收方不必对每个字符进行开始和停止的操作，一旦检测到同步字符，它就在接下来的数据到达时接收它们，所以同步传输通常要比异步传输速率和效率都高。

数据帧

syn=同步位
control=控制位
data=数据位
error=错误检测位
end=帧结束位

图 A7.5　同步传输

3. 单工、双工和全双工通信方式

在数据通信中常用的通信方式分为单工、半双工和全双工三种，如图 A7.6 所示。

单工数据传输是指两个数据站之间只能沿一个指定方向进行数据传输。在图 A7.6（a）中，数据由 A 站传到 B 站，而 B 站至 A 站只传送联络信号。前者称为正向信道，后者称为反向信道。

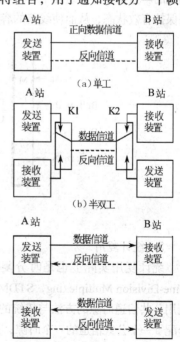

图 A7.6　单工、半双工、全双工示意图

半双工数据传输是指两个数据站之间可以在两个方向上进行数据传输，但不能同时进行。该方式要求A站、B站两端都有发送装置和接收装置，如图A7.6（b）所示。若想改变信息的传输方向，需要由开关K1和K2进行切换。

全双工数据传输是在两个数据站之间可以两个方向同时进行数据传输，如图A7.6（c）所示。全双工通信效率高，但组成系统的造价高，适用于计算机之间的高速数据通信系统。

7.2.3 数据通信多路复用技术

多路复用是通信技术中常用的名词，是指能在同一传输介质中同时传输多路信号的技术，以提高信道的利用率。在数据的传输中组合多个低速的数据终端共同使用一条高速的信道，这种方法称为多路复用，常用的复用技术有频分多路复用、时分多路复用和统计时分多路复用。

1. 频分多路复用

频分多路复用（frequency-division multiplexing，FDM）技术用于模拟信号。它最普遍的应用是在电话、电视和无线电传输中。多路复用器接受来自多个源的模拟信号，每路信号经过不同频率的调制，再组合成具有更大带宽更加复杂的信号，产生的信号通过某种传输介质被传送到目的地，在那里另一个多路复用器完成解调工作，把各路信号单元分离出来。

2. 时分多路复用

时分多路复用（time-division multiplexing，TDM）是将一条物理信道按时间分成若干时间片（即时隙），轮流地分配给每个用户，每个时隙由复用的一个用户占用。时分多路复用技术用于数字信号。

时分多路复用如图A7.7所示。假设A_i、B_i、C_i和D_i（$i=1, 2, 3\cdots$）分别表示来自不同源的比特流。每个源的若干比特被暂时缓存在多路复用器（MUX）里。多路复用器扫描每个缓冲区，从每个区中取出比特放入一个帧中，然后把这个帧发送出去。之后，它重新扫描输入缓冲区，寻找到达的新数据，开始组建下一个帧，并紧接着前面一个帧把它发送出去。这一过程使得输出线总是保持有效状态，从而使线路的容量得到充分的利用。

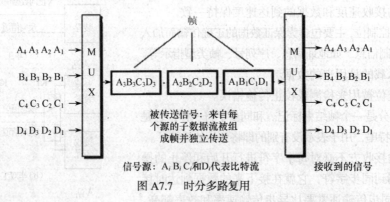

图 A7.7 时分多路复用

3. 统计复用

统计复用实际上也是时分复用技术的一种，全称叫做"统计时分多路复用"（Statistical Time-Division Multiplexing，STDM），又称"异步时分多路复用"。所谓异步或是统计，是因为它利用公共信道时隙的方法与传统的时分复用方法不同，传统的时分复用接入的每个终端都固定地分配了一个公共信道的一个时隙，是对号入座的，不管这个终端是否正在工作都占用着这个时隙，这就使时隙常常被浪费掉了。因为终端和时隙是对号入座的，所以它们是同步的。而异步时分复用或统计时分复用是把公共信道的时隙进行按需分配，即只对那些需要传送信息或正在工作的终端才分配给时隙，这样就使所有的时隙都能饱满地得到使用，可以使服务的终端数大于时隙的个数，提高了传输介质的利用率，从而起到了复用的作用。统计复用的传输效率可比传统的时分复用提高 2～4 倍。这种复用的主要特点是动态地分配信道时隙。

7.2.4　数据通信的交换技术

广域网一般都采用点到点信道，而点到点信道使用存储转发的方式传送数据，也就是说从源节点到目的节点的数据通信需要经过若干个中间节点的转接。这就要用到数据交换技术。数据交换技术主要有三种类型：电路交换、报文交换和分组交换。

1. 电路交换

交换的概念最早来自于电话系统。当用户进行拨号时，电话系统中的交换机在呼叫者的电话与接收者的电话之间建立了一条实际的物理线路（这条物理线路包括了双绞线、同轴电缆、光纤或无线电在内的各种传输介质，或是经过多路复用得到的带宽），通话便建立起来，此后两端的电话拥有该专用线路，直到通话结束。这里所谓的交换体现在电话交换机内部。当交换机从一条输入线上接到呼叫请求时，它首先根据被呼叫者的电话号码寻找一条合适的输出线路将二者连通。假如一次电话呼叫要经过若干交换机，则所有的交换机都要完成同样的工作。电话系统的交换方式叫做电路交换（circuit switching）技术。在电路交换网中，一旦一次通话建立，在两部电话之间就有一条物理通路存在，直到这次通话结束，然后物理通路拆除。

电路交换技术有两大优点，第一是传输延迟小，唯一的延迟是物理信号的传播延迟；第二是一旦线路建立，便不会发生冲突。第一个优点得益于一旦建立物理连接，便不再需要交换开销；第二个优点来自于双方独享物理线路。

电路交换的缺点首先是建立物理线路所需的时间比较长。在数据开始传输之前，呼叫信号必须经过若干个交换机，得到各交换机的认可，并最终传到被呼叫方。这个过程常常需要较长的时间。其次在电路交换系统中，物理线路的带宽是预先分配好的。对于已经预先分配好的线路，即使通信双方都没有数据要交换，线路带宽也不能为其他用户所使用，从而造成带宽的浪费。当然，这种浪费也有好处，对于占用信道的用户来说，其可靠性和实时响应能力都得到了保证。

2. 报文交换

报文交换（message switching）又称为包交换。报文交换不事先建立物理电路，当发送方有数据要发送时，它将把要发送的数据作为一个整体交给中间交换设备，中间交换设备先将报文存储起来，然后选择一条合适的空闲输出线将数据转发给下一个交换设备，如此循环往复直至将数据发送到目的节点。采用这种技术的网络就是存储转发网络。电报系统使用的就是报文交换技术。

在报文交换中，一般不限制报文的大小，这就要求各个中间节点必须使用磁盘等外设来缓存较大的数据块。同时某一块数据可能会长时间占用线路，导致报文在中间节点的延迟非常大（一个报文在每个节点的延迟时间等于接收整个报文的时间加上报文在节点等待输出线路所需的排队延迟时间），这使得报文交换不适合交互式数据通信。为了解决上述问题又引入了分组交换技术。

3. 分组交换

分组交换（packet switching）技术是报文交换技术的改进形态。在分组交换网中，用户的数据被划分成一个个分组（packet），而且分组的大小有严格的上限，这样使得分组可以被缓存在交换设备的内存而不是磁盘中。同时由于分组交换网能够保证任何用户都不能长时间独占传输线路，因而它非常适合于交互式通信。

分组交换除吞吐量较高外，还提供一定程度的差错检测和代码转换能力。由于这些原因，计算机网络常常使用分组交换技术，偶尔才使用电路交换技术，但绝不会使用报文交换技术。当然分组交换也有许多问题，如拥塞、报文分片和重组等。

电路交换和分组交换技术有许多不同之处。关键之处在于电路交换中信道带宽是静态分配的，而分组交换中信道带宽是动态分配和释放的。在电路交换中已分配的信道带宽未使用时都被浪费掉。而在分组交换中，这些未使用的信道带宽可以被其他分组所利用，因为信道不是为某对节点所专用的，从而使信道的利用率非常高（相对来说每个用户信道的费用就可以降低）。

但是，由于信道不是专用的，在分组交换中突发的输入数据可能会耗尽交换设备的存储空间，造成分组丢失。

另一个不同之处是电路交换是完全透明的。发送方和接收方可以使用任何速率（当然是在物理线路支持的范围内）、任意帧格式来进行数据通信。而在分组交换中，发送方和接收方必须按一定的数据速率和帧格式进行通信。

电路交换和分组交换的最后一个区别是计费方法的不同。它们所采用的技术决定了它们的计费方法是不同的。在电路交换中，通信费用取决于通话时间和距离，而与通话量无关，原因是在电路交换中，通信双方是独占信道带宽的，而在分组交换中，通信费用主要按通信流量（如字节数）来计算，它会适当考虑通话时间和距离。IP电话就是使用分组交换技术的一种新型电话，它的通话费远远低于传统电话，原因就在这里。

7.3　计算机网络的体系结构

7.3.1　通信协议的概念与层次结构

从数据通信的硬件设备来看，有了终端、信道和交换设备就能接通两个用户了，但是要顺利地进行信息交换，或者说网络要正常运转还是不够的。尤其是自动化程度越高，人的参与越少，就更显得如此。为了保证通信能正常进行，必须事先作出一些规定，而且通信双方要正确执行这些规定。例如，电话网中有规定的信令方式，数据通信中要有传输控制规程等。我们把这种通信双方必须遵守的规则和约定称为协议或规程。协议可以简单地理解为各计算机之间进行相互会话所使用的共同语言。两台计算机在进行通信时，必须使用相同的通信协议。

协议的要素包括语法、语义和定时。语法规定通信双方"如何讲"，即确定数据格式、数据码型、信号电平等；语义规定通信双方"讲什么"，即确定协议元素的类型，如规定通信双方要发出什么控制信息、执行什么动作、返回什么应答等；定时关系则规定事件执行的顺序，即确定链路通信过程中通信状态的变化，如规定正确的应答关系等。

可见协议能协调网络的运转，使之达到互通、互控和互换的目的。那么如何来制定协议呢？由于协议十分复杂，涉及面很广，因此在制定协议时经常采用的方法是分层法。分层法最核心的思路是上一层的功能是建立在下一层的功能基础之上的，并且在每一层内均要遵守一定的规则。

层次和协议的集合称为网络的体系结构。体系结构应当具有足够的信息，以允许软件设计人员给每层编写实现该层协议的有关程序，即通信软件。许多计算机制造商都开发了自己的通信网络体系结构，如IBM公司从20世纪60年代后期开始开发它的系统网络体系结构（SNA），并于1974年宣布了SNA及其产品；数字设备公司（DEC）也发展了自己数字的网络体系结构（DNA）。各种通信体系结构的发展增强了系统成员之间的通信能力，但是同时也产生了不同厂家之间的通信障碍，因此迫切需要制定世界统一的网络体系结构标准。负责制定国际标准的 ISO 吸取了 IBM 的 SNA 和其他计算机厂商的网络体系结构，提出了开放系统互连参考模型（OSI-RM），按照这个标准设计和建成的计算机网络系统都可以互相连接。

7.3.2　OSI 参考模型及各层功能

OSI/RM（Open System Interconnection/Reference Model）称为开放式系统互连参考模型，它是由国际标准化组织提出的一个使各种计算机能够互连的标准框架。它是一个逻辑上的定义和规范，它把计算机这样一个复杂的网络从逻辑上分为了 7 层。每一层都有相关、相对应的物理设备，如路由器，交换机。

建立 7 层模型的主要目的是为解决异种网络互连时所遇到的兼容性问题。它的最大优点是将服务、接口和协议这三个概念明确地区分开来：服务说明某一层为上一层提供一些什么功能，接口说明上一层如何使用下层的服务，而协议涉及如何实现本层的服务；这样各层之间具有很强的独立性，互联网中各实体采用什么样的协议是没有限制的，只要向上提供相同的服务并且不改变相邻层的接口就可以了。网络 7 层的划分也是为了使网络的不同功能模块（不同层次）分担起不同的职责。

1. OSI 参考模型分层

OSI 参考模型如图 A7.8 所示。它采用分层结构化技术，将整个网络的通信功能分为 7 层。由低层至高层分别是：物理层、数据链路层、网络层、传输层、会话层、表示层、应用层。每一层都有特定的功能，并且上一层利用下一层的功能所提供的服务。

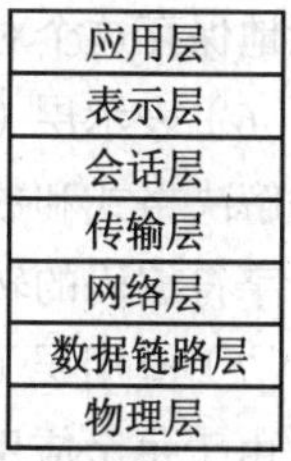

在 OSI 参考模型中，各层的数据并不是从一端的第 N 层直接送到另一端的，第 N 层的数据在垂直的层次中自上而下地逐层传递直至物理层，在物理层的两个端点进行物理通信，我们把这种通信称为实通信。而其上的对等层由于通信并不是直接进行，因而称为虚拟通信。

| 应用层 |
| 表示层 |
| 会话层 |
| 传输层 |
| 网络层 |
| 数据链路层 |
| 物理层 |

图 A7.8　OSI 参考模型

应该指出，OSI-RM 只是提供了一个抽象的体系结构，从而根据它研究各项标准，并在这些标准的基础上设计系统。开放系统的外部特性必须符合 OSI 参考模型，而各个系统的内部功能是不受限制的。

2. 各层功能

（1）物理层（physical layer）。物理层是 OSI 参考模型的最低层或第一层，其主要功能是为它的上一层提供一个物理连接，完成相邻节点之间原始比特流的传输。物理层协议关心的典型问题是使用什么样的物理信号来表示数据"1"和"0"；一位持续的时间多长；数据传输是否可以同时在两个方向上进行；最初的连接如何建立和完成，通信后连接如何终止；物理接口（插头和插座）有多少针以及各针的用处；以及物理层接口连接的传输介质等问题。物理层的设计还涉及通信工程领域内的一些问题。在这一层数据的单位是比特（bit）。

（2）数据链路层（datalink layer）。数据链路层是 OSI 模型的第二层，它控制网络层与物理层之间的通信，它的主要功能是如何在不可靠的物理线路上进行数据的可靠传递。数据链路层主要讨论在相邻节点间数据链路上数据帧的传输问题。这一层协议的内容包括：帧的格式，帧的类型，比特填充技术，数据链路的建立和终止信息流量控制，差错控制，向物理层报告一个不可恢复的错误等。这一层协议的目的是保障在相邻的站与节点或节点与节点之间正确地、有次序、有节奏地传输数据帧。在这一层，数据的单位称为帧（frame）。

（3）网络层（network layer）。网络层利用数据链路层的服务将每个报文从源端传输到目的端，在广域网中，这包括在源主机和目的主机之间建立它们通信所使用的路由，它通过综合考虑发送优先权、网络拥塞程度、服务质量以及可选路由的花费来决定从一个网络中节点 A 到另一个网络中节点 B 的最佳路径。路由器是主机的网络层设备，网络层上数据的单位称为数据包（packet）。

（4）传输层（transport layer）。传输层是第一个端到端的层次，也就是计算机—计算机的层次。主要功能是完成网络中不同主机上的用户进程之间可靠的数据通信。

OSI 的前三层可组成公共网络，它可被很多设备共享，并且计算机—节点机、节点机—节点机是按照"接力"方式传送的，为了防止传送途中报文的丢失，两个计算机之间可实现端到端控制。传输层的功能是：把传输层的地址变换为网络层的地址，端到端连接的建立和终止，在网络连接上对运输连接进行多路复用，端—端的次序控制，信息流量控制，错误的检测和恢复等。传输层数据的单位称为数据段（data segment）。

上面介绍的四层功能可以用邮政通信来类比。传输层相当于收发室，它负责本单位各办公室信件的登记和收发工作，然后交邮局投送，而网络层以下各层的功能相当于邮局，尽管邮局之间有一套规章制度来确保信件正确、安全地投送，但难免在个别情况下会出错，所以收发用户之间可经常核对流水号，如发现信件丢失就向邮局查询。

（5）会话层（session layer）。会话层是指用户与用户的会话连接，它负责在两台计算机间建立、管理和终止进程之间的会话。会话层还利用在数据中插入校验点来实现数据的同步。双方在各种选择功能方面（如全双工、半双工或是单工通信）取得一致。在会话建立以后，需要对进程间的对话进行管理与控制，如对话过程中某个环节出了故障，会话层在条件允许的情况下必须尽可能地保存这个对话的数据，使数据不被丢失；如不能保留，那么终止这个对话，并重新开始。

（6）表示层（presentation layer）。表示层主要处理应用实体间交换数据的语法和语义，其目的是解决格式和数据表示的差别，从而为应用层提供一个一致的数据格式，如文本压缩、数据加密、字符编码的转换，从而使字符、格式等有差异的设备之间相互通信。

（7）应用层（application layer）。应用层为操作系统或网络应用程序提供访问网络服务的接口。由于每个应用有不同的要求，应用层的协议集在 ISO/OSI 模型中并没有定义。

从 7 层的功能可见，1~3 层主要是完成数据交换和数据传输，称之为网络低层，即通信子网；5~7 层主要是完成信息处理服务的功能，称为网络高层；低层与高层之间由第 4 层衔接；数据通信网只有物理层、数据链路层和网络层。

3. 面向连接和无连接的服务

在分层体系结构中，下层向上层提供服务有两种形式：面向连接的服务和无连接的服务。

面向连接的服务以电话系统最为典型，要和某人通话，先拿起电话，拨号码，谈话，挂断。网络中的面向连接服务类似打电话的过程。当某一方有数据要传送时，首先给出对方的全称地址，并请求建立连接，当对方同意后，双方之间的通信链路就建立起来。第二步是传送数据，通常以帧为单位，按序传送，不再标称地址，只标称所建立的链路号，并由接收方对收到的帧予以确认是否为可靠的传送方式。也有不需确认的情况，为不可靠方式。第三步是当数据传送结束后，拆除链路。面向连接的服务又称为虚电路服务。

无连接服务没有建立和拆除链路的过程，类似于发送普通的电子邮件，其用户并不希望为发一条消息而去麻烦地建立和拆除连接。无连接服务又称为数据报服务，它要求每一帧信息带有全称地址，独立选择路径，其到达目的地的顺序也是不确定的，到达目的地后，还要重新对帧进行排序。

7.3.3 TCP/IP 体系结构

在讨论了 OSI 参考模型的基本内容后，就要回到现实的网络技术发展状况上来。OSI 参考模型研究的初衷是希望为网络体系结构和协议的发展提供一种国际标准。但是，大家不能不看到互联网在全世界的飞速发展，以及 TCP/IP 的广泛应用对网络技术发展的影响。

按照常规的理解，网络技术和设备只有符合有关的国际标准才能大范围地获得工程上的应用，但由于历史的原因，现在得到广泛应用的不是国际标准 OSI，而是目前最流行的商业化网络协议 TCP/IP。尽管它不是某一标准化组织提出的正式标准，但它已经被公认为目前的"事实标准"。互联网之所以能迅速发展，就是因为 TCP/IP 能够适应和满足世界范围内数据通信的需要。TCP/IP 具有如下几个特点。

（1）开放的协议标准，可以免费使用，并且独立于特定的计算机硬件与操作系统。

（2）独立于特定的网络硬件，可以运行于局域网、广域网及互联网中。

（3）统一的网络地址分配方案，使得整个 TCP/IP 设备在网络中都具有唯一的地址。

（4）标准化的高层协议，可以提供多种可靠的服务。

（5）TCP/IP 不是一个协议，而是协同工作的一组协议，又称协议簇。

在如何用分层模型描述 TCP/IP 参考模型的问题上争论很多，但共同的观点是 TCP/IP 参考模型的层数比 OSI 参考模型的要少，TCP/IP 体系结构将网络划分为应用层（application layer）、传输层（transport layer）、网络互连层（internet layer）和网络接口层（network interface layer）4 层，如图 A7.9 所示。

图 A7.9　TCP/IP 分层体系结构

实际上，TCP/IP 的分层体系结构与 OSI 参考模型有一定的对应关系，如图 A7.10 所示。

在图 A7.10 中给出了 TCP/IP 与 OSI 这两种体系结构的对比，图 A7.10（a）所示为 OSI 的体系结构，图 A7.10（b）所示为目前互联网使用的 TCP/IP 体系结构，另外，根据两种结构的对比，结合实际情况，给出了一种建议的参考模型，即图 A7.10（c）所示的体系结构（也有资料称之为原理体系结构），方便于对网络原理的理解与学习。

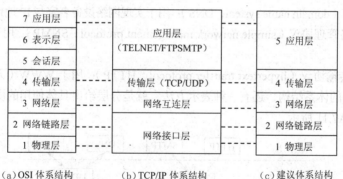

(a) OSI 体系结构　　(b) TCP/IP 体系结构　　(c) 建议体系结构

图 A7.10　TCP/IP 与 OSI 体系结构对比

TCP/IP 参考模型各层的功能如下。

1. 网络接口层

在 TCP/IP 参考模型中，网络接口层是参考模型的最低层，它负责通过网络发送和接收 IP 数据报。TCP/IP 参考模型允许主机连入网络时使用多种流行的协议，如局域网协议或其他协议。

在 TCP/IP 的网络接口层中，它包括各种物理网络协议，如局域网的以太网、令牌环，分组交换网的帧中继、PPP、HDLC、ATM 等。当这种物理网络被用作传送 IP 数据报的通道时，就可以认为是这一层的内容。这体现了 TCP/IP 的兼容性与适应性，也为 TCP/IP 的成功奠定了基础。

2. 网络互连层

网络互连层是参考模型的第 2 层，主要功能包括以下几点。

（1）接收到分组发送请求后，将分组装入 IP 数据报，填充报头并选择发送路径，然后发送到相应的网络接口。

（2）接收到其他主机发送的数据报后，检查目的地址，如果要转发，则选择发送路径，然后转发出去。如目的地址为本节点 IP 地址，则除去报头，将分组交送传输层处理。

（3）处理 ICMP 报文：即处理网络互连的路径选择、流量控制和拥塞控制问题。

3. 传输层

TCP/IP 参考模型中传输层的作用与 OSI 参考模型中传输层的作用是一样的，即负责在应用进程之间的端到端通信。传输层的主要目的是：在互联网中源主机与目的主机的对等实体间建立用于会话的端到端连接。

TCP/IP 体系结构的传输层定义了传输控制协议（transport control protocol，TCP）和用户数据报协议（user datagram protocol，UDP）两种协议。TCP 是一个可靠的面向连接的传输层协议，它将某节点的数据以字节流形式无差错地投递到互联网的任何一台机器上。UDP 是一个不可靠的、无连接的传输层协议，UDP 将可靠性问题交给应用程序解决。UDP 也应用于那些对可靠性要求不高，但要求网络的延迟较小的情况，如语音和视频数据的传送。

4. 应用层

在 TCP/IP 体系结构中，传输层之上是应用层。它包括了所有的高层协议，并且总是不断有新的协议加入，其主要协议包括。

（1）远程登录协议（telnet）：用于实现互联网中远程登录功能。

（2）文件传输协议（file transfer protocol，FTP）：用于互联网中的交互式文件传输功能。

（3）简单邮件传输协议（simple mail transfer protocol，SMTP）：用于实现互联网中电子邮件的传送功能。

（4）域名系统（domain name system，DNS）：用于实现网络设备名字与 IP 地址映射的网络服务。

（5）简单网络管理协议（simple network management protocol，SNMP）：用于实现管理与监视网络设备的功能。

（6）超文本传输协议（hypertext transfer protocol，HTTP）：用于 WWW（万维网）服务。

对于 TCP/IP 的体系结构，还有一种表示方法，就是分层给出具体使用的协议来表示 TCP/IP 的协议簇，如图 A7.11 所示。

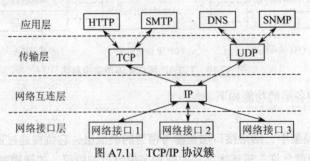

图 A7.11　TCP/IP 协议簇

它的特点是上下两头较大而中间相对协议较少，这种情况可以表明：TCP/IP 可以为各种各样的应用提供服务（所谓的 everything over IP），同时也可以连接到各式各样的网络上（所谓的 IP over everything）。正因为如此，互联网才会发展到今天的这种全球规模，从图 A7.11 也能看到 IP 在互联网中的核心作用。

7.4 计算机网络的拓扑结构

拓扑是几何学中的一个名词。网络拓扑就是指在网络中各节点相互连接的方法和形式。网络的拓扑结构对整个网络的设计、功能、性能以及费用等方面有很重要的影响。选用何种拓扑结构的网络，要根据实际需要而定。计算机网络通常有以下几种拓扑结构。

7.4.1 总线型结构

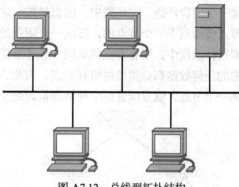

在总线型拓扑结构的网络中，所有节点都通过相应的网络接口连接在一条高速公用传输介质上，如图 A7.12 所示。其中的节点可以是网络服务器，由它提供网络通信及资源共享服务，也可以是网络工作站（即用户计算机）。总线型网络采用广播通信方式，即由一个节点发出的信息可以被网络上的多个节点所接收。由于多个节点连接到一条公用总线上，因此必须采取某种介质访问控制规程来分配信

图 A7.12　总线型拓扑结构

息，以保证在一段时间内只允许一个节点传送信息，以免发生冲突。目前最常用的且已列入国际标准的规程有两种：①CSMA/CD 访问规程；②令牌传送访问控制规程。

在总线结构网络中，作为数据通信必经之路的总线负载能力是有限度的，这由通信介质本身的物理性能决定。因此，总线结构网络中工作站节点的数量是受限制的，如果工作站节点的数量超出总线负载能力，就需要采用分段等方法，并加入相当数量的附加部件，使总线负载符合容量要求。

总线型网络结构简单灵活、可扩充、性能好，进行节点设备的插入与拆卸非常方便。另外，总线型网络可靠性高、网络节点间响应速度快、资源共享能力强、设备投入量少、成本低、安装使用方便。当某个工作站点出现故障时，对整个网络系统影响小。总线结构网络是最普遍使用的一种网络。但由于所有的工作站通信均通过一条共用的总线，所以实时性较差，并且总线任何一点出现故障，都会造成整个网络瘫痪。

7.4.2 星型结构

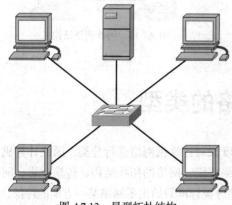

图 A7.13　星型拓扑结构

星型结构由一个功能较强的管理控制中心节点设备以及一些各自连到中心的从节点组成，如图 A7.13 所示。这种网络各个从节点间不能直接通信，从节点间的通信必须经过中心节点设备。

星型结构有两类：一类是中心节点设备仅起到与各从节点连通的作用。另一类的中心节点设备是一台功能很强的设备，从节点是性能一般的计算机或终端，这时中心节点设备有转接和数据处理的双重功能。功能强大的中心节点设备既能作为各从节点共享的资源，也可以按存储转发方式进行通信工作。

星型结构的优点是建网容易，控制相对简单，其缺

点是属于集中控制，对中心节点依赖性大，一旦中心节点出现故障，就会造成整个网络瘫痪。由于每个节点都与中心节点直接连接，需要耗费大量电缆。

7.4.3 环型结构

环型结构也是一种常见的网络类型，如图 A7.14 所示。

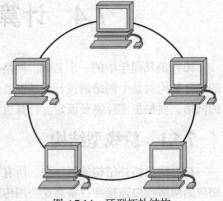

图 A7.14 环型拓扑结构

环型结构中各节点计算机通过一条通信线路连接形成一个闭合环路。在环路中，信息是按一定方向从一个节点传输到下一个节点的，形成一个闭合的环流。在环型拓扑结构中，所有节点共享同一个环型信道，环上传输的任何数据都必须经过所有节点，因此，断开环中的某一个节点，就意味着整个网络通信的终止，这是环型拓扑结构的一个主要缺点。

7.4.4 树型结构

树型结构其实是多级星型结构，如图 A7.15 所示。树型结构是由多个层次的星型结构连接而成的，树的每个节点都是计算机或网络连接设备。一般来说，越靠近树的根部，要求节点设备的性能就越高。与星型结构相比，树型结构线路总长度短，成本较低，节

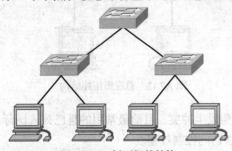

图 A7.15 树型拓扑结构

点易于扩充，但结构较复杂，传输延迟长。

7.4.5 网状结构

网状结构也叫分布式结构，可分为全网格型结构和部分网格型结构，它是由分布在不同地点的计算机系统相互连接而成的，如图 A7.16 所示。

网状结构网中无中心节点，一般网上的每个节点都有多条线路与其他节点相连，从而增加了迂回通路。网状结构具有可靠性高、节点共享资源容易、可改善线路的信息流量分配及负载均衡、可选择最佳路径、传输延时短等优点，但也存在控制和管理复杂、软件复杂、布线工程量大、建设成本高等缺点。

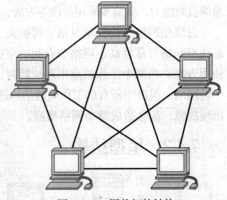

图 A7.16 网状拓扑结构

7.5 计算机网络的类型

由于计算机网络的复杂性，人们可以从多个不同角度来对计算机网络进行分类，因此计算机网络的分类方法和标准多种多样。可以按传输技术、网络规模、网络的拓扑结构、传输介质、网络使用的目的、服务方式、交换方式等进行分类，但这些分类标准只给出了网络某一方面的特征，并不能反映网络技术的本质。事实上按网络覆盖地理范围分类是一种最能反映网络技术本质的网

络划分标准，下面分别来介绍。

7.5.1　按网络覆盖地理范围分类

根据网络的覆盖范围进行分类，计算机网络可以分为四种基本类型：局域网（Local Area Network，LAN）、城域网（Metropolitan Area Network，MAN）、广域网（Wide Area Network，WAN）和互联网（Internet），这种分类方法也是目前比较流行的一种方法。

1. 局域网

局域网是指由有限范围内的各种计算机、终端和外部设备所组成的网络。其作用距离为几米到几千米。局域网传输速率为 10Mbit/s～10Gbit/s，局域网通常在一个园区、一座大楼，甚至在一个办公室内，主要用来构造一个单位的内部网，如学校的校园网、企业的企业网，网络属于该单位所有，并自主管理，以资源共享为主要目的。

局域网的特点是：结构相对简单、连接范围窄、用户数少、配置容易、连接速率高、延迟比较短（通常是几个毫秒数量级）。目前局域网速率最高的为 10Gbit/s 以太网。

2. 城域网

城域网是介于广域网和局域网之间的一种高速网络。其作用距离为几千米到上百千米。它采用的是 IEEE 802.6 标准，在地理范围上可以说是局域网的延伸。城域网通常应用于一个城市内大量企业、机关、医院、公司的局域网等多个局域网的互连。由于光纤连接的引入，使城域网中高速的局域网互连成为可能。城域网传输速率从 64kbit/s 到几 Gbit/s，通常是将一个地区或一座城市内的局域网连接起来构成城域网。

城域网是城市通信的主干网，它充当不同的局域网之间通信的桥梁，并向外连入广域网。城域网提供高速综合业务服务，既可支持数据和语音传输，也可以与有线电视相连。它一般采用简单、规则的网络拓扑结构和高效的介质访问期间控制方法，避免复杂的路由选择和流量控制，以达到高传输率和低差错率。

城域网与局域网的区别首先是网络覆盖范围的不同。其次是两者的归属和管理不同，局域网通常专属于某个单位，属于专用网；而城域网是面向公众开放的，属于公用网，这点与广域网一致。最后是两者的业务不同，局域网主要是用于单位内部的数据通信；而城域网可用于单位之间的数据、语音、图像、视频通信等，这点与广域网相同。

3. 广域网

顾名思义，广域网是指覆盖范围广的网络，又称远程网，其覆盖范围从几十千米到几千千米，广域网可以跨越一个国家、地区、或跨越几个大洲。过去广域网的传输速率比较低，一般为 64kbit/s～2Mbit/s，而现在以光纤为传输介质的新型高速广域网可提供高达几十 Gbit/s 的传输速率。广域网通常由国家委托电信部门建设、管理和经营，以数据通信为主要目的。

广域网由终端主机和通信子网组成。主机用于运行用户程序，通信子网（communication subnet）用于将用户主机连接起来，一般由交换机和传输线路组成。传输线路用于连接交换机，而交换机负责在不同的传输线路之间转发数据。

4. 互联网

互联网是目前世界上影响最大的国际性计算机网络，它以 TCP/IP 协议将各种不同类型、不同规模、位于不同地理位置的物理网络连接成一个整体。它也是一个国际性的通信网络集合体，融合了现代通信技术和现代计算机技术，集各个部门、领域的各种信息资源为一体，从而构成网上用户共享的信息资源网。

在互联网应用如此发展的今天，互联网已是我们每天都要打交道的一种网络，无论从地理范围，还是从网络规模来讲它都是最大的一种网络。从地理范围来说，它可以是全球计算机的互连，这种网络的最大的特点就是整个网络的计算机每时每刻随着新的网络接入在不变地变化。当你连在互联网上的时候，你的计算机可以算是互联网的一部分，但一旦当你断开互联网的连接时，你的计算机就不属于互联网了。它的优点也非常明显，信息量大，传播广，无论你身处何地，只要连上互联网就可以对任何连网用户发出你的信函和广告。正因为这种网络的复杂性，所以这种网络实现的技术也是非常复杂的。

7.5.2　计算机网络其他分类方法

对于计算机网络还有以下几种分类方法。

（1）按照网络的拓扑结构可以分为总线型网络、环型网络、星型网络、树型网络、网状网络等。

（2）按照网络的传输介质可以分为铜线网络、光纤网络和无线网络。

（3）按照网络的逻辑功能可以分为资源子网和通信子网。资源子网是指网络用户的接入部分，主要提供共享的资源；通信子网一般由电信部门组建管理，主要提供传输用户数据的线路和设备。

（4）按照网络的使用角色可以分为公用网和专用网。公用网是指国家的电信公司出资建造的大型网络，如163网；专用网是指以某个单位为本单位的工作需要而建立的网络，一般不为外单位提供服务，如校园网、企业网等。

（5）按照网络的交换方式可以分为电路交换网、报文交换网、分组交换网等。

（6）按照网络的传输技术可以分为广播式网络、点对点式网络和点到多点式网络等。

7.6　局域网技术

7.6.1　局域网概述

局域网是指由有限范围内的各种计算机、终端和外部设备组成的网络。可以实现文件管理、应用软件共享、打印机共享、扫描仪共享、电子邮件、传真通信服务等功能。

1. 局域网的特点

局域网通常为一个单位所有，是封闭型的，其地理范围和站点数目均有限，典型的覆盖范围只有几千米，更小的局域网一般只局限于一幢大楼或建筑群内，通信线路要专门敷设。局域网通常采用数据信号的基带传输方式，结构简单，误码率低，数据传输速率高，时延小，能进行广播或多播。

2. 局域网的组成

局域网由网络硬件和网络软件两部分组成。网络硬件用于实现局域网的物理连接，为连接在局域网上的计算机之间的通信提供一条物理信道和实现局域网间的资源共享。网络软件则主要用于控制并具体实现信息的传送和网络资源的分配与共享。这两部分互相依赖、共同完成局域网的通信功能。

局域网硬件应包括服务器、工作站、网络适配器（又称网卡）、网络设备、传输介质。其中，网络设备是指计算机接入网络或网络与网络之间互连时所必需的设备（如集线器Hub、中继器、交换机等）。

局域网的系统软件包括网络协议软件和网络操作系统两大部分。网络协议用来保证网络中两台设备之间正确传送数据。网络操作系统是指能够控制和管理网络资源的软件，主要包括文件服务程序和网络接口程序。文件服务程序用于管理共享资源；网络接口程序用于管理工作站的应用程序对不同资源的访问。网络操作系统主要有UNIX操作系统、NOVELL的NetWare网络操作系统、微软的 Windows NT 操作系统等。

3. 局域网的传输媒体

局域网常用的传输介质有双绞线、同轴电缆和光纤等。

双绞线是局域网中最常用的一种传输介质。把两根互相绝缘的铜导线并排放在一起，然后用规则的方法绞合起来就构成了双绞线。它有非屏蔽双绞线（unshielded twisted pair，UTP）和屏蔽双绞线（shielded twisted pair，STP）之分，屏蔽双绞线电缆的外层由铝铂包裹，以减小辐射，但并不能完全消除辐射，屏蔽双绞线价格相对较高，安装时要比非屏蔽双绞线电缆困难。

1991 年，电子工业协会（EIA）和电信工业协会（TIA）发布了一个标准——EIA/TIA-568，该标准规定了用于室内传送数据的无屏蔽双绞线和屏蔽双绞线的标准。随着局域网上数据传输速率的不断提高，EIA/TIA 在 1995 年将布线标准更新为 EIA/TIA-568-A，此标准规定了 5 个种类的 UTP（从 1 类线到 5 类线），为支持 1 000M 以太网后来又出现了超 5 类线和 6 类双绞线，随着今后十吉比特以太网的应用，7 类线也慢慢进入市场。当前，对传送数据来说，最常用的 UTP 是 5 类线和超 5 类线。

同轴电缆是由内导体铜质芯线（单股实心线或多股绞合线）、绝缘层、网状编织的外导体屏蔽层以及塑料保护外层组成的。由于外导体的屏蔽作用，同轴电缆具有很好的抗干扰性，所以被广泛应用于较高速率的数据传输中。同轴电缆按特性阻抗数值的不同可分为两类：50Ω 同轴电缆和 75Ω 同轴电缆。

光纤具有很好的抗电磁干扰特性和很宽的频带，其速率可达到 100Mbit/s、1 000Mbit/s。光纤按传输模式可分为单模光纤和多模光纤两种。单模光纤是指在工作波长中，只能传输一个传播模式的光纤。多模光纤在工作波长中，其传播模式为多个模式的光纤。但实际上，由于多模光纤较单模光纤的芯径大且与光源结合容易，在局域网中应用更广泛。

7.6.2 局域网体系结构

在 20 世纪 80 年代初期，电气和电子工程师协会 IEEE 802 委员会首先制定出局域网的体系结构，即著名的 IEEE 802 参考模型，许多 IEEE 802 标准已成为 ISO 国际标准。

1. IEEE 802 参考模型

局域网标准中只有最低的两个层次，即物理层和数据链路层。然而局域网的种类繁多，其媒体接入控制的方法也各不相同，这样其数据链路层就比广域网复杂。为了使局域网中的数据链路层不致过于复杂，就将其数据链路层划分为两个子层：逻辑链路控制子层（LLC 子层）和介质访问控制子层（MAC 子层）。图 A7.17 所示为局域网的 802 体系结构与 OSI 参考模型的对比。

下面简要介绍一下 IEEE 802 体系结构中各层的功能。

（1）物理层。物理层的主要功能包括：信号的编码和译码，进行同步用的前同步码的产生和去除，比特的传输和接收等。

（2）介质访问控制子层。介质访问控制子层主要考虑与接入各种传输介质有关的问题，负责在物理层的基础上实现无差错的通信。其具体功能是：帧的封装与拆卸，实现和维护本

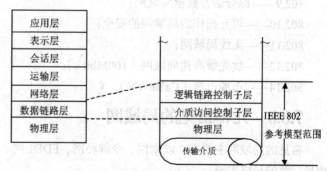

图 A7.17　802 体系结构和 OSI 参考模型比较

层协议，比特差错检测（不纠正），寻址和可选择的流量控制等。在发送数据的时候，本层协议可

事先判断是否可以发送数据，如果可以发送，将给数据加上一些控制信息，最终将数据以及控制信息以规定的格式发送到物理层；在接收数据的时候，通过本层协议首先判断输入的信息是否发生传输错误，如果没有错误，则去掉控制信息后再发送至逻辑链路控制层。

（3）逻辑链路控制层。数据链路层中与介质接入无关的部分都集中在逻辑链路控制子层，其主要功能是：数据链路的建立和释放；逻辑链路控制层帧的封装和拆卸；差错控制；提供与高层的接口等。

从局域网的体系结构可以看出，局域网数据链路层有两种不同的数据单元：逻辑链路控制层帧和介质访问控制层帧。我们通常看到局域网的"帧"时是指介质访问控制层的帧，而不是指逻辑链路控制层的帧。图 A7.18 为逻辑链路控制层的帧和介质访问控制层帧的关系示意图。

虽然 MAC 帧的帧格式各不相同，但都具有 MAC 地址，即每个站的物理地址，物理地址的作用就是用来找到我们所要进行通信的计算机。随着局域网的互连，在各地的局域网中的工作站必须具有互不相同的物理地址。

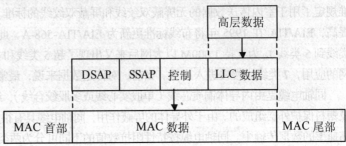

图 A7.18 LLC 帧和 MAC 帧的关系

为了使用户买到网卡就能把机器连到局域网上工作，标准规定将物理地址固化在网卡中，采用 48bit（6 字节）的地址字段，其中前三个字节（高 24 位）由 IEEE 统一分配，世界上凡是生产网卡的厂家都必须向 IEEE 购买这三个字节构成的一个号，又称"地址块"，地址字段的后三字节（低 24 位）由厂家自行分配。

2．IEEE 802 系列标准

IEEE 802 委员会现已制定了如下 13 个标准。

802.1——概述、体系结构和网络互连，以及网络管理和性能测量；

802.2——逻辑链路控制。这是高层协议与任何一种局域网 MAC 子层的接口；

802.3——CSMA/CD。定义 CSMA/CD 总线网的 MAC 子层和物理层的规约；

802.4——令牌总线网。定义令牌总线网的 MAC 子层和物理层规约；

802.5——令牌环型网。定义令牌环型网的 MAC 子层和物理层规约；

802.6——城域网 WAN。定义 WAN 的 MAC 子层和物理层规约；

802.7——宽带技术；

802.8——光纤技术；

802.9——综合话音数据局域网；

802.10——可互操作的局域网的安全；

802.11——无线局域网；

802.12——优先级高速局域网（100Mbit/s）；

802.14——电缆电视（Cable-TV）。

7.6.3 几种常见的局域网

常见的局域网主要有：以太网、令牌环网、FDDI 网、ATM 网和无线局域网五种，在我国使用最广泛的是以太网。

7.6.3.1 以太网

以太网最早是由 Xerox（施乐）公司创建的，在 1980 年由美国数字设备公司（DEC）、英特尔和施乐三家公司联合开发为一个标准。以太网是应用最为广泛的局域网，包括标准以太网（10Mbit/s）、快速以太网（100Mbit/s）、吉比特以太网（1 000 Mbit/s）和 10G 以太网，它们都符合 IEEE 802.3 系列标准规范。

802.3 是一种基带总线局域网，它的访问控制方法是 CSMA/CD（载波侦听多路访问/冲突检测）。简单地说，这是一种广播式的网络，源站点发送数据前先监听网上有无其他站点在发送数据，若介质是空闲的，则该站可以发送数据；若介质是忙的，则该站延迟一段时间以后再传输。在传输过程中还要检测有无冲突，如果检测到有冲突，该站立刻停止发送，并发出一个短暂的阻塞信号，按规定等待一段时间再启动监听过程。

1. 标准以太网

最开始以太网只有 10Mbit/s 的吞吐量，它所使用的是 CSMA/CD 的访问控制方法，通常把这种最早期的 10Mbit/s 以太网称之为标准以太网。下面列出是 IEEE 802.3 的一些以太网络标准，在这些标准中前面的数字表示传输速度，单位是"Mbit/s"，最后的一个数字表示单程网线长度（基准单位是 100m），Base 表示"基带"的意思，Broad 表示"带宽"。

10Base-5：使用粗同轴电缆，最大网段长度为 500m，基带传输；

10Base-2：使用细同轴电缆，最大网段长度为 185m，基带传输；

10Base-T：使用双绞线电缆，最大网段长度为 100m；基带传输；

10Broad-36：使用同轴电缆（RG－59/U CATV），最大网段长度为 3 600m，是一种宽带传输方式；

10Base-F：使用光纤传输介质，传输速率为 10Mbit/s。

2. 快速以太网

随着网络的发展，传统标准的以太网技术已难以满足日益增长的网络数据流量对速度的需求。1993 年 10 月，Grand Junction 公司推出了世界上第一台快速以太网集线器 FastSwitch10/100 和网络接口卡 FastNIC100，快速以太网（Fast Ethernet）技术正式得以应用。与此同时，IEEE 802 工程组亦对 100Mbps 以太网的各种标准，如 100BASE-TX、100BASE-T4、中继器、全双工等标准进行了研究。1995 年 3 月 IEEE 宣布了 IEEE 802.3u 100BASE-T 快速以太网标准，开始了快速以太网的时代。

快速以太网与原来在 100Mbit/s 带宽下工作的 FDDI 相比具有许多优点，主要优点是快速以太网技术可以保障用户在布线基础实施上的投资，它支持 3、4、5 类双绞线以及光纤的连接，能有效地利用现有的设施。

快速以太网的不足其实也是以太网技术的不足，那就是快速以太网仍是基于 CSMA/CD 技术，当网络负载较重时，会造成效率的降低，当然这可以使用交换技术来弥补。

100Mbit/s 快速以太网标准又分为：100BASE-TX、100BASE-FX、100BASE-T4 三个子类。

100BASE-TX：是一种使用 5 类数据级无屏蔽双绞线或屏蔽双绞线的快速以太网技术。它使用两对双绞线，一对用于发送，另一对用于接收数据。在传输中使用 4B/5B 编码方式，信号频率为 125MHz。使用 RJ-45 连接器，最大网段长度为 100m。它支持全双工的数据传输。

100BASE-FX：是一种使用光缆的快速以太网技术，可使用单模和多模光纤，多模光纤连接的最大距离为 2km，单模光纤连接的最大距离为 40km，这与所使用的光纤类型和工作模式有关。在传输中使用 4B/5B 编码方式，信号频率为 125MHz。它支持全双工的数据传输。100BASE-FX 特别适合于有电气干扰、较大距离连接或高保密环境等情况下的使用。

100BASE-T4：是一种可使用 3、4、5 类无屏蔽双绞线或屏蔽双绞线的快速以太网技术。它使用 4 对双绞线，3 对用于传送数据，1 对用于检测冲突信号。在传输中使用 8B/6T 编码方式，信号频率为 25MHz，它使用与 10BASE-T 相同的 RJ-45 连接器，最大网段长度为 100m。

3. 吉比特以太网

随着以太网技术的深入应用和发展，企业用户对网络连接速度的要求越来越高，1995年11月，IEEE 802.3工作组委任了一个高速研究组（Higher Speed Study Group），研究如何将快速以太网速度增至更高。该研究组研究了将快速以太网速度增至1 000Mbit/s的可行性及相应的方法。1996年6月，IEEE标准委员会批准了吉比特以太网方案授权申请，随后成立了802.3z工作委员会。IEEE 802.3z委员会的目的是建立吉比特以太网标准，包括在1 000Mbit/s通信速率下的全双工和半双工操作、以太网帧格式、CSMA/CD技术以及对原有技术向下兼容问题。

1 000Mbit/s吉比特以太网目前主要有以下4种技术版本：1000BASE-T、-SX、-LX和-CX。1000BASE-T使用5类铜缆，最大传输距离为100m；1000BASE-SX系列采用低成本短波激光器，只能使用多模光纤，最大传输距离为550m；而1000BASE-LX系列则使用相对昂贵的长波激光器，可以使用单模或多模光纤，使用多模光纤的最大传输距离为550m，使用单模光纤的最大传输距离为3km；1000BASE-CX系列则在配线间使用短跳线电缆，最大传输距离为25m，用于连接高性能服务器和高速外围设备。

4. 10G以太网

现在10Gbit/s的以太网标准已经由IEEE 802.3工作组于2000年正式制定，10G以太网仍使用与以往10Mbit/s和100Mbit/s以太网相同的形式，它允许直接升级到高速网络，同样使用IEEE 802.3标准的帧格式、全双工业务和流量控制方式。在半双工方式下，10G以太网使用基本的CSMA/CD访问方式来解决共享介质的冲突问题。由于10G以太网技术的复杂性及原来传输介质的兼容性问题，目前只能在光纤上传输，与原有双绞线不兼容，加上设备成本很高，所以这种以太网技术目前还未得到广泛应用。

7.6.3.2 令牌环网

令牌环网是IBM公司于20世纪70年代开发的，现在这种网络比较少见。在老式的令牌环网中，数据传输速度为4Mbit/s或16Mbit/s，新型的快速令牌环网速度可达100Mbit/s。令牌环网的传输方法在物理上采用了星型拓扑结构，但逻辑上仍是环型拓扑结构。节点间使用多站访问部件（multi-station access unit，MAU）连接在一起。MAU是一种专业化集线器，用来围绕工作站计算机的环路进行传输。由于数据包看起来像在环中传输，所以在工作站和MAU中没有终结器。

在令牌环网中，所有的站点通过连接器连成一个环型，它的介质访问控制方法是在环上专门有一个唯一的特殊的帧（称为令牌帧），长度为3字节，其中有相应的比特指示该帧是空令牌还是忙令牌。令牌帧不停地在环上运行，当环网上某个站点要发送数据，必须截获空令牌，将数据放在其后，此时令牌变成忙令牌将数据发送出去，其他站点只能处于收听方式而不能发送数据。环上的每一个站将数据帧转发至下一个站，只有目的站将数据帧复制下来，数据帧在环上转了一圈后，最后又回到源站，源站通过对返回的数据帧进行检查，就知道本次的发送是否成功。当该站发送数据完毕后，就释放空令牌，以便让其他站点发送数据。

令牌环网不会产生冲突，但是效率不够高，由于目前以太网技术发展迅速，令牌环网在局域网中已不多见，原来提供令牌环网设备的厂商多数也退出了市场，所以在目前局域网市场中已经很少采用令牌环网了。

7.6.3.3 FDDI网

FDDI（fiber distributed data interface）中文名为"光纤分布式数据接口"，它是于20世纪80年代中期发展起来的一项局域网技术，其标准由ANSI X3T 9.5标准委员会制定。它提供的高速数据通信能力要高于当时的以太网（10Mbit/s）和令牌网（4或16Mbit/s）的能力。由于FDDI使用两条环路，所以当其中一条出现故障时，数据可以从另一条环路上到达目的地，网络传输的可靠性比较高。其主要缺点是：由于使用的通信介质是光纤，价格同前面所介绍的快速以太网相比贵了许多。随着快速以太网和吉比特以太网技术的发展，用 FDDI 的人就越来越少了。

FDDI 的访问方法与令牌环网的访问方法类似，在网络通信中均采用"令牌"传递。它与标准的令牌环又有所不同，主要在于 FDDI 使用定时的令牌访问方法。FDDI 令牌沿网络环路从一个节点向另一个节点移动，如果某节点不需要传输数据，FDDI 将获取令牌并将其发送到下一个节点中。如果处理令牌的节点需要传输，那么在指定的称为"目标令牌循环时间"的时间内，它可以按照用户的需求来发送尽可能多的帧。因为 FDDI 采用的是定时的令牌方法，所以在给定时间中，来自多个节点的多个帧可能都在网络上，可以为用户提供高容量的通信。

7.6.3.4　ATM 网

ATM（asynchronous transfer mode）中文名为"异步传输模式"，它的开发始于 20 世纪 70 年代后期。ATM 是一种较新型的信元交换技术，同以太网、令牌环网、FDDI 网络等使用可变长度包技术不同，ATM 使用 53 字节固定长度的信元进行交换。它是一种交换技术，没有共享介质或包交换带来的延时，非常适合音频和视频数据的传输。ATM 主要具有以下优点。

（1）ATM 使用相同的数据单元，可实现广域网和局域网的无缝连接。

（2）ATM 支持虚拟局域网（VLAN）功能，可以对网络进行灵活的管理和配置。

（3）ATM 具有不同的速率，分别为 25、51、155、622Mbit/s，从而为不同的应用提供不同的速率。

ATM 采用"信元交换"来替代"包交换"，信元交换的速度是非常快的，可为时间敏感的通信提供服务质量的保证，它主要用在视频和音频数据的传输上，其传输速度能够达到 10Gbit/s。

7.6.3.5　无线局域网

无线局域网（wireless local area network，WLAN）是目前最新，也是最为热门的一种局域网，特别是从英特尔公司推出自带无线网络模块的迅驰笔记本处理器以来，更是得到了飞速的发展。无线局域网与传统局域网的主要不同之处就是传输介质不同，无线局域网是采用无线电波作为传输介质的。正因为它摆脱了有形传输介质的束缚，所以这种局域网的最大特点就是具有灵活性和移动性，只要在网络的覆盖范围内，就可以在任何一个地方与服务器及其他工作站连接，而不需要重新铺设电缆，很适合那些移动办公一族，只要无线网络能够覆盖到的地方，都可以随时随地连接上互联网。

无线局域网所采用的是 802.11 系列标准，它也是由 IEEE 802 标准委员会制定的。目前这一系列标准主要有四个，分别为 802.11b、802.11a、802.11g 和 802.11z，前三个标准都是针对传输速度提高进行的改进。最开始推出的是 802.11b，它的传输速度为 11Mbit/s，因为它的连接速度比较低，随后推出了 802.11a 标准，它的连接速度可达 54Mbit/s。但由于两者不互相兼容，致使一些早已购买 802.11b 标准的无线网络设备在新的 802.11a 网络中不能使用，所以在后来又推出了兼容 802.11b 与 802.11a 两种标准的 802.11g，这样原有的 802.11b 和 802.11a 两种标准的设备都可以在同一网络中使用。802.11z 是一种专门为了加强无线局域网安全的标准。因为无线局域网的"无线"特点，它使任何进入此网络覆盖区的用户都可以轻松地以临时用户身份进入网络，给网络带来了极大的不安全因素，为此 802.11z 标准专门就无线网络的安全性方面作了明确规定，加强了用户身份论证制度，并对传输的数据进行了加密。

　　旅行者通常会有多个需要连入网络的终端，如手机、笔记本、平板电脑，但宾馆并不都提供无线网络。如果装备一个迷你无线路由，就会很方便地让自己的终端共享宾馆提供的有线网络带宽。

7.7 互联网概述

互联网起源于美国，在 20 世纪 70 年代由于 TCP/IP 体系结构的发展而快速发展起来，随后世界上很多国家相继建立本国的主干网，并接入互联网，成为全球互联网的组成部分。

互联网最初的宗旨是用来支持教育和科研活动。但是随着互联网规模的扩大，应用服务的发展，以及市场全球化需求的增长，互联网开始了商业化服务，准许以商业为目的的网络连入互联网，使互联网得到迅速发展，很快便达到了今天的规模，它几乎渗透到人们生活、学习、工作、交往的各个方面，构建了一个人们相互交流，相互沟通，相互参与的互动平台，同时促进了电子文化的形成和发展。

互联网并没有一个确切的定义，一般认为，互联网是多个网互连而成的网络的集合。从网络技术的观点来看，互联网是一个以 TCP/IP 协议连接各个国家、各个部门、各个机构计算机网络的数据通信网。从信息资源的观点来看，互联网是一个集各个领域、各个学科的各种信息资源为一体，供上网用户共享的数据资源网。

7.7.1 我国互联网简介

我国在 1994 年加入了国际互联网，这更加有助于我国与国际间进行信息交流、资源共享和科技合作，促进我国经济文化发展。也为国内企业提供了让世界了解自己产品、增加国际贸易的商机。多年来我国投入大量资金建设互联网基础设施，互联网基础设施的建设和完善促进了互联网的普及和应用。

2008 年 5 月，我国电信业开始了第三次大规模重组。经过此次重组，我国骨干网单位由 10 家变成了 7 家，分别包括 3 家经营性单位：中国电信、中国联通和中国移动；4 家非经营性单位：教育网、经贸网、长城网和科技网。原中国卫通的互联网资源并入中国电信，原中国网通的互联网资源并入中国联通，原中国铁通的互联网资源并入中国移动。

目前，我国互联网骨干网网间互连存在交换中心互连和直连链路互连（其中又分为长途直连和本地直连）两种方式。无论是通过交换中心互连还是骨干直连，各互连单位之间只实现双边互连，不向对方提供骨干网的穿越服务。全国共设有北京、上海、广州三个国家级交换中心，重庆、武汉两个实验性区域级交换中心。网间直连点建立在北京、上海、广州三个城市。

在互联网普及方面，据 2014 年 1 月中国互联网络信息中心发布的《第 33 次中国互联网络发展状况统计报告》显示，截至 2013 年 12 月底，中国网民规模达 6.18 亿，手机网民规模达 5 亿，网民中使用手机上网的人群占比提升至 81.0%，中国网民规模增长空间有限，手机上网依然是网民规模增长的主要动力；我国域名总数为 1 844 万个，其中.cn 域名总数较去年同期增长 44.2%，达到 1 083 万；中国网站总数为 320 万；中国互联网普及率为 45.8%，较 2012 年底提升了 3.7%，普及率增长幅度延续自 2011 年来的放缓趋势。总体而言，中国互联网的发展主题已经从"普及率提升"转换到"使用程度加深"。

2013 年，手机端视频、音乐等对流量要求较大的服务增长迅速，其中手机视频用户规模增长明显。截至 2013 年 12 月，我国手机端在线收看或下载视频的用户数为 2.47 亿，手机视频跃升至移动互联网第五大应用。

商务类应用继续保持较高的发展速度，其中网络购物以及相类似的团购尤为明显。2013 年，中国网络购物用户规模达 3.02 亿人，使用率达到 48.9%，相比 2012 年增长 6.0%。

2013 年，全国企业使用计算机办公的比例为 93.1%，使用互联网的比例为 83.2%，固定宽带使用率为 79.6%。同时，开展在线销售、在线采购的比例分别为 23.5% 和 26.8%，利用互联网开展营销推广活动的比例为 20.9%。

2013 年，我国的国际出口带宽为 3 406 824Mbps，较去年同期增长 79.3%。我国主要骨干网络国际出口带宽及网址如下。

中国电信：2 190 878 Mbit/s，网址为 www.chinatelecom.com.cn。

中国联通：850 215 Mbit/s，网址为 www.chinaunicom.com.cn。

中国移动：287 629 Mbit/s，网址为 www.chinamobile.com。

中国科技网：22 600 Mbit/s，网址为 www.cstnet.net.cn。

中国国际经济贸易互联网：2 Mbit/s，网址为 www.ciet.net。

7.7.2　互联网地址

在互联网世界中有两种主要的地址识别形式：一种是机器可识别的地址，称为 IP 地址，用数字表示，如：210.38.128.33；另一种是便于记忆的地址，用字符表示，称为域名（domain name），如：www.sohu.com。

1. IP 地址

互联网中有许多的复杂网络和许多不同类型的计算机，将它们连接在一起又能互相通信，依靠的是 TCP/IP。按照这个协议，接入互联网上的每一台计算机都必须有一个唯一的地址标识，即 IP 地址。IP 地址是通过数字来表示一台计算机在互联网中的位置。

IP 地址具有固定、规范的格式，一个 IP 地址包含 32 位二进制数，被分为 4 段，每段 8 位，段与段之间用圆点 "." 分开。IP 地址在设计时将这 32 位二进制数分成网络号和主机号两部分，网络的规模有大有小，有的主机多，有的主机少，必须区别对待。互联网委员会定义了 5 种 IP 地址类型以适合不同容量的网络，即 A 类～E 类，如图 A7.19 所示。

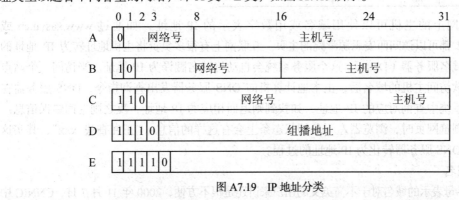

图 A7.19　IP 地址分类

A 类地址在 IP 地址的四段号码中，第一段号码为网络号码，网络地址的最高位必须是 "0"。剩下的三段号码为主机号码，每个地址能容纳 16 777 214 台主机。

B 类地址在 IP 地址的四段号码中，前两段号码为网络号码，网络地址长度为 16 位，网络地址的最高位必须是 "10"。后两段号码为主机号码，B 类地址适用于中等规模的网络，每个网络所能容纳的计算机数为 65 534 台。

C 类地址在 IP 地址的四段号码中，前三段号码为网络号码，网络地址长度为 24 位，网络地址的最高位必须是 "110"。第四段号码为主机号码，长度为 8 位，C 类网络地址数量较多，适用于小规模的局域网络，每个网络最多只能包含 254 台计算机。

D类IP地址第一个字节以"1110"开始，它是一个专门用于组播的地址。它并不指向特定的网络，组播地址用来一次寻址一组计算机，它标识共享同一协议的一组计算机。其地址范围为224.0.0.1～239.255.255.254。

E类IP地址以"11110"开始，预留用于研究和实验使用。

2. 域名

用数字表示的IP地址不便于记忆，也看不出拥有该地址的组织的名称或性质，同时也不能根据公司或组织名称（或组织类型）来确定其IP地址。由于IP地址的这些缺点，人们希望用字符来表示一台主机的通信地址，因而设计出了域名，域名地址更能直接地体现出层次型的管理方法，其通用的格式如下。

第四级域名.第三级域名.第二级域名.第一级域名

第一级域名往往是国家或地区的代码；第二级域名往往表示主机所属的网络性质，比如属于教育界还是政府部门等。如用cn代表中国的计算机网络，cn就是一个域。域下面按领域又分子域，子域下面又有子域。在表示域名时，自右到左结构越来越小，用圆点"."分开。例如syu.edu.cn是一个域名，edu表示网络域cn下的一个子域，syu则是edu的一个子域。同样，一个计算机也可以命名，称为主机名。在表示一台计算机时把主机名放在其所属域名之前，用圆点分隔开，形成主机地址，便可在全球范围内区分不同的计算机了。例如：host.syu.edu.cn表示syu.edu.cn域内名为host的计算机。

国家和地区的域名常使用两个字母表示（见表7.1）。常见领域的域名见表7.2。

<table>
<tr><td colspan="6">表7.1　部分国家和地区的域名</td><td colspan="4">表7.2　常见领域的域名</td></tr>
<tr><th>域名</th><th>国家和地区</th><th>域名</th><th>国家和地区</th><th>域名</th><th>国家和地区</th><th>域名</th><th>用途</th><th>域名</th><th>用途</th></tr>
<tr><td>au</td><td>澳大利亚</td><td>fl</td><td>芬兰</td><td>ru</td><td>俄罗斯</td><td>COM</td><td>商业机构</td><td>EDU</td><td>教育机构</td></tr>
<tr><td>ca</td><td>加拿大</td><td>fr</td><td>法国</td><td>se</td><td>瑞典</td><td>GOV</td><td>政府机构</td><td>ORG</td><td>非营利组织</td></tr>
<tr><td>ch</td><td>瑞士</td><td>hk</td><td>中国香港</td><td>tw</td><td>中国台湾</td><td>MIL</td><td>军事部门</td><td>NET</td><td>网络中心</td></tr>
<tr><td>cn</td><td>中国</td><td>it</td><td>意大利</td><td>uk</td><td>英国</td><td></td><td></td><td></td><td></td></tr>
<tr><td>de</td><td>德国</td><td>jp</td><td>日本</td><td>us</td><td>美国</td><td></td><td></td><td></td><td></td></tr>
</table>

访问互联网上的主机可以使用域名或用数字表示的IP地址，如通过www.xasyu.cn或219.144.162.162都可以访问西安思源学院的主页。互联网上有很多负责将主机地址转为IP地址的服务系统——域名服务器（DNS），这个服务系统会自动将域名翻译为IP地址。当访问一个站点的时候，输入欲访问主机的域名后，由本地计算机向DNS服务器发出查询指令，DNS服务器在整个域名管理系统中查询对应的IP地址，如找到则返回相应的IP地址，反之则返回错误信息。例如当我们在浏览网页时，浏览器左下角的状态条上会有这样的信息："正在查找 xxx"，其实这就是域名通过DNS服务器转化为IP地址的过程。

3. 中文域名

使用英文字母表示的域名对于不懂英文的用户来讲还是很不方便，2000年11月7日，CNNIC中文域名系统开始正式注册，正式启用时间大概在一个月之后。现在中文域名的使用分两种情况：第一种是使用"中文域名.cn"等以英文结尾的域名，用户不用下载任何客户端软件，ISP也不用做任何的修改，就可以实现对"cn"结尾的中文通用域名的正确访问。第二种是"中文域名.中国"、"中文域名.公司"等纯中文域名的使用，要实现对这种纯中文域名的正确访问，ISP需要做相应的修改，以便能够正确解析中文域名。同时中国互联网络信息中心也提供了专用服务器，用户只要将浏览器的DNS设置指向这台服务器，同样可以完成对纯中文域名的正确解析。另外，考虑到现在有些互联网服务商还没有做修改，而有些用户又不方便将DNS设置指向中国互联网络信息中心提供的服务器，纯中文域名会被加上.cn后缀，即每一个纯中文域名同时有两种形式：纯中文域名和纯中文域名.cn，如："信息中心.网络"和"信息中心.网络.cn"。这样即使互联网服务商还没有做相应的修改，用户也能正确使用中文域名。

在中国互联网络信息中心新的域名系统中，将同时为用户提供"中国"、"公司"和"网络"结尾的纯中文域名注册服务。其中注册"中国"的用户将自动获得"cn"的中文域名，如：注册"清华大学.中国"，将自动获得"清华大学.cn"的域名。

7.7.3　计算机与互联网的接入

互联网的接入技术主要是研究 ISP 网络与用户之间的连接问题，通过不同的 WAN 技术来连接用户。本地环路（即最后一公里）使用的连接类型可能与 ISP 网络内或 ISP 之间采用的 WAN 连接类型不同。

互联网的接入技术包括模拟拨号、综合业务数字网络（ISDN）、数字用户线路（DSL）、数字数据网（DDN）、卫星、光纤、混合光纤同轴（HFC）、无线接入等方式。上述每项技术都有自己的优缺点，不同地区用户可根据自己的实际需求选择不同的接入技术。

1. 拨号连接终端方式

拨号连接终端方式是最容易实施的方法，费用低廉。只要一条可以连接 ISP 的电话线和一个账号就可以。但缺点是传输速度低，速率仅为 56kbit/s，而且线路可靠性差。适合对可靠性要求不高，只是偶尔需要上网的办公室以及小型企业使用。这种方式在 2000 年左右使用较多，随着 ADSL 接入技术的普及，现在已很少有人在用了。

2. ISDN

ISDN（integrated services digital network，综合业务数字网），业内人士称其为"一线通"。它将电话、传真、数据、图像等多种业务综合在一个统一的数字网络中进行传输和处理。随着在国内市场的普及，ISDN 的价格大幅度下降。两个信道 128kbit/s 的速率，快速的连接以及比较可靠的线路，可以满足中小型企业浏览网页以及收发电子邮件的需求。而且还可以通过 ISDN 和互联网组建企业 VPN。在国内大多数的城市都有 ISDN 接入服务。但随着 ADSL 接入技术的普及，现在也很少有人在用了。

3. ADSL

ADSL（asymmetric digital subscriber line）是 DSL 的一种非对称版本，即非对称数字用户环路，它利用数字编码技术从现有铜质电话线上获取最大的数据传输容量，以国内常用的 ITU-T G.992.1 标准为例，ADSL 在一对铜线上支持的上行速率为 512kbit/s～1Mbit/s，下行速率为 1Mbit/s～8Mbit/s，有效传输距离在 3～5km 范围以内。同时又不干扰在同一条线上进行的常规语音服务。当前还有一些更快更新的标准，但是还很少有电信服务提供商使用，如：ITU G.992.5 标准，其下行速率为 24Mbit/s，上行速率为 3.5Mbit/s。ADSL 非常适合中、小企业。但其有一个致命的缺点：用户距离电信的交换机房的线路距离不能超过 5km，从而限制了它的应用范围。

4. DDN 专线

DDN 是利用数字信道传输数据信号的数据传输网。它的主要作用是向用户提供永久性和半永久性连接的数字数据传输信道，既可用于计算机之间的通信，也可用于传送数字化传真、数字话音、数字图像信号和其他数字化信号，适合对带宽要求比较高的应用。采用光纤专线接入，速率可在 2Mbit/s～155Mbit/s 范围内灵活选择。这种线路优点很多，如速率比较高，有固定的 IP 地址，可靠的线路运行，永久的连接等。但是由于整个链路被企业独占，所以费用很高，性价比太低，因此中小企业选择较少，除非用户资金充足，否则不推荐使用这种方法。

5. 卫星接入

卫星直播网络是美国休斯公司 1996 年推出的新一代高速宽带多媒体接入技术。目前卫星链路主要应用在互联网骨干网和接入网等方面。卫星接入的优点是：覆盖面广、传输速率较高、具有极佳的广播性能、传输不受地理条件的限制、组网灵活、网络建设速度快。缺点主要有：费用较高，信号传输延时较长。

卫星接入充分利用了互联网不对称传输的特点，上行信号通过任何一个拨号或专线 TCP/IP 网络上传，下行信号通过卫星宽带广播下传，互联网用户只需加装一套 0.75～0.9m 的小型卫星天线即可享用 400kbit/s 的接入速率，并可以 3Mbit/s 单向广播速率高速下载多媒体信息。

卫星接入主要应用于处在偏远地方又需要较高带宽的用户，以及民航售票、海洋预报、地震监测、金融咨询、期货证券、话音通信和高速数据全国连网等业务。卫星用户一般需要安装一个甚小口径终端（VSAT），包括天线和其他接收设备，下行数据的传输速率一般为 1Mbit/s 左右，上行通过公用电话网 PSTN 或者 ISDN 接入 ISP。

6．光纤接入

光纤用户网是指网络服务提供商与用户之间完全以光纤作为传输介质的接入网。光纤用户网具有带宽大、传输速度快、传输距离远、抗干扰能力强等特点，适于多种综合数据业务的传输，是未来宽带网络的发展方向。它采用的主要技术是光纤传输技术，目前常用的光纤传输的复用技术有时分复用（TDM）、波分复用（WDM）、频分复用（FDM）、码分复用（CDM）等。在一些城市开始兴建高速城域网，主干网速率可达几十 Gbit/s，并且推广宽带接入。光纤可以铺设到用户附近的路边或者所在的大楼，可以 100Mbit/s 以上的速率接入，适合大型企业。

7．HFC 接入

HFC 是利用现有的以 HFC 为介质的有线电视网 CATV 来实现互联网的高速接入，其上行速率可达 10Mbit/s，下行速率可达 30Mbit/s。它的优点是接入速率高、有现成的网络、即可上网又可看电视、速率基本不受距离限制。缺点是有线电视网的通道带宽是共享的，这意味着每个用户的带宽随着用户的增多将变得越来越少；用户端的噪声会在前端叠加，形成所谓噪声干扰的"漏斗效应"；另外，传统的有线电视属于广播型业务，在进行交互式数据通信时要注意安全性和可靠性；同时需改造现有的有线电视网络。

8．无线接入

无线接入技术就是利用无线技术作为传输介质向用户提供宽带接入服务。由于铺设光纤的费用很高，对于需要宽带接入的用户，一些城市提供了无线接入。用户通过高频天线和 ISP 连接，距离在 10km 左右，带宽为 2～11Mbit/s，费用低廉，但是受地形和距离的限制，适合城市内距离互联网服务提供商较近的用户，其性价比很高。

习　题

一、填空题

1．建立计算机网络的主要目的是＿＿＿＿。
2．数据通信的传输模式有＿＿＿＿、＿＿＿＿。
3．数据通信的交换技术有＿＿＿＿、＿＿＿＿、＿＿＿＿。
4．ISO/OSI 参考模型将网络分为＿＿＿＿层、＿＿＿＿层、＿＿＿＿层、＿＿＿＿层、＿＿＿＿层、＿＿＿＿层、＿＿＿＿层。
5．使用＿＿＿＿，可以把复杂的计算机网络简化，使其容易理解和实现。
6．计算机网络的功能有＿＿＿＿、＿＿＿＿、＿＿＿＿等。

7. 计算机网络由通信子网和_____子网组成。

8. 计算机网络常用的拓扑结构有_____、_____、_____、_____、_____。

9. 根据网络覆盖范围进行分类，计算机网络分为_____、_____、_____。

10. 常见的局域网有_____、_____、_____、_____、_____。

二、选择题

1. 在 TCP/IP 体系结构中，与 OSI 参考模型的网络层对应的是（　　　）。
   A. 网络接口层　　　B. 网络互联层　　　　C. 传输层　　　　D. 应用层

2. 在 OSI 参考模型中，保证端到端的可靠性在（　　　）上实现。
   A. 数据链路层　　　B. 网络层　　　　　　C. 传输层　　　　D. 会话层

3. 一个分组被传送到错误的目的站，这种差错发生在 OSI/RM 的哪一层？（　　　）
   A. 传输层　　　　　B. 网络层　　　　　　C. 数据链路层　　D. 会话层

4. 关于 OSI/RM，下列哪一种说法是错误的？（　　　）
   A. 7 个层次就是 7 个不同功能的子系统
   B. 接口是指同一系统内相邻层之间交换信息的连接点
   C. 传输层协议的执行只需使用网络层提供的服务，跟数据链路层没有关系
   D. 某一层协议的执行通过接口向更高一层提供服务。

5. 下列功能中，属于表示层提供的是（　　　）。
   A. 交互管理　　　　B. 透明传输　　　　　C. 死锁处理　　　D. 文本压缩

6. 通常所说的 TCP/IP 是指（　　　）。
   A. TCP 和 IP 协议
   B. 传输控制协议
   C. 互联网协议
   D. 用于计算机通信的一个协议集，它包含 IP、ARP、TCP、RIP 等多种协议。

7. IPv4 地址包含（　　　）位二进制数。
   A. 16　　　　　　　B. 24　　　　　　　　C. 32　　　　　　D. 64

三、简答题

1. 计算机网络的发展可划分为几个阶段？每个阶段各有什么特点？
2. TCP/IP 和 ISO/OSI 的体系结构有什么区别？
3. 计算机网络如何分类？
4. 计算机网络常用的拓扑结构有哪几种？各有什么特点？
5. 什么是 DTE 和 DCE 设备？
6. 什么是统计时分复用？
7. 什么叫封装与解封装？
8. 协议和服务的区别是什么？
9. TCP/IP 参考模型包含几层，每一层主要完成的功能是什么？
10. IP 层的地位和特点是什么？
11. 比较电路交换、报文交换和分组交换三种交换技术的工作原理和性能特点。
12. 局域网的特点是什么？
13. 域名的作用是什么？

第8章
常用工具软件

工具软件是计算机软件系统的重要组成部分，熟练掌握各种工具软件的使用方法，对于提高计算机使用者的操作水平，提升利用计算机解决问题的能力都具有重要意义。计算机的工具软件种类繁多，数量巨大，不可能面面俱到地介绍，本章选取了常用的一些软件加以介绍，旨在使学生通过这些内容的学习，能够逐渐掌握工具软件的使用规律，举一反三，为今后使用其他工具软件奠定基础。

8.1 文件管理软件

8.1.1 压缩解压缩工具

在早期的计算机中，由于受到硬件发展水平的限制，存储设备的价格往往很高，容量也较小。在这种情况下，使用者当然希望在不影响使用的前提下，文件能拥有更小的体积。在这样的背景下就出现了压缩与解压缩工具，虽然随着硬件技术的发展，存储设备的价格在不断下降，压缩带来的文件体积的减小对硬件系统影响已经微乎其微，但压缩解压缩工具并没有因此消失，仍在不断发展，出现了很多功能更多、性能更强的软件，下面我们选取其中使用较为普遍的一款加以介绍。

在众多的压缩解压缩工具中，WinRAR 以其优异的压缩算法、多种文件格式的兼容性以及人性化的操作界面，成为众多使用者的首选。其附带的加密、自解压等功能也得到广泛的应用，下面我们就来了解 WinRAR 的一些基本操作。

1. 压缩

作为一款经典的压缩解压缩工具，WinRAR 的压缩能力非常强大，与传统 ZIP 格式相比，压缩率能够高出 10%～30%。但使用它进行压缩操作却非常简单，首先启动 WinRAR，单击面板中的【添加】按钮，在弹出的对话框中进行设定就可以生成压缩包，如图 A8.1 所示。其中，单击对话框中的【浏览（B）】按钮选择需要压缩的对象（可以是任何形式的文件或文件夹），在"压缩文件名"中输入压缩包的名称，单击【确定】按钮完成压缩操作。

除了上面介绍的方法外，WinRAR 还提供了一种非常便捷的压缩方式——右键菜单，在需要进行压缩的文件或文件夹上单击鼠标右键，如图 A8.2 所示。选择【添加到压缩文件】命令，也可以实现压缩操作，其中位于该命令之下的【添加到"Archive.rar"】是使用默认设置快速生成压缩包的方式，如果不需要进行更多的设置，可以选择该命令。

完成压缩操作后，可以通过双击打开生成的压缩文件，单击面板中的【信息】按钮，可以查看该压缩文件的相关信息，如图 A8.3 所示，其中显示压缩率的数值达到了 21%，也就是说压缩文件的体积是原文件的 1/5，由此可见 WinRAR 确实有着非常强大的压缩能力。

图 A8.1　WinRAR 文件压缩

图 A8.2　WinRAR 右键菜单

2. 解压缩

在生成压缩包后，可以对压缩包进行复制、传输等操作，但在使用压缩包中的文件前，还需要进行解压缩操作。解压缩操作同样可以通过两种方式进行，直接使用 WinRAR 可以打开压缩包文件，显示其中的内容。选中需要解压的文件，单击面板中的【解压到】按钮，即可实现解压缩的操作，如图 A8.4 所示。

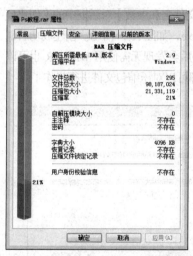

图 A8.3　WinRAR 压缩文档信息

图 A8.4　WinRAR 文件解压缩

WinRAR 同样提供了便捷的解压缩方式，在压缩包文件上单击右键，可以看到如图 A8.5 所示的右键菜单，其中，选择【解压文件】命令可以弹出解压缩的设置对话框，而下面的两个命令则是使用默认设置快速解压的方式，差别之处在于解压后文件所处的路径不同。

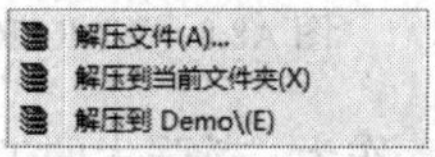

图 A8.5　WinRAR 右键菜单

3. 文件加密

有时我们需要对压缩包文件设置一定的访问权限，这个操作可以通过 WinRAR 的"设置密码"功能来实现。在【压缩文件名和参数】的对话框中选择【高级】选项卡，单击 设置密码(P)... 按钮，即可在弹出的对话框中进行密码设置，如图 A8.6 所示。

当再次试图打开对文件进行了加密操作后的压缩包时会发现文件名后面添加了"*"，针对这些加密文档的操作都必须输入正确的密码才可以进行，如图 A8.7 所示。

图 A8.6　WinRAR 设置文件密码　　　　图 A8.7　解压加密文件

4. 创建自解压文件

虽然 WinRAR 是现在使用最为普遍的压缩解压缩工具，兼容其格式的其他压缩软件也很多，但在某些没有安装压缩工具软件的计算机中，还是无法使用 WinRAR 的压缩包。而通过建立自解压文件，则可以避免这种情况的出现。

自解压文件的建立非常简单，在创建压缩文件时，选中【压缩文件名和参数】对话框中的【创建自解压格式压缩文件】选项，这时压缩文件名中的扩展名由.rar 变为.exe，如图 A8.8 所示。创建成功后，新生成的自解压文件图标 Formats 与 RAR 压缩文档有所不同，双击后会发现无需使用 WinRAR 也可以实现解压缩操作，如图 A8.9 所示，这样我们在任何一台计算机上都可以对压缩包文件进行操作了。

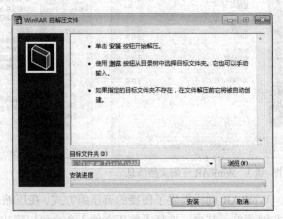

图 A8.8　WinRAR 创建自解压文件　　　　图 A8.9　WinRAR 自解压文件解压过程

作为一款强大的工具软件，WinRAR 还有很多功能是本书没有涉及的，大家可以在以后的学习工作中逐渐摸索，此处限于篇幅，不再赘述。

8.1.2　数据恢复工具

在日常的电脑使用中，由于误删除操作、存储介质的损坏和格式化等原因，会不可避免地出现文件丢失的情况，尤其是一些重要数据和珍贵资料，一旦受损往往会造成巨大的损失。这种意外如果发生，不必惊慌失措，丢失的数据其实并非无法挽回，我们可以通过数据恢复软件尝试数据的恢复操作，在这里以 EasyRecovery 为例进行说明。

首先，不要对文件丢失的磁盘分区进行任何的写操作，如果是存储介质损坏可以尝试格式化，但格式化后同样不要写入任何数据。接下来启动 EasyRecovery，选择界面中的【数据恢复】命令，如图 A8.10 所示。

在数据恢复界面中，有四种恢复方式可供选择，其中【高级恢复】可以对恢复操作中的参数进行自定义，它适用于对数据恢复有一定了解的用户；【删除恢复】和【格式化恢复】分别针对误删除的文件和被格式化的分区中的文件进行恢复操作；而【Raw 恢复】是针对目录结构严重受损，文件系统信息丢失情况下的恢复方式，被认为是数据恢复的最后手段。这里以【删除恢复】为例进行说明，其他的恢复方式与此类似。

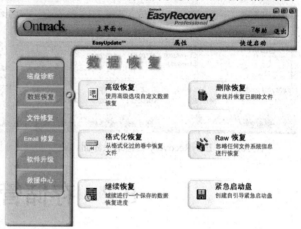

图 A8.10　EasyRecovery 数据恢复界面

进入【删除恢复】的界面后，根据需要恢复的文件类型及数量决定是否选中【完整扫描】选项，选中该选项会对分区进行更全面的扫描，但也会占用更长的时间，如图 A8.11 所示，之后单击【前进】按钮进入下一步操作，开始扫描过程，如图 A8.12 所示。

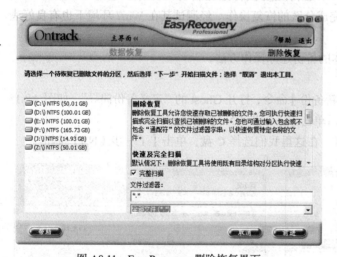

图 A8.11　EasyRecovery 删除恢复界面

图 A8.12　EasyRecovery 扫描过程

扫描过程结束后，会进入图 A8.13 所示的扫描结果界面，在列表中选中需要恢复的目录或文件，如果数量较大还可以使用过滤器进行筛选，设定完成后单击【前进】按钮继续进行恢复工作。

在图 A8.14 的界面中设置恢复文件的路径，这里注意一定要选择与待恢复文件不同的磁盘分区，单击【前进】按钮开始文件的恢复过程，完成之后进入设定的文件夹中即可看到恢复的文件，本次的恢复工作到此结束。

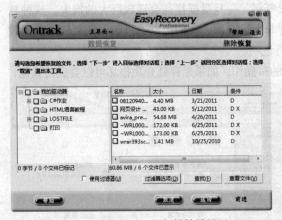

图 A8.13　EasyRecovery 扫描结果界面

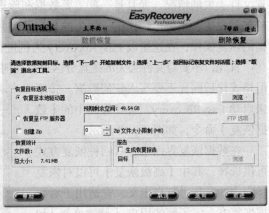

图 A8.14　EasyRecovery 设置恢复文件的路径

8.2　存储管理软件

8.2.1　备份与还原工具

Norton Ghost 是美国 Symantec 公司旗下的一款优秀的硬盘备份还原工具，早期的 Ghost 必须运行在 DOS 环境下，而最新的 Ghost 15 已经完全抛弃了原有的基于 DOS 环境的内核，可以直接在 Windows 环境下对系统分区进行热备份；它新增的增量备份功能，可以将磁盘上新近变更的信息添加到原有的备份镜像文件中去，不必再反复执行整盘备份的操作；它还可以在不启动 Windows 的情况下，通过光盘启动来完成分区的恢复操作。经测试其在 Win7 环境下也有良好表现，是一款出色的备份还原工具。

下面以 Ghost 15 为例，来介绍基本的备份还原操作方法。

1. 备份

启动软件后、单击【任务】|【定义新备份】命令，打开 Ghost 的"定义备份向导"，如图 A8.15 所示，选择【备份我的电脑（推荐）】后单击【下一步（N）】按钮。

在图 A8.16 中选择需要备份的分区，在这里我们选择 C 盘，单击【下一步（N）】按钮。

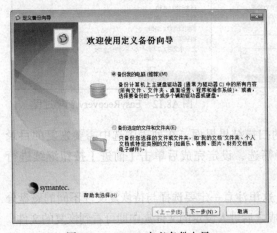

图 A8.15　Ghost 定义备份向导 1

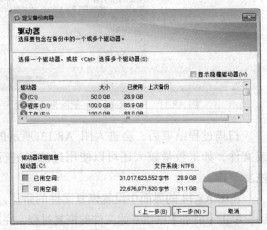

图 A8.16　Ghost 定义备份向导——选择驱动器

在图 A8.17 中选择恢复点类型，其中【恢复点集（推荐）】选项可以支持增量更改，将极大减轻备份过程中的工作量，建议选择该选项，然后单击【下一步（N）】按钮，进入图 A8.18 所示的界面，选择存储备份数据的目标位置，完成后单击【下一步（N）】按钮。

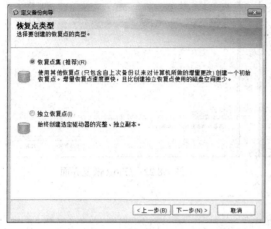
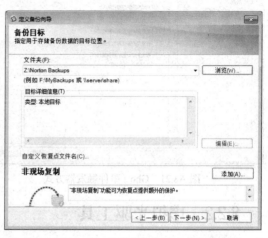

图 A8.17　Ghost 定义备份向导——恢复点类型　　　　图 A8.18　Ghost 定义备份向导——备份目标

在图 A8.19 中设置备份的其他选项，单击【下一步（N）】按钮。

在图 A8.20 中设置备份时间，这样可以实现在指定时间的自动备份功能。值得称道的是 Ghost 除采用指定时间的方式进行自动备份外，还采用了事件触发器的方式，如图 A8.21 所示，当系统中发生某些事件后，也会自动进行备份，从而进一步保障了系统备份的安全。设置完成后单击【下一步（N）】按钮，出现备份信息界面，备份向导至此结束。当备份条件满足时，Ghost 即自动进行备份工作，无需进行人工干预。

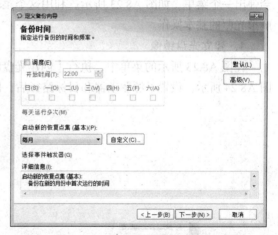

图 A8.19　Ghost 定义备份向导——选项　　　　　图 A8.20　Ghost 定义备份向导——备份时间

2. 恢复

Ghost 的恢复分为恢复分区和恢复文件，这里我们以分区的恢复为例，执行【任务】|【恢复我的电脑】命令，在弹出的对话框中会显示所有可供使用的恢复点，如图 A8.22 所示。选择合适的恢复点，单击【立即恢复（R）】按钮，即可执行相应的恢复操作。

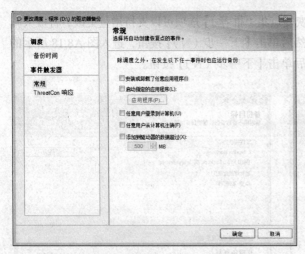

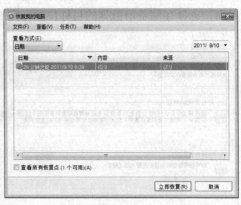

图 A8.21　Ghost 事件触发器方式　　　　图 A8.22　Ghost 恢复界面

8.2.2　虚拟光驱工具

　　虚拟光驱是一种模拟光盘驱动器工作过程的工具软件，它的工作原理是先虚拟出与物理设备功能类似的虚拟光驱设备，然后建立与真实光盘文件具有相同结构的光盘镜像，这个镜像文件本质上与计算机中的其他文件类似，但它与虚拟光驱配合使用就可以模拟光盘在光驱中的工作过程，并具有诸如自动播放等物理光驱的特性。与物理光驱相比，虚拟光驱具有很多优点，比如由于工作过程都是对硬盘进行操作，可以减少物理光驱的使用次数，延长光驱寿命；同时，由于硬盘的读写速度要远高于光盘，因此使用虚拟光驱后的速度也会得到很大的提高。

　　目前虚拟光驱软件的种类有很多，本书中以 DAEMON Tools 为例进行介绍。当该软件安装成功后，在桌面右下角的任务栏中会出现🄳图标，表示 DAEMON Tools 已在运行中，右键单击图标，会弹出一个菜单，如图 A8.23 所示。利用这个菜单我们可以分别建立和使用光盘镜像文件，实现虚拟光驱的基本操作。

1. 建立光盘镜像

　　在图 A8.23 所示的菜单中，执行【创建光盘映像】命令，打开【创建光盘映像】对话框，如图 A8.24 所示，设置了源驱动器和目标路径后，即可为物理光驱中的光盘建立镜像文件。

图 A8.23　DAEMON Tools 右键菜单　　　图 A8.24　DAEMON Tools 创建光盘镜像

2. 使用镜像文件

在图 A8.23 所示的菜单中，执行【虚拟设备】|【设备 0:】|【装载镜像】命令，如图 A8.25 所示。在弹出的对话框中选择需要装载的光盘镜像文件，常见的光盘镜像格式有.iso、.ccd、.cue 和.mds 等，待装载完毕后即可在相应的虚拟光驱盘符下打开镜像中的文件。镜像文件使用完毕后，可执行【虚拟设备】|【设备 0:】|【卸载镜像】命令将其卸载，这就如同从物理光驱中取出光盘，此时的虚拟光驱回到闲置状态。

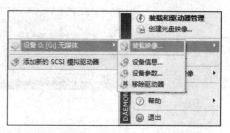

图 A8.25　使用 DAEMON Tools 镜像文件

8.3　多媒体软件

8.3.1　多媒体文件格式转换工具

在数码科技发展日新月异的今天，计算机多媒体领域呈现出多样化的文件格式特点，不同的文件格式在品质、体积等方面各有特点，同时也有相适用的媒体设备和播放软件。有时我们需要对媒体文件的体积进行压缩或使其适用某些特定的播放环境，这就需要对其进行文件格式转换。现有的多媒体文件格式转换工具种类繁多，但转换原理和操作方法却大同小异，下面我们选择"格式工厂"这款工具来进行介绍。

首先启动软件，会看到图 A8.26 所示的界面。"格式工厂"支持视频、音频和图像等媒体类型，以视频文件的转换为例，选择【视频】选项，然后选择【所有转到 MP4】选项，弹出如图 A8.27 所示的对话框，添加需要转换的视频文件。

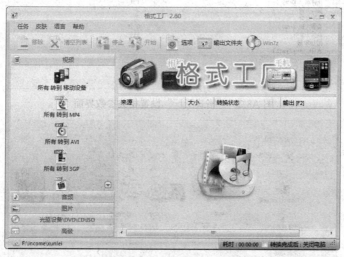

图 A8.26　"格式工厂"主界面

单击【输出配置】按钮，可以对目标格式的相关参数进行设置，同时，也可以添加字幕、水印等附加内容，如图 A8.28 所示。

完成相关的设置后单击【确定】按钮，回到主界面中，刚才添加的视频格式转换已经出现在任务窗口中，如图 A8.29 所示。这时单击【开始】按钮即可开始文件的格式转换过程，由于视频文件转换对系统性能要求较高，转换速度较慢，需要耐心等待，待转换完成后即可看到格式为 MP4 的目标文件。

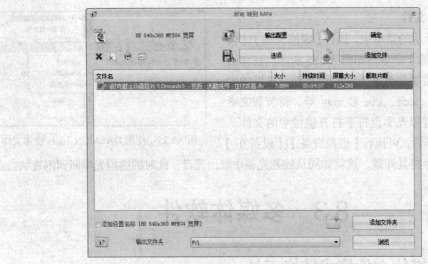

图 A8.27 "格式工厂"添加需要转换的视频文件界面

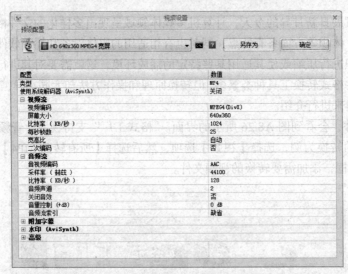

图 A8.28 "格式工厂"设置相关参数界面

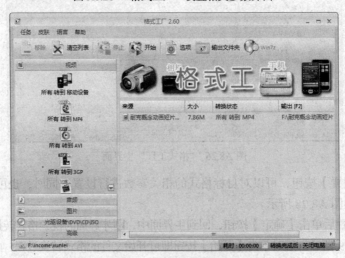

图 A8.29 "格式工厂"已填加视频格式转换界面

8.3.2　屏幕录像工具

随着我们的计算机应用水平不断提高，有时也会为他人解答一些电脑使用过程中的问题，这些解决方法往往是具体的操作过程，用文字难以描述，用截图又缺乏连贯性，而采用屏幕录制工具就可以轻松解决这个问题。

Screen2Exe 是一个体积小巧、完全免费的屏幕录像软件，使用它只需要三步就可以完成屏幕的录制过程，下面我们对各个步骤的操作分别做以介绍。

（1）启动软件主界面，如图 A8.30 所示。在主界面可以选择屏幕的录制区域，默认是全屏录制，同时还可以设定屏幕的捕捉速度和是否录制音频。设置完成后单击【开始录制】按钮，开始屏幕的录制过程。使用 F10 键结束录制，此时打开【录制停止】窗口，如图 A8.31 所示，在此窗口中可以选择【继续/编辑】按钮进入编辑窗口，也可以进行【帧优化】或【立即保存】，单击【继续/编辑】按钮进入下一步。

图 A8.30　Screen2Exe【录制】界面

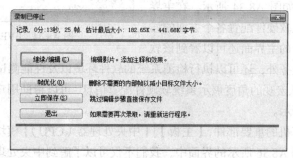

图 A8.31　Screen2Exe【录制停止】界面

（2）在图 A8.32 中，可以对录制的视频片段进行编辑，如添加注释、添加马赛克等。编辑完成后单击【完成】按钮。

（3）在图 A8.33 所示的保存界面中，可以对视频质量、保存位置进行设置，设置完毕后单击【立即保存】按钮即可生成屏幕的录像文件。文件格式为 EXE 可执行文件，可以在任何计算机中进行播放。

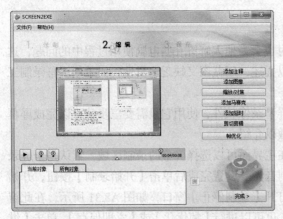

图 A8.32　Screen2Exe【编辑】界面

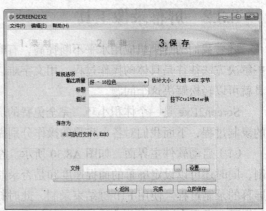

图 A8.33　Screen2Exe【保存】界面

8.4　系 统 工 具

8.4.1　系统信息查看

　　EVEREST 是权威的系统信息检测工具，它可以供用户全面查看计算机的各个方面信息，支持上千种主板、上百种显卡，支持对并口/串口/USB 这些 PNP 设备的检测，支持对各类型处理器的侦测。目前 EVEREST 已经更新至 5.50 版，支持的硬件设备已经超过 96 000 种，并且完美支持 Windows 7 操作系统，它是一款功能强大的系统信息查看软件。

　　运行 EVEREST，如图 A8.34 所示，在主界面中可以看到用户本机软硬件配置各个方面的详细信息，通过默认显示的主界面还可以看到该软

图 A8.34　EVEREST 主界面

件除了提供硬件检测服务外，还可以执行检测系统的软件环境以及性能测试等操作。

　　【系统摘要】模块从宏观的角度展示系统软硬件配置信息，可以帮助用户快速掌握系统配置核心信息，如图 A8.35 所示。

　　中央处理器是计算机的重要部件，【主板】|【中央处理器（CPU）】模块可以用来查看中央处理器的各项信息，在图 A8.36 所示的界面中，我们不仅可以了解到中央处理器型号、缓存等基本信息，也可以看到核心电压、工艺技术等物理信息。

　　对于新购置的计算机设备，我们总对它的性能表现不放心，EVEREST 提供了性能测试功能，可以对中央处理器、内存的各项性能表现进行测试，并且提供多种型号设备的测试值以供比较，图 A8.37 是对【内存写入】操作的测试结果。

　　EVEREST 的功能非常强大，可查看的项目众多，通过使用此软件可以对计算机系统构成建立更为全面的认识，同时在帮助用户识别硬件版本型号，辨别设备真伪方面都发挥着重要作用。

图 A8.35 EVEREST【系统摘要】界面

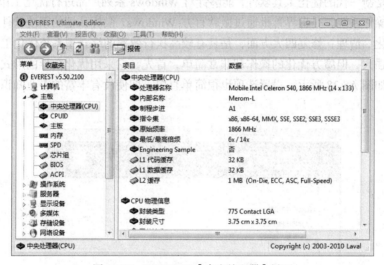

图 A8.36 EVEREST【中央处理器】界面

图 A8.37 EVEREST【性能测试】界面

8.4.2　系统优化软件

Windows 操作系统向来以操作简单、使用方便著称，这种特性为它赢得了大量的用户，但其也存在着一些问题。由于用户对操作系统的工作过程很少干预，系统运行中产生的大量垃圾文件无法清除，同时由于操作系统要考虑大多数用户的需要，所以随系统启动的很多服务和程序对某个用户来说都是无用的，这些问题都会影响到系统的运行效率，要避免该问题的出现，就需要对操作系统进行维护和优化。

所谓操作系统的优化，大多是通过 Windows 操作系统自身的选项设置或文件操作，对系统内的各种垃圾文件进行清理，对当前用户不需要的服务和程序进行关闭，对可选择的设置项进行最优化的设置。系统优化在一定程度上可以提高操作系统的工作效率，保证系统的运行稳定，因此具有重要意义。但由于多数用户并非技术专家，很难进行有效的优化工作，于是，各种操作系统的优化工具便应运而生，它们可以将各种复杂的操作集成在软件中，用户只需要简单地操作就可以完成复杂的优化工作。

魔方优化是新一代的优化工具软件，能够针对 Windows 系列产品进行优化工作，它支持最新的 Windows7 操作系统，是世界首批通过微软官方 Windows7 徽标认证的系统软件，其功能全面覆盖优化、美化、清理、修复四大方面，是具有较高执行效率的综合型系统优化工具。

尽管功能强大，但魔方优化的操作却非常简单，首先，它采用优化向导的形式来引导用户进行初步设置，如图 A8.38 所示。设置选项也很简单直白，即使没有丰富的专业知识也可以做出正确的设定。

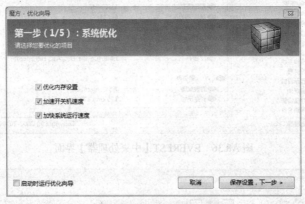

图 A8.38　魔方优化向导

向导完成后，就进入魔方优化的主界面，如图 A8.39 所示。在主界面中，可以看到魔方优化的几大功能模块，由于其主要功能仍然是针对系统的优化和维护，我们选择其中的清理模块和优化模块进行说明。

单击【清理】按钮，进入清理功能模块，清理模块有很多分类，可以对不同类型的垃圾文件进行清理，如果是对操作系统不熟悉的初级用户，则可以选择【一键清理】选项，如图 A8.40 所示。

单击【开始扫描】按钮，软件开始对系统内的垃圾文件进行扫描，扫描结果见图 A8.41，单击【清理】按钮，即可完成对系统垃圾的清理工作。需要注意的是，系统文件的清理需要谨慎，以避免因删除重要文件而造成系统瘫痪。

图 A8.39　魔方优化主界面

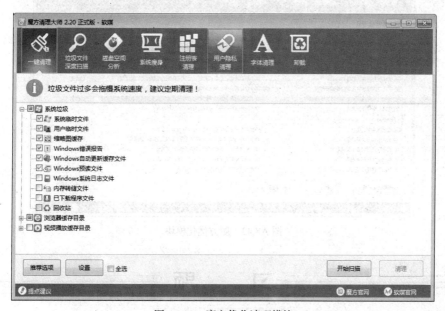

图 A8.40　魔方优化清理模块

在图 A8.39 所示的主界面中单击【优化设置】按钮，可以进入优化功能模块，如图 A8.42 所示。同样，优化功能模块下也有各种类别的优化模块，我们仍然选择【一键优化】功能。

在开始优化之前，可以对优化的项目进行选择，安全起见建议使用【推荐优化设置】功能。设置完成后，单击【开始优化】按钮，进入优化过程，当弹出【优化成功】的对话框时，系统的优化工作结束。

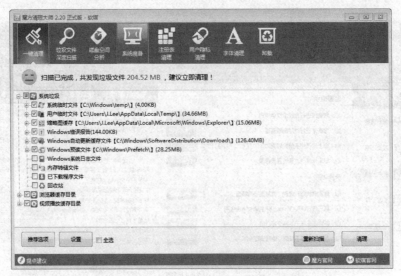

图 A8.41　魔方优化扫描结果

图 A8.42　魔方优化模块

习　　题

实操题

1. 使用 WinRAR 进行文件的压缩解压缩操作，并设置压缩文件的密码。
2. 使用 EasyRecovery 对存储设备进行误删除恢复操作，注意体会几种扫描方式的区别。
3. 使用 Ghost 对某一分区进行备份还原操作。
4. 为计算机安装虚拟光驱，使用虚拟光驱读取光盘镜像文件。
5. 使用多媒体文件格式转换工具对多媒体文件格式进行转换。
6. 使用系统优化软件对操作系统进行优化，并使用 EVEREST 查看系统信息并测试性能。

21世纪高等学校计算机规划教材

21st Century University Planned Textbooks of Computer Science

计算机应用基础

（Windows 7＋Office 2010）第2版 下册

Computer Application

贾昌传 主编

申海杰 王大力 李继 曹强 副主编

周延波 主审

高校系列

人民邮电出版社

北 京

21世纪高等学校计算机规划教材

21st Century University Planned Textbooks of Computer Science

计算机应用基础

（Windows 7+Office 2010）（第2版 下册）

Computer Application

贾昌传 主编

申顺杰 王大力 李超 曹强 副主编

阎西立 主审

人民邮电出版社

北京

单元一
操作系统实训

实训一　设置家庭网络

一、实训目的

创建一个家庭组，通过家庭组实现局域网内文件和打印机的共享。

二、知识准备

家庭组是家庭网络上可以共享文件和打印机的一组计算机。使用家庭组可以使共享变得比较简单。你可以与家庭组中的其他人共享图片、音乐、视频、文档和打印机。其他人不能更改你共享的文件，除非你为他们提供了执行此操作的权限。你可以使用密码帮助保护你的家庭组，并且可以随时更改密码。加入家庭组的计算机都要在同一网络内而且都必须使用 Windows 7 操作系统而且需将网络环境类型设置为家庭网络。

注意　所有版本的 Windows 7 都可以加入家庭组，但家庭版的 Windows 7 不能创建家庭组。

三、实训步骤

（1）首先需要设置网络类型为【家庭网络】，单击【任务栏】右侧的网络连接图标，选择【打开网络和共享中心】命令，如图 B1.1.1 所示。

（2）在弹出的【网络和共享中心】窗口中找到当前的活动网络——"网络2"，单击其下面的【公共网络】链接，如图 B1.1.2 所示。

图 B1.1.1　打开网络和共享中心

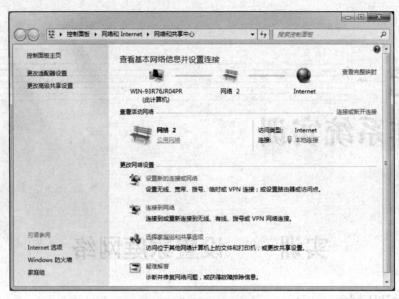

图 B1.1.2　网络和共享中心

（3）在弹出的【设置网络位置】窗口中将网络类型选为【家庭网络】，如图 B1.1.3 所示。

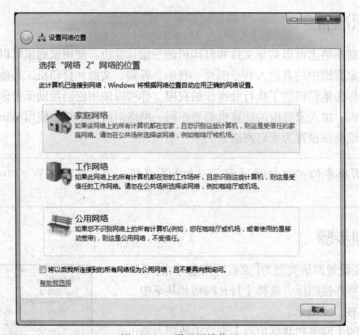

图 B1.1.3　设置网络位置

（3）完成设置后，回到【网络和共享中心】窗口，当前的活动网络——"网络 2"下面的网络类型已经设置为【家庭网络】，如图 B1.1.4 所示。

（4）开始创建家庭网络，需要注意的是，所有版本的 Windows 7 都可以创建家庭组，但家庭版的 Windows 7 不能创建家庭组。在非家庭版的 Windows 7 系统中，打开【控制面板】选择【网络和 Internet】链接，再选择【家庭组】链接，打开【家庭组】窗口，如图 B1.1.5 所示。

（5）单击最下面的【创建家庭组】按钮，弹出【创建家庭组】向导，如图 B1.1.6 所示。

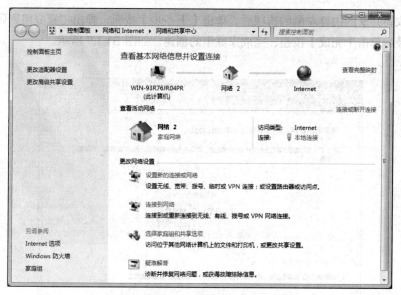

图 B1.1.4 网络和共享中心

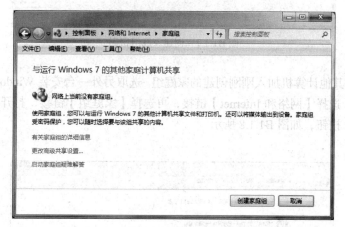

图 B1.1.5 家庭组

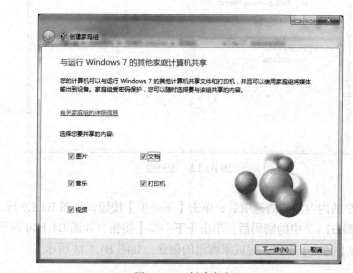

图 B1.1.6 创建家庭组

（6）选取要共享的内容左侧的选项后，单击【下一步】按钮，弹出"家庭组密码"将其记录下来备用，最后单击【完成】按钮，完成家庭组的创建，如图 B1.1.7 所示。

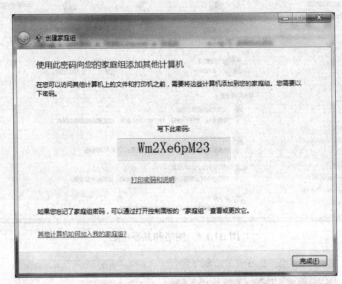

图 B1.1.7　创建家庭组密码

（7）接下来将其他计算机加入刚刚创建的家庭组。选取另外一台安装 Windows 7 系统的电脑，打开【控制面板】选择【网络和 Internet】链接，再选择【家庭组】链接，打开【家庭组】窗口，单击【立即加入】按钮，如图 B1.1.8 所示。

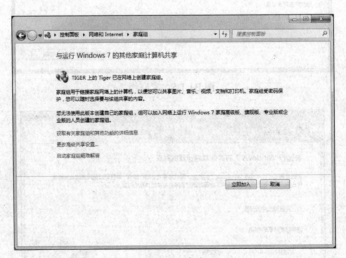

图 B1.1.8　家庭组

（8）选取要共享的内容左侧的选项后，单击【下一步】按钮，如图 B1.1.9 所示。

（9）输入前面图 B1.1.7 中的密码后，单击【下一步】按钮，如图 B1.1.10 所示。

（10）最后单击【完成】按钮，完成家庭组的创建，如图 B1.1.11 所示。

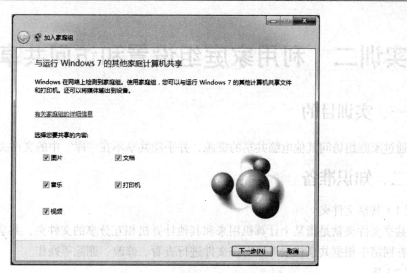

图 B1.1.9　共享选项

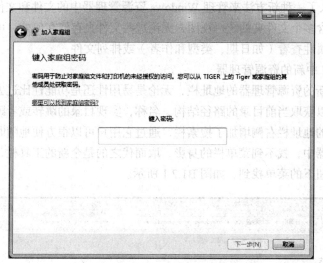

图 B1.1.10　提供家庭组密码

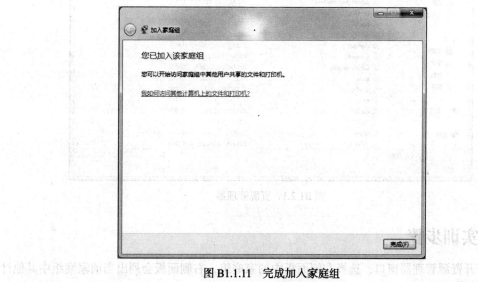

图 B1.1.11　完成加入家庭组

实训二　利用家庭组设置和访问共享文件夹

一、实训目的

通过家庭组访问其他电脑共享的资源，并手动共享不在"库"中的文件夹。

二、知识准备

（1）共享文件夹

共享文件夹就是指某个计算机用来和其他计算机相互分享的文件夹，共享文件夹里的文件，对方在网络中根据共享权限可以对该文件进行查看、修改、删除等操作。

（2）库

Windows 7引入了一种新方法来管理Windows资源管理器中的文件和文件夹，这种方法称为库。库可以提供包含多个文件夹的统一视图，无论这些文件夹存储在何处。可以在该文件夹中浏览文件，也可以按属性查看（如日期、类型和作者）或排列文件。

（3）Windows 7中新的资源管理器

Windows 7中新的资源管理器的地址栏，无论是易用性还是功能性比过去都更加强大。通过全新的地址栏，可以获取当前目录的路径结构、名称，实现目录的跳转或者跨越跳转操作；而且在新的资源管理器的地址栏右侧增加了搜索栏，通过它用户可以很方便地随时进行文件查找；另外在新的资源管理器中，找不到菜单栏的身影，取而代之的是全新的工具栏，常用的命令都可以通过工具栏组织按钮下的菜单找到，如图B1.2.1所示。

图B1.2.1　资源管理器

三、实训步骤

（1）打开资源管理器窗口，选择左侧面板中的家庭组，右侧面板会列出当前家庭组中其他计算机的信息，每个家庭组中的计算机默认自动通过家庭组共享了它"库"中的资源，即"视频""图片""文档""音乐"等，如图 B1.2.2 所示。

图 B1.2.2 访问家庭组

（2）选中其中一台计算机后打开其上面的"文档库"，列出其"文档库"中的内容，如图 B1.2.3 所示。

图 B1.2.3 访问共享的文档库

（3）对于不在"库"中的文件夹如需进行共享，可以在其图标上面右击然后在弹出的菜单中选择【共享（H）】命令，最后根据具体需要，在弹出的子菜单中选择【家庭组（读取）】或者【家庭组（读取/写入）】，完成共享，如图 B1.2.4 所示。

（4）在另外一台计算机上可以看到我们刚刚共享的"学习资料"文件夹，如图 B1.2.5 所示。

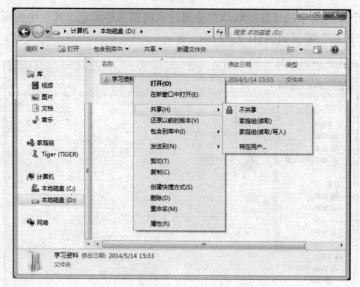

图 B1.2.4　设置共享

图 B1.2.5　访问共享

实训三　实现和 Windows XP 系统的共享

一、实训目的

默认情况下 Windows 7 系统可以访问 Windows XP 系统的共享资源，但是 Windows XP 系统访问不了 Windows 7 系统的共享资源，需要进行特别的设置。

Windows 7 和 Windows XP 必须处于同一个工作组，比如 WORKGROUP，如工作组不同则需要先更改为相同的工作组名称。

二、实训步骤

（1）单击【开始】按钮，打开【开始】菜单，在右侧的【计算机】上右击，在弹出的菜单中选择【属性】，如图 B1.3.1 所示。

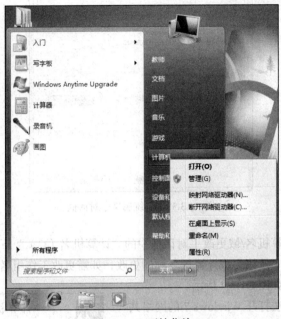

图 B1.3.1 开始菜单

（2）在弹出的【系统】属性窗口中可以看到当前的计算机名称和工作组名称，单击右侧的【更改设置】链接，如图 B1.3.2 所示。

图 B1.3.2 系统属性窗口

（3）在弹出的【系统属性】对话框中单击【更改（C）...】按钮，如图 B1.3.3 所示。

图 B1.3.3 【系统属性】对话框

（4）在弹出的【计算机名/域更改】对话框中的"计算机名（C）"下面文本框中输入新的计算机名称，单击【确定】按钮完成计算机名称的更改，如需更改工作组名称可在下面的文本框中输入新的工作组名称，如图 B1.3.4 所示。

（5）参考前面的方法打开 Windows 7 的网络共享中心，单击左侧的【更改高级共享设置】链接，如图 B1.3.5 所示。

 计算机名称和工作组名称修改后需要重启系统生效。

图 B1.3.4 【计算机名/域更改】对话框

图 B1.3.5 网络共享中心

（6）在弹出的【高级共享设置】窗口中，确保选中【关闭密码保护共享】，单击【保存修改】按钮完成设置，如图 B1.3.6 所示。

（7）参考前面的方法打开【控制面板】中的【管理账户】窗口，单击【Guest】按钮，如图 B1.3.7 所示。

（8）在弹出的【启用来宾账户】窗口中单击【启用】按钮完成来宾账户的启用，如图 B1.3.8 所示。

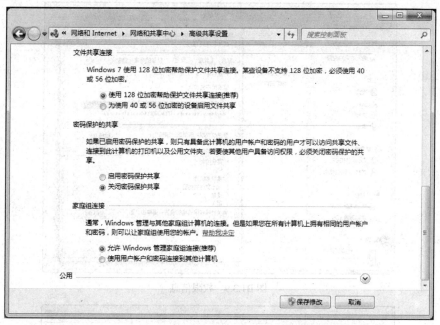

图 B1.3.6 高级共享设置

图 B1.3.7 管理账户

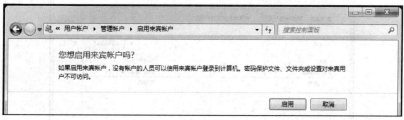

图 B1.3.8 启用来宾账户

（9）右击要共享的文件夹"教师文件夹"，在出现的菜单中选择【属性】，然后在出现的【属性】对话框中选择【安全】选项卡，检查 Guest 用户对此文件夹有无访问权限，如无则进行添加，如图 B1.3.9 所示。

（10）在要共享的文件夹"教师文件夹"上面右击然后在弹出的菜单中选择【共享（H）】命令，最后在弹出的子菜单中选择【特定用户…】，如图 B1.3.10 所示。

（11）在弹出的【文件共享】对话框中的下拉列表中选中【Guest】，接着单击右边的【添加（A）】按钮，然后单击下面的【共享（H）】按钮，如图 B1.3.11 所示。

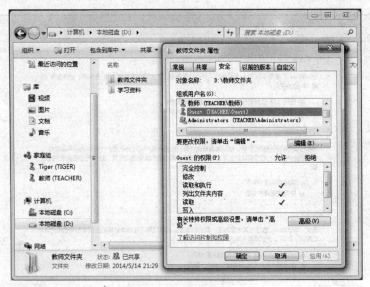

图 B1.3.9　权限信息

图 B1.3.10　特定用户共享

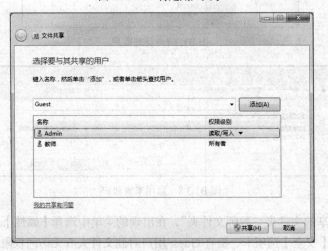

图 B1.3.11　添加 Guest 用户

（12）在弹出的对话框中单击下面的【完成（D）】按钮，完成共享设置，如图 B1.3.12 所示。

（13）最后在运行 Windows XP 系统的计算机上，打开【网上邻居】，单击左侧的【查看工作组计算机】链接，右边窗口中可以看到运行 Windows 7 系统的计算机，双击打开后可以看到刚才共享的内容，证明共享设置正确，如图 B1.3.13 所示。

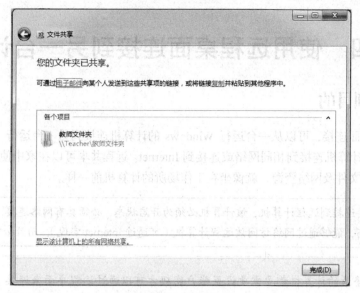

图 B1.3.12　完成共享

图 B1.3.13　测试共享

实训四　使用远程桌面连接到另一台计算机

一、实训目的

使用远程桌面连接，可以从一台运行 Windows 的计算机连接到另一台运行 Windows 的计算机，条件是两台计算机连接到相同网络或连接到 Internet。远程共享可以在家中使用工作场所计算机的所有程序、文件及网络资源，就像坐在工作场所的计算机前一样。

 若要连接到远程计算机，该计算机必须为开启状态，必须具有网络连接，远程桌面必须为启用状态，能够通过网络访问该远程计算机（可通过 Internet 实现），而且必须具有连接权限。

 被登录的计算机都要需要设置账户密码才可以通过远程桌面来连接。

二、实训步骤

（1）首先，我们要在被连接的计算机上进行设置。使用鼠标右击【计算机】图标，选择【属性】，如图 B1.4.1 所示。

（2）在打开的【系统】窗口，如图 B1.4.2 所示。单击【远程设置】按钮，在弹出【系统属性】窗口中选择【远程】选项卡，选择【允许运行任意版本远程桌面的计算机连接】。如图 B1.4.3 所示。

（3）下一步，给这台被登录的计算机设置账户密码。单击【开始】菜单，选择【控制面板】命令，弹出【控制面板】窗口，如图 B1.4.4 所示。

（4）单击【用户账户和家庭安全】按钮，在【用户账户和家庭安全】窗口中，如图 B1.4.5 所示，单击【用户账户】按钮，弹出【管理账户】窗口，如图 B1.4.6 所示。

图 B1.4.1　计算机属性按钮

图 B1.4.2　系统窗口

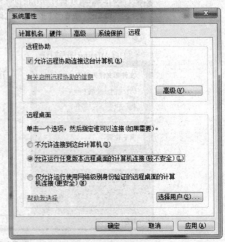

图 B1.4.3　系统属性窗口

图 B1.4.4 控制面板窗口

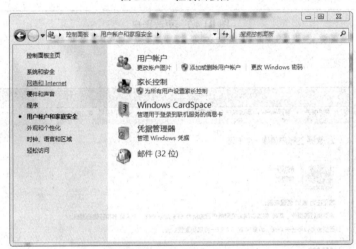

图 B1.4.5 用户账户和家庭安全

图 B1.4.6 管理账户

（5）单击【教师】账户，弹出【更改账户】窗口，如图 B1.4.7 所示，选择【创建密码】选项，如图 B1.4.8 所示，输入密码，为防止遗忘密码，再输入一个密码提示，单击【创建密码】按钮，完成密码设置。

图 B1.4.7　更改账户

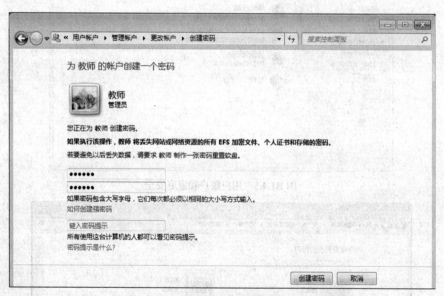

图 B1.4.8　创建密码

（6）查看计算机 IP 地址。依次打开【控制面板】|【网络和 Internet】|【网络和共享中心】打开【网络和共享中心】窗口，如图 B1.4.9 所示，单击【本地连接】按钮，弹出【本地连接状态】窗口，如图 B1.4.10 所示，在该窗口中单击【详细信息（E）…】按钮，弹出【网络连接详细信息】窗口，在该窗口中可查询到被连接计算机的 IP 信息，如图 B1.4.11 所示。

（7）前面几步设置好之后，回到另外一台计算机上，单击左下角的【开始】图标，在弹出的开始菜单中选择【所有程序】，如图 B1.4.12 所示，然后选择【附件】，在打开的附件菜单中单击【远程桌面连接】按钮，如图 B1.4.13 所示。

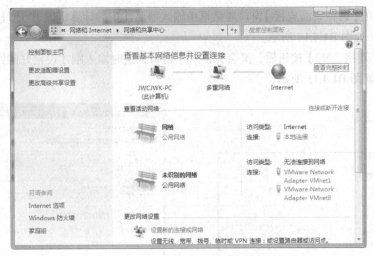

图 B1.4.9　网络和共享中心窗口

图 B1.4.10　本地连接状态窗口

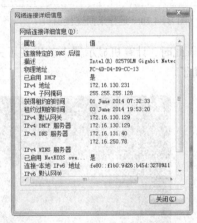

图 B1.4.11　网络连接详细信息窗口

图 B1.4.12　开始菜单

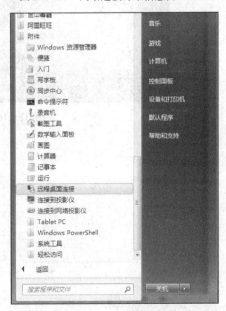

图 B1.4.13　远程桌面连接按钮

（8）在弹出的【远程桌面连接】窗口对话框中输入需要连接的计算机的 IP 地址，然后单击【连接（N）】按钮，如图 B1.4.14 所示。

（9）单击【连接（N）】按钮后，又会弹出一个窗口，这时输入刚才设定好的账户密码，单击【确定】按钮，如图 B1.4.15 所示。

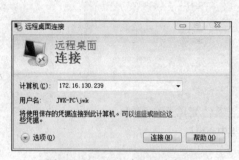

图 B1.4.14　远程桌面连接窗口

图 B1.4.15　被连接计算机 Windows 安全窗口

（10）此时，计算机显示器上就出现了另外一台计算机的桌面，如图 B1.4.16 所示，远程桌面连接成功了。

图 B1.4.16　被连接计算机桌面

单元二
文字处理软件实训

实训一　制作精美的宣传页

一、实训目的

通过本次实训，学生可以系统地掌握 Word 2010 的创建、页面设置、文字格式的设置、图片及形状的插入、表格的绘制以及其他格式的转换等，还可以掌握 Word 2010 的基本操作方法。

制作效果如图 B2.1.1、B2.1.2 所示。

地球一小时相关知识

过量二氧化碳排放导致的气候变化目前已经极大地威胁到地球上人类的生存，我们只有通过改变全球民众对于二氧化碳排放的态度，才能减轻这一威胁对我们造成的影响。

● 为什么只为地球做出一个环保改变？

心理学家丹·艾瑞里（Dan Ariely）的研究表明，给人们提供的选择过多，往往会导致失败。我们号召个人、企业和政府做出一个环保改变，当然他们也可以走得更远，做其他更多的环保行动。

● "地球一小时"活动何时开展？

"地球一小时"活动定在每年 3 月的最后一个星期六，一般会在春分前后，那时世界各地的昼夜基本等长。

● "地球一小时"活动的发展历程？

发展规模迅速扩大，参与地区不断增多：

年份	国家数量	城市数量
2007	1（澳大利亚）	1（悉尼）
2008	35	371
2009	88	4000 多（首次来到中国）
2010	128	4616（其中 33 座中国城市）
2011	135	5252

中国：

政府：86 座注册城市，其中包括香港和澳门；

企业：7600 多个注册企业；

个人：由 WWF 和市场研究机构益普索（Ipsos）联合开展的一项网络调查显示，78%的一线到三线城市网民知道"为地球做一个环保改变"的理念，61%的网民承诺了一个环保改变，41%的网民实施了他们的一个环保改变。

● "地球一小时"本身的内涵也在不断变化发展：

阶段 1："关灯"

2009 至 2010 年间，"地球一小时"在中国是一个提高民众环保意识的活动，当时，"地球一小时"的目标是号召个人、企业和政府在活动当天关灯一小时，意在他们支持环境保护。人人关灯，参与环保行动，以此提高他们的环保意识。

阶段 2："一个环保改变"

众所周知，仅仅有环保意识和采取实际的环保行动并对世界产生的真实影响是不同的，WWF 原本希望，随着人们的环保意识增强，大家能够做出环保改变，保护我们的地球，许多人做到了，但很多人仍然没有行动。

因此，在 2011 年 WWF 正式改变了"地球一小时"的目标，使其成为一场为环保做出实际改变的活动。现在我们的目标就是动员每一个人为地球做出一个环保改变。

关上灯，做出一个环保改变，动员你身边的其他人也加入环保行列，现在就开始行动吧。

图 B2.1.1　内容页效果

图 B2.1.2　宣传页正面效果

二、实训内容

步骤 1：创建一个 Word 文档

步骤 2：页面设置

步骤 3：文字录入及文字格式设置

步骤 4：分栏

步骤 5：插入表格及调整

步骤 6：插入图片及调整

步骤 7：插入形状及调整

步骤 8：页面颜色的设置

步骤 9：插入文本框及调整并添加文字

步骤 10：插入艺术字及调整

步骤 11：转换成 PDF 格式

三、实训步骤

步骤 1：创建一个 Word 文档

单击【开始】按钮，在【开始】菜单中单击【所有程序】|【Microsoft Office】，然后单击【Microsoft Word 2010】。显示启动画面后，启动 Word。此时 Word 2010 会自动新建 1 个名叫"文档 1"的文档，如果对新建的空白文档不满意，可以在【可用模板】下，选择计算机上的可用模板，此时我们用空白文档即可。

虽然 Word 2010 提供了自动保存功能，如果关闭了文件而未保存，系统将会临时保留文件的某一版本，以便用户再次打开文件时进行恢复。但 Word 2010 默认情况下每隔 10 分钟才自动保存一次，如果突然发生断电等情况而未及时保存的话，最近几分钟的操作就需要重新做一遍，因此要养成每做完一小段工作保存一次的良好习惯。单击快速访问栏中的【保存（S）】按钮即可保存文档。此时对于此文档属于首次单击【保存（S）】按钮，会弹出【另存为】对话框，在【保存位置】中，选择常用来工作的位置，例如"D 盘\文档"；在【文件名】框中更改名称为"宣传页"，单击【保存】按钮，完成文件的重命名及保存。当对文档操作后再次单击【保存（S）】按钮，系统会默认按原来的文件名保存在原来的存储位置。

如果在"D盘\文档"文件夹下右击鼠标，在弹出的快捷菜单中选择【新建】‖【Microsoft Word文档】，在这个文件夹下就会出现一个Word文档，并以高亮度提示命名，我们命名成"宣传页"，然后双击该Word文档可以打开吗？如果打开了，和上面提及的办法是否效果一样？用该办法创建的文档单击快速访问栏中的【保存（S）】按钮，会弹出【另存为】对话框吗？

步骤2：页面设置

（1）设置页边距。打开【页面布局】选项卡，单击【页边距】下拉列表，选择【自定义边距】选项，弹出【页面设置】对话框，打开【页边距】选项卡。在该选项卡中的【页边距】选区中的【上】【下】【左】【右】微调框中分别输入页边距2cm；【装订线】和【装订线位置】处选默认，单击【确定】按钮。

（2）设置纸张方向。打开【页面布局】选项卡，单击【纸张方向】下拉列表，选择【横向】选项，将纸张设置成横向的。

（3）设置纸张大小。打开【页面布局】选项卡，单击【纸张大小】下拉列表，选择【A4】，设置好一张A4大小的纸张。

步骤3：文字录入及文字格式设置

文字的录入不再讲述。下面介绍文字格式的设置。

（1）标题的设置。选择"地球一小时相关知识"，在【开始】选项卡中的【字体】组中设置文字的字体为"宋体"，字号为"小二"，字体为加粗；在【段落】组中设置为"居中"。

（2）内容的设置。选择内容部分第一段，在【开始】选项卡中的【字体】组中设置文字的字体为"仿宋_GB2312"，字体为"小四"；单击【段落】组的右下角的【段落】对话框启动器，可调出【段落】对话框，将【缩进和间距】选项卡里的【缩进】下的【特殊格式】设置为"首行缩进"，【磅值】设置为"2字符"，单击【确定】按钮，完成第一段的格式设置。

选择第一段后，在【开始】选项卡下的【剪贴板】组中单击【格式刷】按钮，此时鼠标指针移到页面编辑区时会变成一个画笔图标，然后选择其他内容段落，其他内容段落自动设置成和第一段一致的格式。

步骤4：分栏

由于纸张是横向的，所以文章从左一直写到右看起来不是很美观，不符合人们的阅读习惯。如图B2.1.3所示。分栏功能会使整个文章分为左右两个部分显示。在【页面布局】选项卡中【页面设置】组中选择【分栏】按钮，在弹出的下拉菜单中选择【两栏】，如图B2.1.4所示。将一张纸一分为二，分为左右两个部分，看起来是不是美观了？

步骤5：插入表格及调整

在文字"发展规模迅速扩大，参与地区不断增多："下增加如下表格。

在【插入】选项卡的【表格】组中，单击【表格】，然后在【插入表格】下，拖曳鼠标以选择6行和3列。并在对应的表格中输入上表的内容。此时表格按默认的格式设置，

年份	国家数量	城市数量
2007	1（澳大利亚）	1（悉尼）
2008	35	371
2009	88	4000多（首次来到中国）
2010	128	4616（其中33座中国城市）
2011	135	5252

一般情况下会是：表格中的内容对齐方式为“左上对齐”，而且每列的宽度也是一致的。为了让表格更加美观，需调整表格。

地球一小时相关知识

过量二氧化碳排放导致的气候变化目前已经极大地威胁到地球上人类的生存。我们只有通过改变全球民众对于二氧化碳排放的态度，才能减轻这一威胁对我们造成的影响。

● 为什么只为地球做出一个环保改变？

心理学家丹·艾瑞里（Dan Ariely）的研究表明，给人们提供的选择过多，往往会导致失败。我们号召个人、企业和政府做出一个环保改变，当然他们也可以走得更远，做其他更多的环保行动。

●“地球一小时”活动何时开展？

“地球一小时”活动定在每年 3 月的最后一个星期六。一般会在春分前后，那时世界各地的昼夜基本等长。

●“地球一小时”活动的发展历程？

发展规模迅速扩大，参与地区不断增多：

中国：

政府：86 座注册城市，其中包括香港和澳门；

企业：7600 多个注册企业；

个人：由 WWF 和市场研究机构益普索（Ipsos）联合开展的一项网络调查显示，78%的一线到三线城市网民知道“为地球做一个环保改变”的理念，61%的网民承诺了一个环保改变，41%的网民实施了他们的一个环保改变。

●“地球一小时”本身的内涵也在不断变化发展：

阶段 1：“关灯”

2009 至 2010 年间，“地球一小时”在中国是一个提高民众环保意识的活动。当时，“地球一小时”的目标是号召个人、企业和政府在活动当天关灯一小时，象征他们支持环境保护。人人关灯，参与环保行动，以此提高他们的环保意识。

阶段 2：“一个环保改变”

众所周知，仅仅有环保意识和采取实际的环保行动并对世界产生的真实影响是不同的。WWF 原本希望，随着人们的环保意识增强，大家能够做出环保改变，保护我们的地球。许多人做到了，但很多人仍然没有行动。

因此，在 2011 年 WWF 正式改变了“地球一小时”的目标，使其成为一场为环保做出实际改变的活动。现在我们的目标就是动员每一个人为地球做出一个环保改变，使世界变得更加美好。

关上灯，做出一个环保改变，动员你身边的其他人也加入环保行列，现在就开始行动吧。

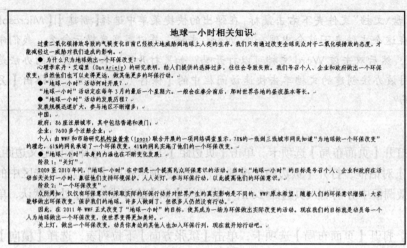

图 B2.1.3　未分栏前效果

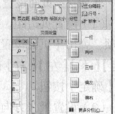

图 B2.1.4　分栏按钮

（1）调整列宽。将鼠标指针移到需要调整列宽的竖线上，当鼠标指针变成⫲时，按住鼠标左键，出现一条垂直的虚线表示改变列的大小，再按住鼠标左键向左或向右拖动，即可改变表格列宽，将列宽调整到合适的大小。

（2）设置单元格对齐方式。选中整个表格，右击弹出快捷菜单，选择【单元格对齐方式】，弹出 9 种对齐方式，此时我们选择【水平居中】。如图 B2.1.5 所示。

图 B2.1.5　单元格水平垂直居中对齐

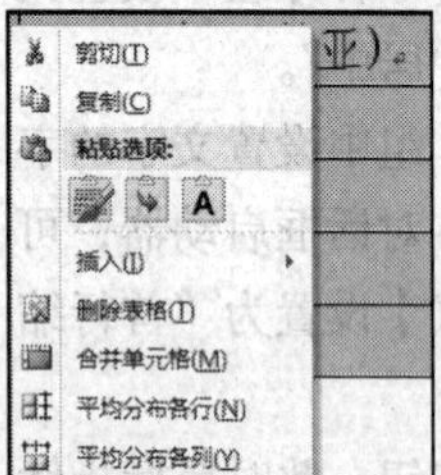

（3）设置表格对齐方式，选中整个表格，在【开始】选项卡中的【段落】组中单击【居中】按钮，使表格居中。

步骤 6：插入图片及调整

此时整个宣传页略显单调，我们还要为其添加图片。

（1）插入图片。复制对象图片，在文档中需要插入图片的位置粘贴图片。

（2）设置文字环绕样式。默认情况下，Word 插入图片以嵌入型方式排列，图片被嵌入到文档中，和文本是对齐的，且无法自由移动该照片。右击图片，在快捷菜单里选择【自动换行】，弹出调整文字环绕方式的快捷窗口，选择【四周型环绕】，此时图片可以移动到文档中的任何位置。

（3）调整图片大小。选中文档中的图片。当鼠标移动到图片上时，鼠标指针变为✥，单击它时，其边缘会显示 4 个空心圆圈和 4 个空心正方形，这些称为“尺寸控点”，这表示图片被选中，是可编辑状态。当鼠标移动到小圆圈上时指针变为⤢或⤡，当鼠标移动到小方框上时指针变为↕或↔。可以通过拖动这些“尺寸控点”来更改图片的大小。当指针变为⤢或⤡时拖动鼠标，图片被锁定为成比例变大或缩小；当指针变为↕时拖动鼠标，可调整图片的高；当指针变为↔时拖动鼠标，可调整图片的宽。根据需要调整好图片的大小。

（4）移动位置。当图片的环绕方式为非嵌入式时，可以移动图片的位置。单击图片，鼠标指针变为✥，用鼠标拖动即可移动图片的位置。此时效果如图 B2.1.6 所示。

内容页到此就完成了。现在制作宣传页正面，在正文的结尾处敲回车键，直至文档出现第二页。

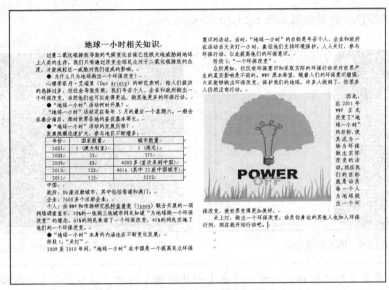

图 B2.1.6　未加页面背景的效果

 此时单击【页面布局】选项卡【页面设置】组中的【分隔符】中的【下一页】按钮产生下一页可以吗?

重复上面的步骤插入第二张图。

（5）图片样式设置。选择【图片工具】选项卡中的【格式】，在【图片样式】设置组中可以设置图片的显示样式，如图 B2.1.7 所示。此时宣传页正面效果如图 B2.1.8 所示。

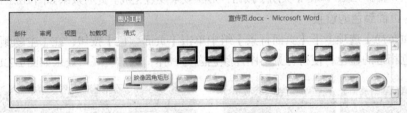

图 B2.1.7　图片样式设置组

步骤 7：插入形状及调整

（1）添加形状。在【插入】选项卡上的【插图】组中，单击【形状】，在弹出的形状集中选择所需形状，接着单击文档的任意位置，然后拖动鼠标以放置形状。效果如图 B2.1.9 所示。

（2）利用线条控制点调整形状的边角位置。选中黄色菱形的【线条控制点】并拖动鼠标，调整形状的边角，直到和左边图片的边角差不多为止。

（3）形状颜色的设置。此时形状的颜色与左边图片差别比较大，为了更加美观，需要对形状进行颜色设置。在【绘图工具】下的【格式】选项卡上的【形状样式】组中，单击【形状填充】

图 B2.1.8　设置好的图片样式

按钮，在【主题颜色】中选择与左图相近的颜色；单击【形状轮廓】按钮，在【主题颜色】中选择与左图相近的颜色。此时效果如图 B2.1.10 所示。

图 B2.1.9　插入形状效果

图 B2.1.10　形状调整及填充颜色后效果

　　　　如果设置形状轮廓颜色时，单击【形状轮廓】按钮，在下拉菜单中选择【无轮廓】，效果是否与上边一致？

（4）形状效果的设置。此时形状下边的映像与左边图片效果不一致，为了更加美观，需要对形状进行效果设置。在【绘图工具】下的【格式】选项卡上的【形状样式】组中，单击【形状效果】按钮，在下拉菜单中选择【映像】，在弹出的菜单中选择与左图相近的【紧密映像】。此时形状看起来与左图的映像颜色不一致，需进一步设置。单击【形状效果】按钮，在下拉菜单中选择【映像】，在弹出的菜单中选择【设置形状格式】按钮，弹出【设置形状格式】窗口，将【透明度】调成60%时，右边形状的映像与左图基本一致，单击【关闭】按钮，形状效果设置完成。此时效果如图 B2.1.11 所示。

步骤 8：页面颜色的设置

在【页面布局】选项卡下【页面背景】组中单击【页面颜色】按钮，在【主题颜色】中选择与正面图颜色相近的蓝色，使得背景与图片颜色融为一体，更加美观。效果如图 B2.1.12 所示。

图 B2.1.11　添加映像后效果

图 B2.1.12　添加页面颜色后效果

步骤 9：插入文本框及调整并添加文字

（1）插入文本框。在【插入】选项卡下【文本】组中选择【文本框】按钮，在下拉菜单中选择【简单文本框】，如图 B2.1.13 所示。此时弹出一个文本框。

（2）设置文本框。在【绘图工具】下的【格式】选项卡上的【形状样式】组中，单击【形状填充】按钮，在下拉菜单中选择【无填充颜色】；单击【形状轮廓】按钮，在【主题颜色】中选择

【无轮廓】。效果如图 B2.1.14 所示。

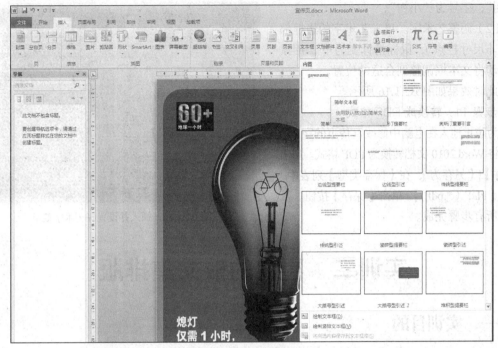

图 B2.1.13 简单文本框按钮

（3）文字设置。在提示输入文字的位置，输入："一个人的力量能带来改变，当我们所有人聚合起来时，我们改变的将是整个世界。我们只有一个地球，如果我们不去关心，就没有人能拯救我们。我们将在 3 月 31 日 20:30—21:30 关灯一小时，除此之外，我们将以自己的方式呼吁所有人低碳生活，为减少碳排放做出实际贡献。"并将字体设置为"黑体"，字号设置为"三号"，字体颜色设置为"白色"；设置段落格式【首行缩进】为"2 字符"。

（4）调整文本框大小和位置。单击文本框的边框部分（非尺寸控点），鼠标指针变为✛，用鼠标拖动将文本框调整到合适的位置。通过"尺寸控点"调整文本框的大小。

此时效果如图 B2.1.15 所示。

图 B2.1.14 将形状轮廓设置为"无轮廓"后效果

图 B2.1.15 文本框内文字设置好后的效果

步骤 10：插入艺术字及调整

（1）插入艺术字。在【插入】选项卡上的【文本】组中，单击【艺术字】按钮，在样式库中选择需要的艺术字样式，将【请在此放置您的文字】更改为"关注地球"，并设置字体为"黑体""加粗"，字号为"小初"。

（2）调整艺术字。单击艺术字的边框部分（非尺寸控点），鼠标指针变为✢，用鼠标拖动将文本框调整到合适的位置。

此时效果如图 B2.1.16 所示。

步骤 11：转换成 PDF 格式

为防止他人在电脑中修改宣传页的字体。可以将 Word 2010 文档转换为 PDF 格式。单击【文件】|【另存为】，在【保存类型】列表中，单击【PDF（*.pdf）】，单击【保存】按钮。

所有步骤完成。

图 B2.1.16　插入并设置好艺术字效果

实训二　喜欢的散文集排版

一、实训目的

通过本次实训，学生可以系统地掌握 Word 2010 格式的清除、标题样式和层次的设置、页眉页脚的设置、自动生成目录及页码设置等操作方法。

二、实训内容

步骤 1：在网络中搜索喜欢的散文并复制到 Word 2010 文档中

步骤 2：清除格式

步骤 3：文字格式设置及标题样式和层次设置

步骤 4：制作页眉与页脚

步骤 5：生成目录

步骤 6：制作封面

三、实训步骤

步骤 1：在网络中搜索喜欢的散文并复制到 Word 2010 文档中

大家经常利用网络资源编辑文本，首先我们就从百度中搜索出朱自清的《背影》《荷塘月色》《你我》三篇散文，并用快捷键的形式（Ctrl+V）复制到建好的 Word 2010 文档中，此时会发现将一些网络格式也复制到了文档中，包括表格、手动换行符、空格、没有用的图片、超级链接等情况。

步骤 2：清除格式

（1）清除格式按钮。若要清除文档中的所有样式、段落设置、文本效果和字体格式，请执行下列操作：选择要清除其格式的文本。在【开始】选项卡上的【字体】组中，单击【清除格式】按钮。但此操作并不能去掉表格、手动换行符、空格、图片、超级链接等格式。

（2）手动换行符的清除。在【开始】选项卡【编辑】组中选择【替换】按钮，弹出【查找和替换】窗口，单击【更多】按钮，在查找内容中选择【特殊字符】中的"手动换行符"，在替换栏中选择输入【特殊字符】中的"段落标记"，单击【全部替换】按钮，完成替换。

（3）空格的清除。在【开始】选项卡【编辑】组中选择【替换】按钮，弹出【查找和替换】窗口，单击【更多】按钮，在查找内容中输入空格" "，在替换栏中不输入任何字符，将【区分半全角】前的选项去掉，单击【全部替换】按钮，完成替换。

（4）图片的清除。在【开始】选项卡【编辑】组中选择【替换】按钮，弹出【查找和替换】窗口，单击【更多】按钮，在查找内容中选择【特殊字符】中的"图形"，在替换栏中不输入任何字符，单击【全部替换】按钮，完成替换。

（5）超级链接的清除。选择要清除其格式的文本。按组合键 Ctrl+Shift+F9，完成超级链接的清除。

（6）表格的清除。将鼠标指针停留在表格上，表格左上角会显示表格移动图柄围，单击表格移动图柄，可选择整张表格。然后剪切表格，在需要粘贴的位置右击，弹出快捷菜单，在【粘贴选项】中选择【只保留文本】，如图 B2.2.1 所示。此时不仅将表格中的文字直接复制到文档中，而且将图片和超级链接去掉、将手动换行符替换为段落标记，但格式并没有清除干净，文章中会含有空格、也会有文字格式及段落格式等，需进一步处理，重复运用上述步骤（1）和步骤（3）即可。

图 B2.2.1　只保留文本按钮

步骤 3：文字格式设置及标题样式和层次设置

文字格式设置不再讲述。每篇文章的正文部分，设置字号为"小三"，字体为"仿宋_GB2312"，设置段落格式【首行缩进】为"2 字符"，其余均按默认设置。

选择一篇文章的标题，单击【开始】选项卡【样式】组中的【标题 1】样式，这时所被选中的标题应用【标题 1】这种样式，显著的标记就是该段文字前有一个黑点（在打印或预览时不显示）。然后选择应用了【标题 1】样式的文章标题，进行字体和段落格式设置。字体设置为"黑体""二号""居中""加粗"。段落设置为【段落间距】段前段后均为"0 行"，【行距】设置为"单倍行距"。

用格式刷复制格式，再应用到其他标题中。

如有二级标题，执行上述同样的操作，选中所有二级标题，应用【标题 2】样式再进行字体和段落设置。

步骤 4：制作页眉与页脚

在此例中我们按照页脚用页码设置、页眉用文章名称设置，因为有三篇文章，所以页眉不同。

（1）要使页眉、页脚不同，必须用分隔符分节，此例中需用分隔符将不同的文章分开，使每篇文章都另起一页。在第二篇文章标题前单击，在【页面布局】选项卡上的【页面设置】组中，单击【分隔符】，在【分节符】下，单击【下一页】，第二篇文章便另起一页。同样用此法设置第三篇文章。

（2）制作页眉。把光标放在第一篇文章中，在【插入】选项卡上的【页眉和页脚】组中，单击【页眉】，在页眉库中选择【空白】，在提示的【键入文字】处要添加"背影"，单击【设计】选项卡上的【关闭页眉和页脚】，返回至文档正文。此时页眉都被设置成"背影"。

把光标指向第二篇文章，双击页眉区域，这将打开【页眉和页脚工具】选项卡，在【页眉和页脚工具】的【导航】组中，单击【链接到前一节】，取消默认的链接到前一节设置，并将"背影"改为"荷塘月色"。单击【关闭页眉和页脚】，返回至文档正文，此时已实现第一篇文章与第二篇文章页眉不同，都是自己的文章名称。

按照此法设置第三篇文章即完成页眉的制作。

去掉页眉下面的那条线

在编辑页眉之后，Word 往往会给页眉自动加上一条黑色的下划线，影响美观。其实去掉并不难，以下三种方法都能够轻松去除。

提示

方法一，选中页眉中的文字，在【开始】选项卡中【字体】组选择【清除格式】按钮即可；

方法二，选中页眉中的文字，在【开始】选项卡的【段落】边框下拉按钮中选择【无框线】；

方法三，页眉下面的黑线是由于默认的页眉样式造成的，所以还可以将设置好的页眉保存到页眉库，以后直接调用。

（3）制作页脚。在【插入】选项卡上的【页眉和页脚】组中，单击【页码】，在下拉菜单中选择【页面底端】，在弹出的菜单中滚动浏览库中的选项，选择页码格式为【普通数字2】。双击正文位置，返回至文档正文。

步骤5：生成目录

（1）在文章前插入空白页用来放目录。一般情况下，目录在正文的前边，而且目录不占用正文的页码（正文部分页码都是从第一页开始的），此时属页脚不同，须用分隔符分节。此例中需在正文前添加一空白页，在第一篇文章标题前单击，在【页面布局】选项卡上的【页面设置】组中，单击【分隔符】，在【分节符】下，单击【下一页】，此时在第一篇文章前就有一个空白页。此时空白页和第一段引用了第一篇文章的标题样式，可选中此段，执行清除格式。

（2）自动生成目录。将光标指向空白页中，选择【引用】选项卡上的【目录】，选择【自动目录】，即可在空白页中自动生成一个非常规整的目录，下面我们把其称之为目录页。

（3）此时可以看到目录页中的页码为1，第一篇文章第一页的页码为2，而且页眉和第一篇文章相同，目录中的背影也指向第2页。

把光标指向第一篇文章，双击页脚区域，这将打开【页眉和页脚工具】选项卡，在【页眉和页脚工具】的【导航】组中，单击【链接到前一节】，取消默认的链接到前一节设置，再单击【设置页码格式】，然后单击【起始编号】并输入起始数值，此例为"1"，双击正文部分返回正文。

双击目录页的页脚区域，将页脚中的"1"删除。

运用制作页眉的方法将目录页的页眉改为"目录"。

（4）更新目录。此例中目录中的页码应该发生变化，在目录上单击右键，选择【更新域】。

步骤6：制作封面

在【插入】选项卡上的【页】组中，单击【封面】，选择库中的封面布局。单击封面区域【标题】输入"喜欢的散文集"。

不管光标显示在文档中的什么位置，总是在文档的开始处插入封面。

所有步骤完成。

单元三
电子表格处理软件实训

实训一 2013年上半年日历

一、实训目的

本例制作2013年上半年日历，效果如图B3.1.1所示。

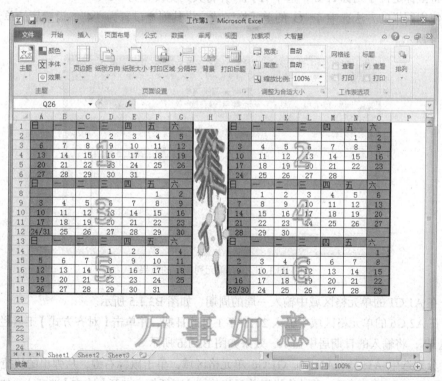

图B3.1.1 效果图

二、实训步骤

（1）启动Excel 2010应用程序，新建一个空白工作表。

（2）将鼠标定位在行标 A 处，光标变成下箭头 ↓ 时，按住鼠标，选中 A～G 的所有单元格区域，如图 B3.1.2 所示。

（3）单击鼠标右键，从弹出的快捷菜单中选择  命令，弹出【列宽】对话框，在【列宽】文本框中输入"5"，如图 B3.1.3 所示。

图 B3.1.2　选定单元格区域　　　　　　　　　　图 B3.1.3　【列宽】对话框

（4）将鼠标定位于列标 H 处，选中 H 列，并将其列宽设置为"8"。

（5）使用同样的方法选中 I～O 的单元格区域，将其列宽设置为"4"，设置后的单元格区域如图 B3.1.4 所示。

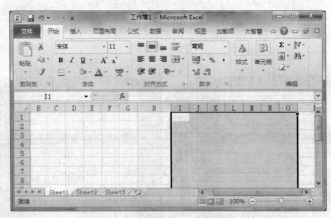

图 B3.1.4　设置单元列宽后的效果

（6）在 A1:G1 的单元格区域中输入一周的周期，如图 B3.1.5 所示。

（7）在 A2:G6 的单元格区域中输入 2013 年 1 月的日期，并单击【对齐方式】工具栏中的【居中】按钮 ≡，将输入的日期居中显示，效果如图 B3.1.6 所示。

（8）分别选中 A1:G1、A1:A6、G1:G6 单元格区域，单击鼠标右键，从弹出的快捷菜单中选择 设置单元格格式(F)... 命令，弹出【设置单元格格式】对话框，打开【填充】选项卡，如图 B3.1.7 所示。

（9）在【颜色】列表框中选择颜色为"橙色"，单击 确定 按钮，设置单元格背景后的效果如图 B3.1.8 所示。

（10）在【插入】选项卡中的【文本】选项区中单击 按钮，弹出其下拉列表，如图 B3.1.9 所示。

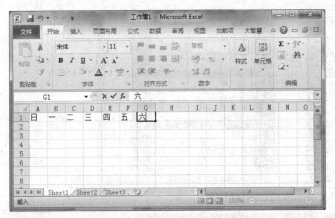

图 B3.1.5 输入周期

图 B3.1.6 输入日期

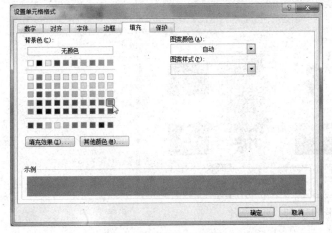

图 B3.1.7 【填充】选项卡

图 B3.1.8 设置单元格背景后的效果

（11）在该列表中选择一种合适的样式，即可在工作表中插入一个文本框，供用户在其中输入艺术字，如图 B3.1.10 所示。

（12）在文本框中输入"1"，调整其大小和位置，效果如图 B3.1.11 所示。

（13）按照步骤（7）～（12）的方法，制作出其他月份的日历，如图 B3.1.12 所示。

（14）在【插入】选项卡中的【插图】选项区中单击按钮，弹出【插入图片】对话框，在该对话框中选择合适的图片，如图 B3.1.13 所示。

图 B3.1.9 【艺术字库】下拉列表

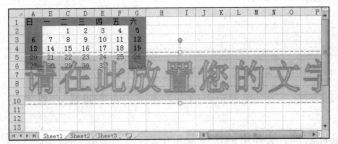

图 B3.1.10 插入艺术字文本框

图 B3.1.11 插入艺术字

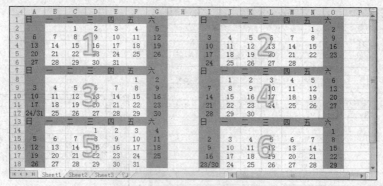

图 B3.1.12　制作其他月份日历

图 B3.1.13　选择图片

（15）单击 插入(S) 按钮，即可将该图片插入到工作表中，调整其大小和位置，效果如图 B3.1.14 所示。

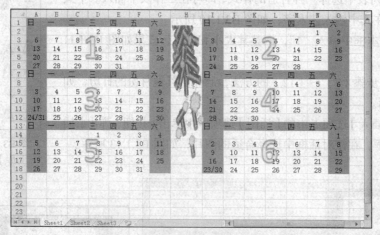

图 B3.1.14　插入图片

（16）依照前面介绍的插入艺术字的方法，在工作表中再插入艺术字"万事如意"，效果如图 B3.1.15 所示。

（17）选中单元格 A1:G18，单击鼠标右键，从弹出的快捷菜单中选择 设置单元格格式(F)... 命令，弹出【设置单元格格式】对话框。

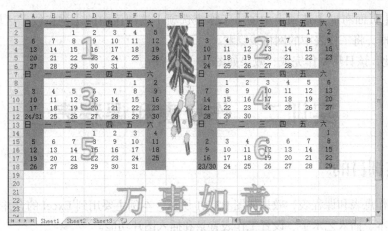

图 B3.1.15　插入艺术字

（18）打开【边框】选项卡，在其中设置如图 B3.1.16 所示的参数，单击 确定 按钮，即可给选中的单元格区域添加边框。

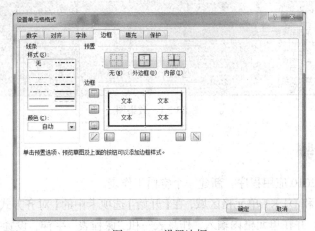

图 B3.1.16 设置边框

（19）重复步骤（17）～（18）的操作，给单元格 I1:O18 添加边框，效果如图 B3.1.17 所示。

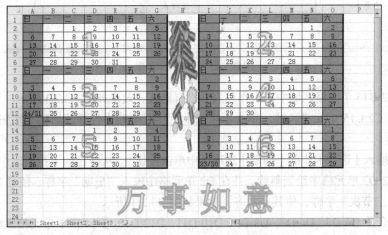

图 B3.1.17　添加边框后的效果

（20）在【页面布局】选项卡中的【工作表选项】选项区中的【网格线】区域中取消选中 □ 查看 复选框，将工作表中的网格线隐藏。

（21）至此，该日历制作完成，效果如图 B3.1.1 所示。

实训二　作息表和课程表

一、实训目的

制作一张作息表和课程表，效果如图 B3.2.1 所示。本例主要用到 Excel 的合并单元格、在单元格中输入文本、插入艺术字、设置工作表背景和插入图片功能。

图 B3.2.1　效果图

二、实训步骤

（1）启动 Excel 2010 应用程序，新建一个空白工作表。

（2）选定 A1:C1 和 D1:K1 单元格区域，在【开始】选项卡中的【对齐方式】选项区中单击【合并及居中】按钮，并在单元格内输入"作息表"和"课程表"字样，设置字体为"华文新魏"，字号为"16"，单击【格式】工具栏中的"加粗"按钮 **B**，加粗字体，效果如图 B3.2.2 所示。

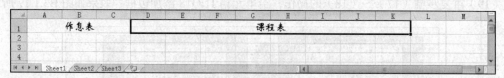

图 B3.2.2　输入文本效果

（3）在 A2:B15 单元格区域中输入作息表并设置格式，效果如图 B3.2.3 所示。

（4）选中 C2:C15 单元格区域，单击【格式】工具栏中的【合并及居中】按钮，合并单元格。

（5）在【插入】选项卡中的【插图】选项区中单击按钮，从弹出的下拉列表中选择工具。

（6）在 D2:D3 单元格中绘制斜线，并在 D2 单元格中输入"星期"字样，使其右对齐，在 D3 单元格中输入"节次"字样，使其左对齐，效果如图 B3.2.4 所示。

（7）分别合并 D4:D5，D6:D7，D8:D9，D10:D11，D12:D13，D14:D15 单元格区域以及 E2:E3，F2:F3，G2:G3，H2:H3，I2:I3，J2:J3，K2:K3 单元格区域，效果如图 B3.2.5 所示。

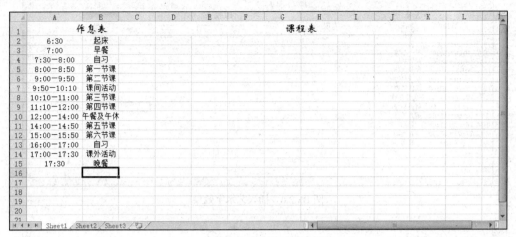

图 B3.2.3 输入作息时间表效果

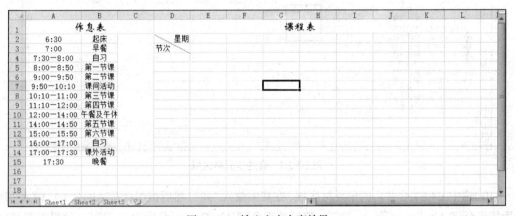

图 B3.2.4 输入文本内容效果

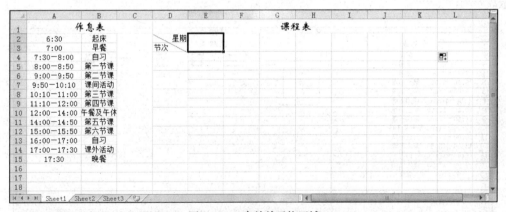

图 B3.2.5 合并单元格区域

（8）在【插入】选项卡中的【文本】选项区中单击 按钮，分别在 D4:D15 和 E3:K3 单元格区域中插入艺术字，调整艺术字的大小及位置，其效果如图 B3.2.6 所示。

（9）分别合并 E4:E7，E8:E11，E12:E15，F4:F7，F8:F11，F12:F15，G4:G7，G8:G11，G12:G15，H4:H7，H8:H11，H12:H15，I4:I7，I8:I11，I12:I15，J4:J15，K4:K15 单元格区域，效果如图 B3.2.7 所示。

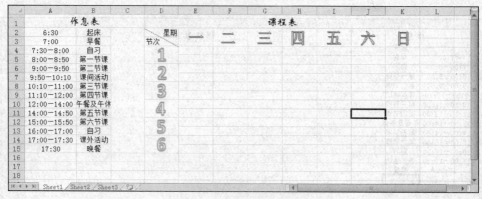

图 B3.2.6 插入艺术字效果

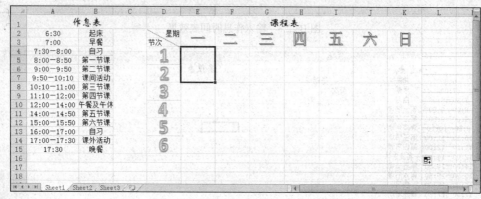

图 B3.2.7 合并单元格区域

（10）选中 E4:E7 合并后的单元格区域，在其中输入"高"，然后按组合键 Alt+Enter；输入"等"，然后按组合键 Alt+Enter；输入"数"，然后按组合键 Alt+Enter；最后输入"学"，效果如图 B3.2.8 所示。

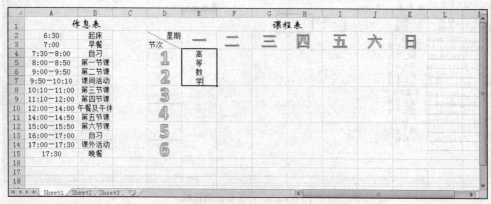

图 B3.2.8 输入竖排文字

（11）按照步骤（10）在其他合并后的单元格区域中输入文本内容，效果如图 B3.2.9 所示。

（12）在【页面布局】选项卡中的【背景】选项区中单击按钮 ，弹出【工作表背景】对话框，在该对话框中选择要设置为背景的图片，如图 B3.2.10 所示。

（13）单击 插入(S) 按钮，为工作表设置背景，效果如图 B3.2.11 所示。

图 B3.2.9 输入其他文本内容效果

图 B3.2.10 【工作表背景】对话框

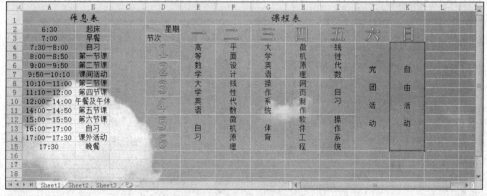

图 B3.2.11 设置背景效果

（14）选中 A1:C1 单元格区域，单击鼠标右键，从弹出的快捷菜单中选择 ☐ 设置单元格格式(F)... 命令，弹出【设置单元格格式】对话框，打开【边框】选项卡，如图 B3.2.12 所示。

（15）在【预置】选项组中选择【外边框】选项，在【样式】设置区域中选择线条样式，并设置其颜色，然后单击【边框】设置区域中的按钮，为表格添加边框。

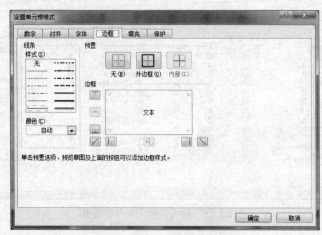

图 B3.2.12 【边框】选项卡

（16）设置完成后，点击 确定 按钮，效果如图 B3.2.13 所示。

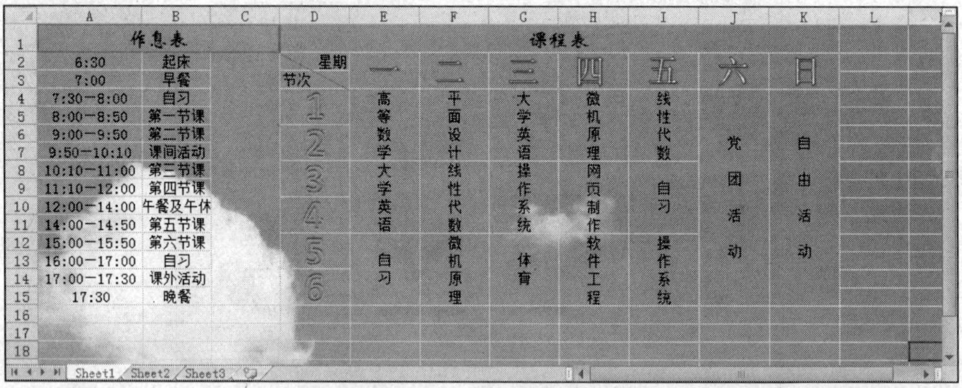

图 B3.2.13 设置边框效果

（17）按照步骤（14）～（16）的方法，为其他单元格区域设置边框，效果如图 B3.2.14 所示。

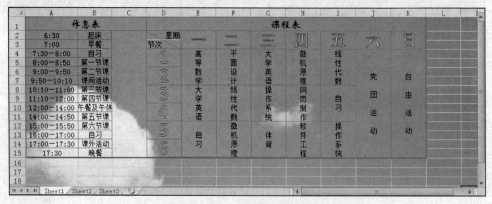

图 B3.2.14 设置表格边框效果

（18）在【插入】选项卡中的【插图】选项区中单击 按钮，弹出【插入图片】对话框，在该对话框中选择要使用的图片，如图 B3.2.15 所示。

（19）单击 插入(S) 按钮，将选中的图片插入工作表中。

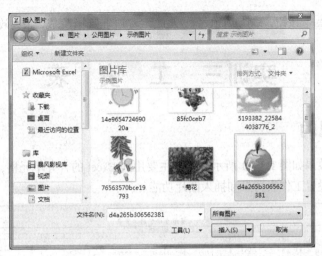

图 B3.2.15 【插入图片】对话框

（20）重复步骤（18）～（19）的操作，在工作表中插入其他几幅图片，效果如图 B3.2.16 所示。

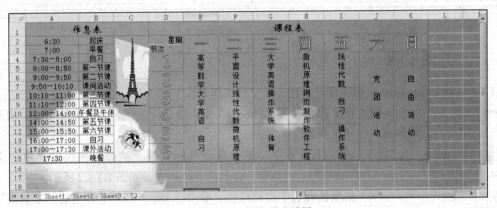

图 B3.2.16 插入图片效果

（21）在【页面布局】选项卡中的"页面设置"选项区中单击【对话框启动器】按钮，弹出【页面设置】对话框，在该对话框中设置如图 B3.2.17 所示的参数。

图 B3.2.17 设置页面

（22）单击 确定 按钮，确认页面设置。至此，该实例已制作完成，最终效果如图 B3.2.1 所示。

实训三 工 资 表

一、实训目的

制作工资表，效果如图 B3.3.1 所示。本例主要用到 Excel 的合并单元格，在单元格中输入文本、插入艺术字、设置工作表背景和插入图片功能。

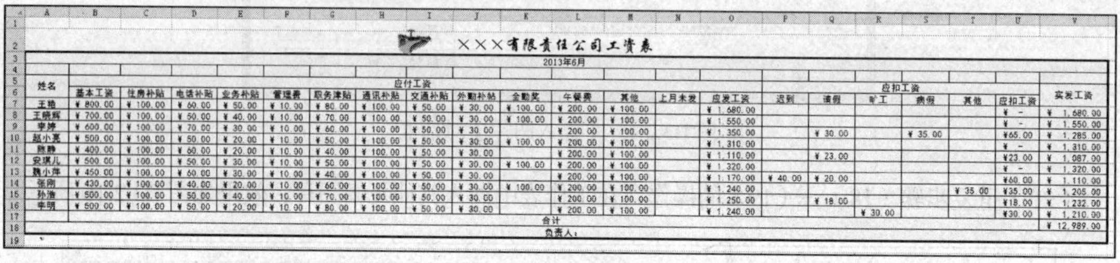

图 B3.3.1　效果图

二、实训步骤

（1）启动 Excel 2010 应用程序，新建一个空白工作表。

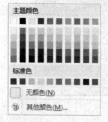

图 B3.3.2　设置工作表标签颜色对话框

（2）在工作表标签"Sheet 1"上双击鼠标左键，在名称编辑框中输入工作表名称"工资表"。

（3）在"工资表"标签上单击鼠标右键，从弹出的快捷菜单中选择 工作表标签颜色(T) ▶ 命令，弹出其下拉列表，如图 B3.3.2 所示。

（4）在颜色列表中选择红色，单击 确定 按钮，即可将"工资表"标签设置为红色，如图 B3.3.3 所示。

（5）选中单元格 A2:V2，在【开始】选项卡中的【对齐方式】选项区中单击【合并居中】按钮 ，将其合并为一个单元格。

图 B3.3.3　将标签颜色设置为红色

（6）重复步骤（5）的操作，分别将单元格 A3:V3，A5:A6，B5:O5，P5:U5，V5:V6，A18:V18，B17:U17 合并为一个单元格。

（7）在单元格 A2:V2 中输入公司名称"XXX 有限责任公司工资表"，并将其字体设置为"华文行楷"，字号设置为 20，如图 B3.3.4 所示。

（8）在【插入】选项卡中的【插图】选项区中单击 按钮，打开【剪贴画】任务窗格，如图 B3.3.5 所示。

（9）在搜索栏内输入"标志"，单击【搜索】按钮，即搜索到与标志相关的剪贴画，如图 B3.3.6 所示。

（10）单击需要的剪贴画右侧的下拉菜单按钮，在弹出的下拉菜单中选择【插入】，如图 B3.3.7 所示，在工作表中调整剪贴画的大小和位置，效果如图 B3.3.8 所示。

（11）在工资表的其他单元格中输入相关内容，并将它们的字体设置为"黑体"，效果如图 B3.3.9、图 B3.3.10 所示。

图 B3.3.4　输入标题

图 B3.3.5　【剪贴画】任务窗格

图 B3.3.6　"标志"剪贴画

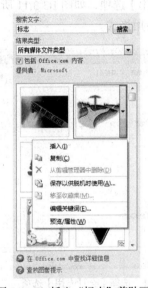

图 B3.3.7　插入"标志"剪贴画

图 B3.3.8　插入的剪贴画

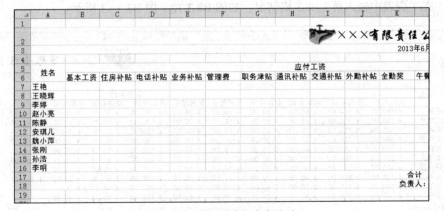

图 B3.3.9　插入表中的内容（1）

（12）选中单元格 B7:V16，在【开始】选项卡中的【单元格】选项区中单击▦按钮，从弹出

的下拉菜单中选择  命令，弹出【设置单元格格式】对话框。

图 B3.3.10　插入表中的内容（2）

（13）在分类列表框中选择【会计专用】选项，如图 B3.3.11 所示。单击 确定 按钮，即可将所选单元格中的数字格式设置为会计专用格式。

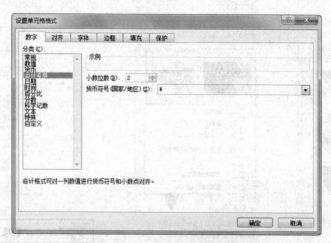

图 B3.3.11　选择【会计专用】选项

（14）在工资表中输入员工的工资情况，如图 B3.3.12、图 B3.3.13 所示。

图 B3.3.12　输入工资情况（1）

图 B3.3.13 输入工资情况（2）

（15）选中单元格 O7，在【开始】选项卡中的【编辑】选项区中单击【自动求和】按钮 Σ 自动求和▾，拖动鼠标经过单元格 B7:N7，释放鼠标左键后即可计算出王艳的应发工资，如图 B3.3.14 所示。

（16）选中单元格 O7，单击并拖动其右下角的填充柄经过单元格 O8:O16，即可计算出所有员工的应发工资，如图 B3.3.15 所示。

图 B3.3.14 王艳的应发工资

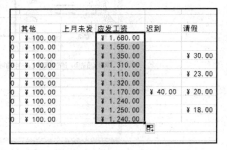

图 B3.3.15 所有员工的应发工资

（17）重复步骤（15）～（16）的操作，计算出所有员工的应扣工资，如图 B3.3.16 所示。

（18）选中单元格 V7，在编辑栏中输入公式"=O7–U7"，按回车键，即可计算出王艳的实发工资，如图 B3.3.17 所示。

图 B3.3.16 计算应扣工资

图 B3.3.17 王艳的实发工资

（19）选中单元格 V7，单击并拖动其右下角的填充柄经过单元格 V8:V16，即可计算出其他员工的实发工资，如图 B3.3.18 所示。

（20）选中单元格 V17，在【开始】选项卡中的【编辑】选项区中单击【自动求和】按钮 Σ 自动求和▾，拖动鼠标经过单元格 V7:V16，释放鼠标左键后即可计算出合计，如图 B3.3.19 所示。

图 B3.3.18　所有员工的实发工资

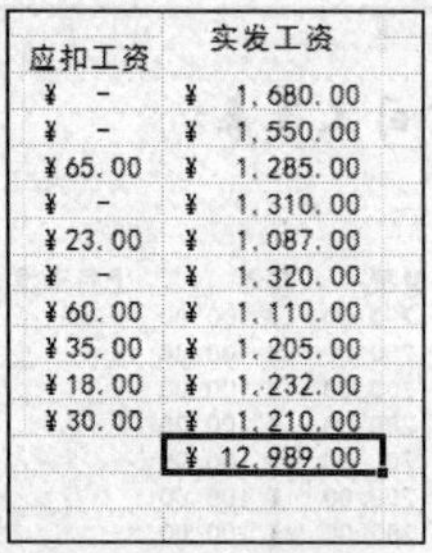

图 B3.3.19　计算合计

（21）选中单元格 A3:V18，在【开始】选项卡中的【单元格】选项区中单击 按钮，从弹出的下拉菜单中选择 设置单元格格式(F)... 命令，弹出【设置单元格格式】对话框。单击【对齐】标签，打开【对齐】选项卡，在其中设置如图 B3.3.20 所示的参数。

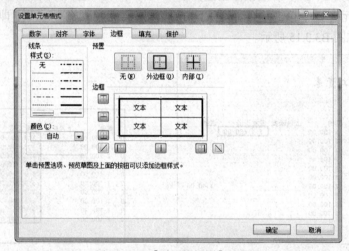

图 B3.3.20　【单元格格式】对话框

（22）选中单元格 A1:V18，在【开始】选项卡中的【单元格】选项区中单击 按钮，从弹出的下拉菜单中选择 设置单元格格式(F)... 命令，弹出【设置单元格格式】对话框。

（23）单击标签，打开【边框】选项卡，在该选项卡中设置如图 B3.3.21 所示的参数。

图 B3.3.21　【边框】选项卡

（24）单击标签，打开【填充】选项卡，如图 B3.3.22 所示，在颜色列表中选择黄色作为背景。添加边框和底纹后的效果如图 B3.3.23 所示。

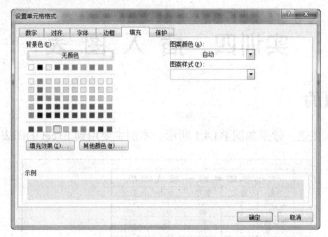

图 B3.3.22 【填充】选项卡

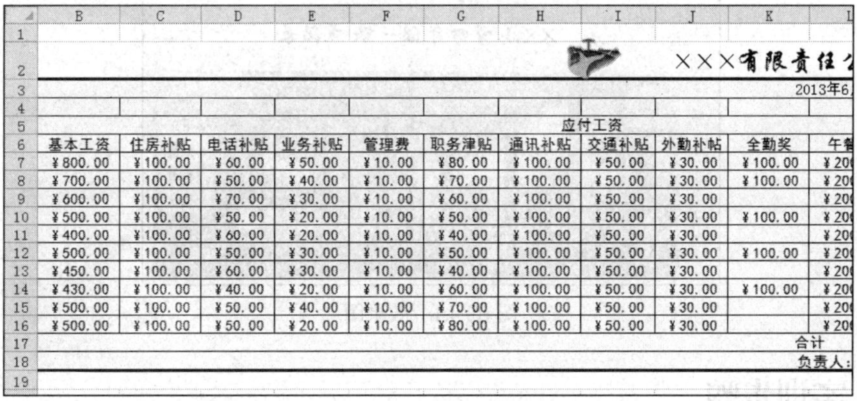

	B	C	D	E	F	G	H	I	J	K	L
1											
2								×××有限责任公			
3											2013年6
4											
5							应付工资				
6	基本工资	住房补贴	电话补贴	业务补贴	管理费	职务津贴	通讯补贴	交通补贴	外勤补帖	全勤奖	午餐
7	¥800.00	¥100.00	¥60.00	¥50.00	¥10.00	¥80.00	¥100.00	¥50.00	¥30.00	¥100.00	¥20
8	¥700.00	¥100.00	¥50.00	¥40.00	¥10.00	¥70.00	¥100.00	¥50.00	¥30.00	¥100.00	¥20
9	¥600.00	¥100.00	¥70.00	¥30.00	¥10.00	¥60.00	¥100.00	¥50.00	¥30.00		¥20
10	¥500.00	¥100.00	¥50.00	¥20.00	¥10.00	¥50.00	¥100.00	¥50.00	¥30.00	¥100.00	¥20
11	¥400.00	¥100.00	¥60.00	¥20.00	¥10.00	¥40.00	¥100.00	¥50.00	¥30.00		¥20
12	¥500.00	¥100.00	¥50.00	¥30.00	¥10.00	¥50.00	¥100.00	¥50.00	¥30.00	¥100.00	¥20
13	¥450.00	¥100.00	¥60.00	¥30.00	¥10.00	¥40.00	¥100.00	¥50.00	¥30.00		¥20
14	¥430.00	¥100.00	¥40.00	¥20.00	¥10.00	¥60.00	¥100.00	¥50.00	¥30.00	¥100.00	¥20
15	¥500.00	¥100.00	¥50.00	¥40.00	¥10.00	¥70.00	¥100.00	¥50.00	¥30.00		¥20
16	¥500.00	¥100.00	¥50.00	¥20.00	¥10.00	¥80.00	¥100.00	¥50.00	¥30.00		¥20
17											合计
18											负责人:
19											

图 B3.3.23 添加边框和底纹

（25）在【页面布局】选项卡中的【页面设置】选项区中单击【对话框启动器】按钮，弹出【页面设置】对话框，如图 B3.3.24 所示。

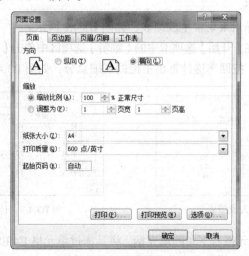

图 B3.3.24 【页面设置】对话框

（26）选中单选 ◉ 横向(L) 按钮，单击 确定 按钮，即可将页面设置为横向。

（27）至此，该实例已制作完成，最终效果如图 B3.3.1 所示。

实训四 插入图表

一、实训目的

在工作表中插入图表，效果如图 B3.4.1 所示。本例主要用到 Excel 的图表。

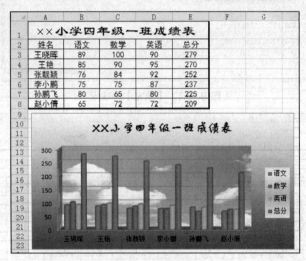

图 B3.4.1 效果图

二、实训步骤

（1）启动 Excel 2010 应用程序，新建一个空白工作表。

（2）选中单元格 A1:E1，在【开始】选项卡中的【对齐方式】选项区中单击 国▾ 按钮，将几个单元格合并为一个单元格。

（3）在空白工作表中输入某班学生成绩表，如图 B3.4.2 所示。

（4）选中单元格 E3，在【开始】选项卡中的【编辑】选项区中单击【自动求和】按钮 Σ 自动求和 ▾，用鼠标选中单元格 B3:D3，按回车键计算出王艳的成绩总分，如图 B3.4.3 所示。

	A	B	C	D	E
1			××小学四年级一班成绩表		
2	姓名	语文	数学	英语	总分
3	王艳	85	90	95	
4	王晓晖	89	100	90	
5	李小鹏	75	75	87	
6	张靓颖	76	84	92	
7	赵小倩	65	72	72	
8	孙鹏飞	80	65	80	
9					

图 B3.4.2 输入成绩表

	A	B	C	D	E
1			××小学四年级一班成绩表		
2	姓名	语文	数学	英语	总分
3	王晓晖	85	90	95	270
4	王晓晖	89	100	90	
5	李小鹏	75	75	87	
6	张靓颖	76	84	92	
7	赵小倩	65	72	72	
8	孙鹏飞	80	65	80	
9					
10					

图 B3.4.3 计算王艳的总分

（5）单击并拖动 E3 单元格右下角的填充柄，将其拖过单元格 E4:E8，即可将该公式复制到这些单元格中并计算出所有学生的成绩总分，如图 B3.4.4 所示。

（6）选中单元格 A1:E8，在【开始】选项卡中的【单元格】选项区中单击 按钮，在弹出的下拉菜单中选择 设置单元格格式(F)... 命令，弹出【设置单元格格式】对话框。

（7）单击【边框】标签，打开选项卡，设置如图 B3.4.5 所示的参数。

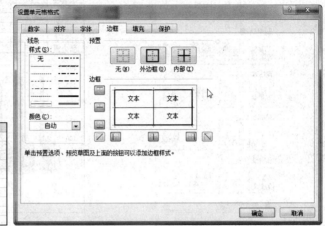

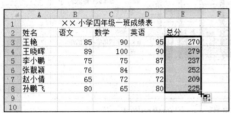

图 B3.4.4　计算总分

图 B3.4.5　设置边框参数

（8）单击 确定 按钮，即可在选定单元格区域添加边框，如图 B3.4.6 所示。

（9）选中表格的标题，将字体设置为"隶书"，字号设置为"20"。将其他单元格中文字及数字的字体设置为"黑体"，字号设置为"12"，并使它们居中对齐，如图 B3.4.7 所示。

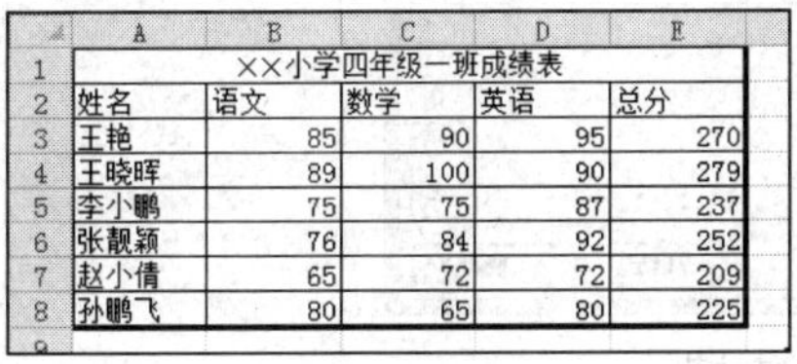

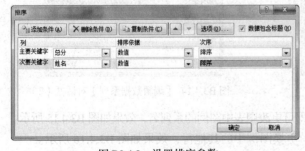

图 B3.4.6　添加边框

图 B3.4.7　设置文本字体、字号及对齐方式

（10）选中单元格 A2:E8，在【数据】选项卡中的【排序和筛选】选项区中单击 按钮，弹出【排序】对话框，在其中设置排序参数，如图 B3.4.8 所示。

（11）单击 确定 按钮，即可用设置的排序参数排序工作表中的数据，如图 B3.4.9 所示。

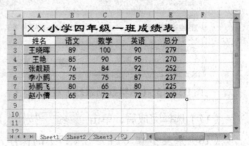

图 B3.4.8　设置排序参数

图 B3.4.9　排序数据

（12）选中 A1:E8 单元格，在【插入】选项卡中的【图表】选项区中单击 按钮，在弹出的下拉列表中选择图表的类型，如图 B3.4.10 所示。

（13）单击选中的图表，即可根据选中的数据区域创建一个图表，如图 B3.4.11 所示。

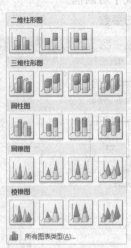

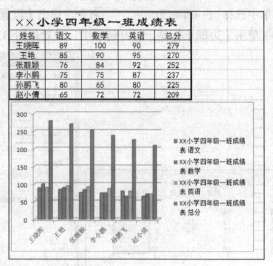

××小学四年级一班成绩表				
姓名	语文	数学	英语	总分
王晓晖	89	100	90	279
王艳	85	90	95	270
张靓颖	76	84	92	252
李小鹏	75	75	87	237
孙鹏飞	80	65	80	225
赵小倩	65	72	72	209

图 B3.4.10　选择图表类型　　　　　　　图 B3.4.11　创建的图表

（14）选中图例的首行，在【图表工具】上下文工具中的【设计】选项卡中的【数据】选项区中单击 ⬛ 按钮，弹出【选择数据源】对话框，如图 B3.4.12 所示。

图 B3.4.12　【选择数据源】对话框

（15）选中图例项（系列）列表框中的第一行，单击 ☑编辑 按钮，弹出【编辑数据系列】对话框，如图 B3.4.13 所示。

（16）单击【系列名称】右侧的按钮 🔲，在工作表中重新选择系列，如图 B3.4.14 所示。

图 B3.4.13　【编辑数据系列】对话框（1）　　　图 B3.4.14　【编辑数据系列】对话框（2）

（17）选择完成后，单击 确定 按钮，即可更改图表中图例的系列名，效果如图 B3.4.15 所示。

（18）重复步骤（14）～（17）的操作，更换图例中的其他行，效果如图 B3.4.16 所示。

（19）在图表的空白处单击鼠标右键，从弹出的快捷菜单中选择 ☑ 设置图表区域格式(F)... 命令，弹出【设置图表区格式】对话框，如图 B3.4.17 所示。

（20）在【填充】选项区中选中【渐变填充】单选按钮，在【预设颜色】选项区中选择"茵茵绿原"，并在其他选项区中设置参数，如图 B3.4.18 所示。

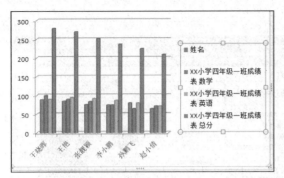

图 B3.4.15 更改后的系列名

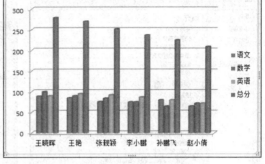

图 B3.4.16 更改图例中的数据

图 B3.4.17 【设置图表区格式】对话框   图 B3.4.18 设置参数

（21）单击 关闭 按钮，即可将所设的参数应用到当前图表中去，如图 B3.4.19 所示。

（22）重复步骤（19）～（21）的操作，为图例背景添加渐变效果，如图 B3.4.20 所示。

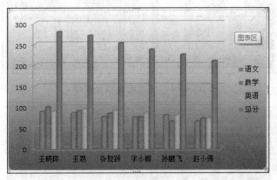

图 B3.4.19 设置图表区背景

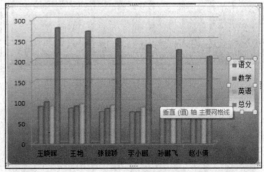

图 B3.4.20 设置图例背景效果

（23）在背景墙上单击鼠标右键，从弹出的快捷菜单中选择 设置网格线格式(F)... 命令，弹出【设置背景墙格式】对话框。在【填充】选项区中选中 图片或纹理填充(P) 单选按钮，如图 B3.4.21 所示。

（24）单击 文件(F)... 按钮，弹出【插入图片】对话框，在该对话框中选择要使用的图片，如图 B3.4.22 所示。

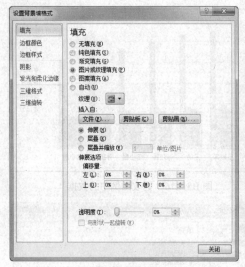

图 B3.4.21 【设置背景墙格式】对话框　　　　图 B3.4.22　选择图片

（25）单击 插入(S) 按钮，即可将选中的图片插入到图表中，效果如图 B3.4.23 所示。

（26）重复步骤（23）～（25）的操作，为地板设置背景图片，效果如图 B3.4.24 所示。

（27）选中图表，在【图表工具】上下文工具中的【布局】选项卡的【标签】选项区中单击 按钮，在弹出的下拉菜单中选择 命令，即可在图表上方添加一个标题，如图 B3.4.25 所示。

（28）将图表标题文本框中的文字选中并删除，重新在其中输入图表的标题，并设置其字体及字号，如图 B3.4.26 所示。

（29）将图表中的其他文字选中，在【开始】选项卡中的【字体】选项区中重新设置其字体及字号。至此，该实例已制作完成，最终效果如图 B3.4.1 所示。

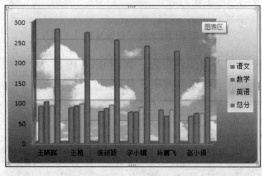

图 B3.4.23　插入图片效果　　　　　　　　　图 B3.4.24　设置地板填充效果

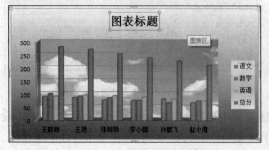
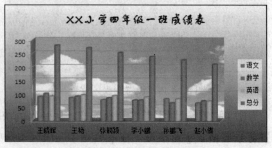

图 B3.4.25　添加图表标题　　　　　　　　　图 B3.4.26　更改图表标题

实训五 应用图示

一、实训目的

在工作表中插入并设置图示，效果如图 B3.5.1 所示。本例主要用到 Excel 的插入图示、设置图示类型、绘制矩形、插入艺术字等功能。

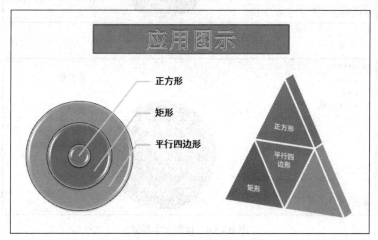

图 B3.5.1 效果图

二、实训步骤

（1）启动 Excel 2010 应用程序，新建一个空白工作表。

（2）在【插入】选项卡中的【插图】选项区中单击 按钮，弹出【选择 SmartArt 图形】对话框。在该对话框中选择要使用的选项，如图 B3.5.2 所示。

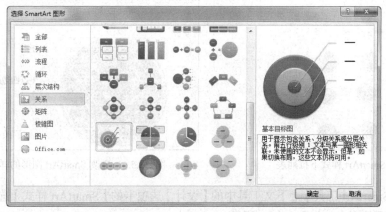

图 B3.5.2 选择 SmartArt 图形的形式

（3）单击 确定 按钮，在工作表中插入 SmartArt 图形，如图 B3.5.3 所示。

（4）分别在上、中、下 3 个文本框中输入"正方形"、"矩形"、"平行四边形"字样。在【开始】选项卡中的【字体】选项区中将文本的字体设置为"黑体"，字号设置为"14"，并单击【加粗】按钮将其加粗，效果如图 B3.5.4 所示。

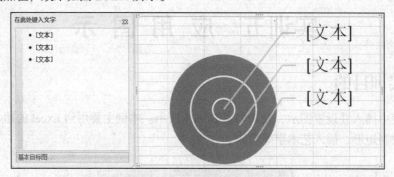

图 B3.5.3　插入 SmartArt 图形

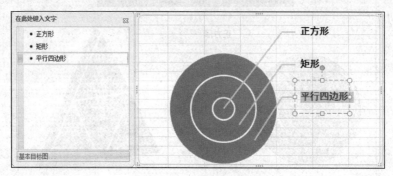

图 B3.5.4　设置文本格式

（5）选中图示中的圆形，在【图表工具】上下文工具中的【设计】选项卡的【SmartArt 样式】选项区中单击 按钮，弹出其下拉列表，如图 B3.5.5 所示。

（6）在该列表中选择【卡通】选项，即可更改 SmartArt 图形的样式，如图 B3.5.6 所示。

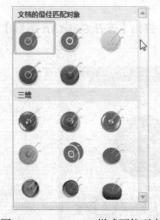

图 B3.5.5　SmartArt 样式下拉列表

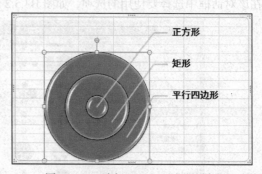

图 B3.5.6　更改 SmartArt 图形的样式

（7）在【SmartArt 工具】上下文工具中的【设计】选项卡的【SmartArt 样式】选项区中单击 按钮，弹出其下拉列表，如图 B3.5.7 所示。

（8）在该列表中选择【彩色】选项区中的选项，即可更改 SmartArt 图形的颜色，如图 B3.5.8 所示。

（9）在【视图】选项卡中的【显示/隐藏】选项区中取消选中 查看 复选框，将工作表中的网格线隐藏。

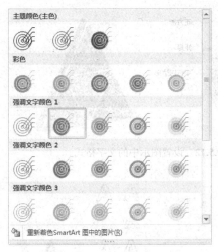

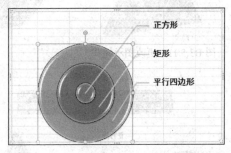

图 B3.5.7　更改颜色下拉列表　　　　图 B3.5.8　更改 SmartArt 图形的颜色

（10）将鼠标置于图表四角的任意一角上，当鼠标指针变成 ⬉ 或 ⬊ 形状时，按住 Shift 键并拖动鼠标，将图示等比例缩小。

（11）按住 Ctrl 键的同时单击并拖动鼠标，复制出一个图示，如图 B3.5.9 所示。

（12）选中复制后的图示，在【SmartArt 工具】上下文工具中的【设计】选项卡的【布局】选项区中选择【分段棱锥图】选面，更改图示类型，如图 B3.5.10 所示。

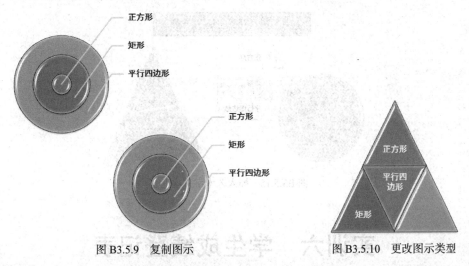

图 B3.5.9　复制图示　　　　图 B3.5.10　更改图示类型

（13）在【SmartArt 样式】选项卡中选择合适的样式，效果如图 B3.5.11 所示。

（14）选中图示中的文字，将其字号设置为"12"，颜色设置为"黑色"，效果如图 B3.5.12 所示。

（15）在【插入】选项卡中的【插图】选项区中单击 按钮，从弹出的下拉菜单中选择▢工具，在工作表中绘制一个矩形，并设置其边框和底纹，效果如图 B3.5.13 所示。

（16）在【插入】选项卡中的【文本】选项区中单击【艺术字】按钮，弹出其下拉列表，如图 B3.5.14 所示。

（17）在该列表中选择合适的样式，在工作表中弹出的艺术字文本框中输入艺术字，如图 B3.5.15 所示。

（18）调整艺术字的大小及位置。至此，该实例已制作完成，最终效果如图 B3.5.1 所示。

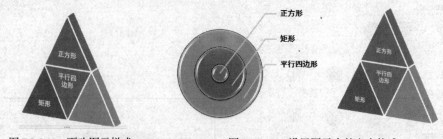

图 B3.5.11　更改图示样式　　　　　图 B3.5.12　设置图示中的文字格式

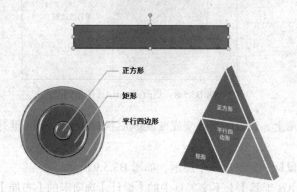

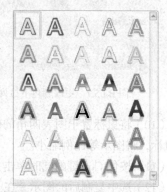

图 B3.5.13　设置矩形边框和底纹　　　图 B3.5.14　【艺术字】下拉列表

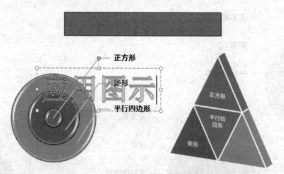

图 B3.5.15　插入艺术字文本框

实训六　学生成绩登记表

一、实训目的

通过本次实训，学生可以系统地掌握 Excel 2010 的格式字体设置、边框设置、数据类型设置、运用自动填充工具、公式和函数的应用、排序及根据数据生成图表。

二、实训说明

因本章在教材中穿插案例，以及前 5 个实训的详细讲解，所以本实训不再讲解具体的操作步骤，同学们可参照教材和前 5 个实训进行，在此仅做实训要求和步骤分解。

三、实训要求

1. 按图 B3.6.1 所示填写各个对应表格的数据，将表格美化成图 B3.6.2 所示。

	A	B	C	D	E	F	G	H	I	J	K
1	学生成绩登记表										
2	班级：2010市场营销班										
3	学号	姓名	物流学导论	高等数学	大学英语	地理	应用文写作	体育	总分	平均分	名次
4	321142001	王思慧	87	76	75	78	79	80			
5		刘贺	65	76	68	87	88	99			
6		刘怀林	63	92	76	79	86	85			
7		王大峰	87	65	87	67	78	89			
8		棘亚楠	76	65	65	88	90	73			
9		毛静	98	56	78	54	90	76			
10		望兰芳	74	71	76	78	79	70			
11		棘文	87	54	65	67	87	80			
12		棘盼	76	65	66	62	78	77			
13		杨焕	76	65	54	89	76	55			
14											

图 B3.6.1　表格数据

2. 将区域 I4：J13 数据类型设置成数值型，小数点后保留两位。

	A	B	C	D	E	F	G	H	I	J	K
1				学生成绩登记表							
2	班级：2010市场营销班										
3	学号	姓名	物流学导论	高等数学	大学英语	地理	应用文写作	体育	总分	平均分	名次
4	321142001	王思慧	87	76	75	78	79	80			
5		刘贺	65	76	68	87	88	99			
6		刘怀林	63	92	76	79	86	85			
7		王大峰	87	65	87	67	78	89			
8		棘亚楠	76	65	65	88	90	73			
9		毛静	98	56	78	54	90	76			
10		望兰芳	74	71	76	78	79	70			
11		棘文	87	54	65	67	87	80			
12		棘盼	76	65	66	62	78	77			
13		杨焕	76	65	54	89	76	55			
14											

图 B3.6.2　数据美化效果

3. 学号字段要求 10 位，不足补 0，即王思慧的学号为"0321142001"（可用数据类型中的自定义进行设置），运用填充工具进行学号递增填充。

4. 运用公式或函数进行总分、平均分字段的计算，并运用填充工具进行学号递增填充。

5. 按总分字段从高到低排序，并在名次一栏注出 1～10 名。

6. 根据总分及姓名生成如图 B3.6.3 所示的图表。

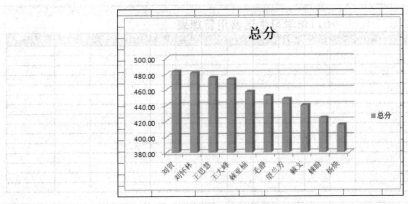

图 B3.6.3　学生总分柱状图

7. 将工作表命名为"学生成绩登记表"，并且删除其他空工作表。

实训七　制作学习生活费用管理表格

一、实训目的

通过本次实训，学生可以系统地掌握 Excel 2010 的数据有效性设置、分类汇总设置及条件格式型设置等。

二、实训说明

因本章在教材中穿插案例，以及前 5 个实训的详细讲解，所以本实训不再讲解具体的操作步骤，同学们可参照教材和前 6 个实训进行，在此仅做实训要求和步骤分解。

三、实训要求

1. 按图 B3.7.1 所示填写各个对应表格的数据，将表格美化成图 B3.7.2 所示（注：不能运用套用表格格式）。

	A	B	C	D	E	F	G	H	I	J	K	L	M	N	O	P
1	2011年学习生活费用管理表															
2	费用类别	费用项目	一月	二月	三月	四月	五月	六月	七月	八月	九月	十月	十一月	十二月	全年	
3	缴纳学校费用	服装费														
4	生活费用支出	伙食费														
5	可支配费用	家长分配														
6	可支配费用	奖学金														
7	缴纳学校费用	其他														
8	生活费用支出	其他														
9	可支配费用	其他														
10	可支配费用	勤工助学														
11	生活费用支出	生活支出费用														
12	缴纳学校费用	书费														
13	生活费用支出	通讯费用														
14	生活费用支出	网络及水电费														
15	缴纳学校费用	学费														
16	生活费用支出	学习用具														
17	缴纳学校费用	住宿费														
18																

图 B3.7.1　表格数据

	A	B	C	D	E	F	G	H	I	J	K	L	M	N	O
1	2011年学习生活费用管理表														
2	费用类别	费用项目	一月	二月	三月	四月	五月	六月	七月	八月	九月	十月	十一月	十二月	全年
3	缴纳学校费用	服装费													
4	缴纳学校费用	其他													
5	缴纳学校费用	书费													
6	缴纳学校费用	学费													
7	缴纳学校费用	住宿费													
8	可支配费用	家长分配													
9	可支配费用	奖学金													
10	可支配费用	其他													
11	可支配费用	勤工助学													
12	生活费用支出	伙食费													
13	生活费用支出	其他													
14	生活费用支出	生活支出费用													
15	生活费用支出	通讯费用													
16	生活费用支出	网络及水电费													
17	生活费用支出	学习用具													
18															

图 B3.7.2　数据美化效果

2. 将区域 C3：O17 数据类型设置成货币型，小数点后保留两位，货币符号为"￥"。

3. 运用公式或函数进行各个费用项目的全年合计，并运用填充工具进行学号的递增填充。

4. 设置区域 C3：O17 的数据有效性。要求：允许数据介于 0～10 000，可忽略空值；选定单元格时显示"数据输入规则"为"请输入 0～10 000 的数值"；当数据出错时弹出"录入数据错误"警示，错误信息为"输入了非 0～10 000 的数值"。

5. 按"费用类别"进行排序和分类汇总，汇总每个月的每个费用类别的合计，将 C21 中的公式"=SUBTOTAL(9,C3:C19)"改为"=SUM(–C8,C13,–C20)"并运用填充工具将区域 D21：O21 进行填充。

6. 为区域 C21：O21 进行条件格式设置。对小于"￥0.00"的单元格设置单元格显示样式，为【浅红填充色深红色文本】。效果如图 B3.7.3 所示。

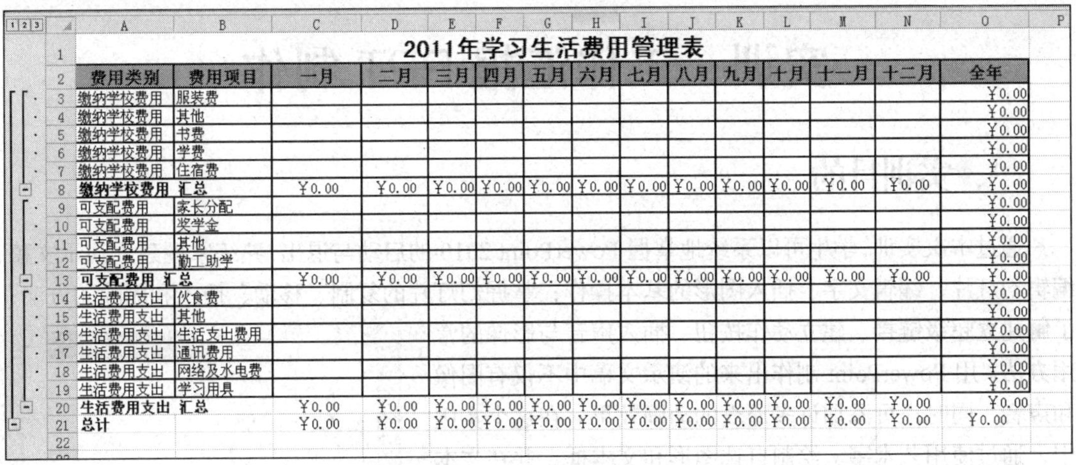

图 B3.7.3 条件格式设置完效果

7. 在数据区内填写一些数值，可看到数据自动变化。效果如图 B3.7.4 所示。

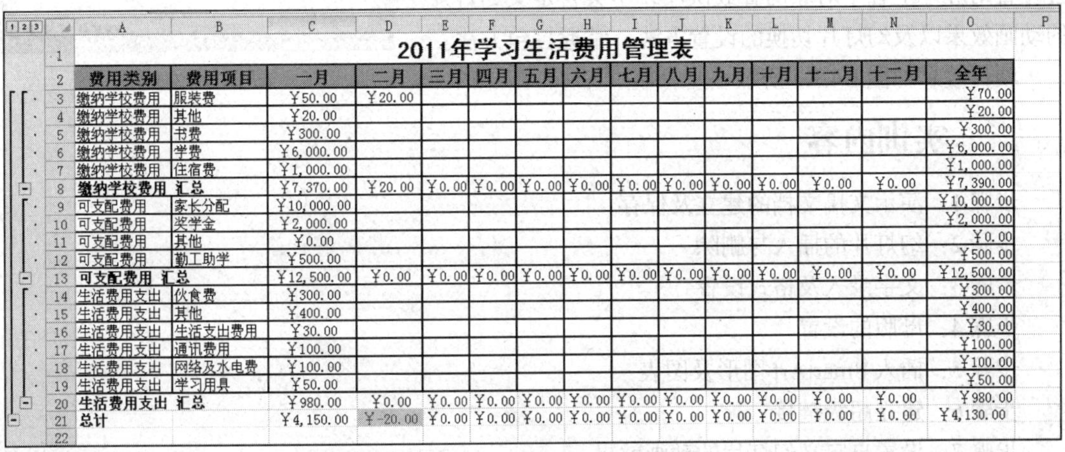

图 B3.7.4 填写数值后效果

8. 为该 Excel 工作簿添加密码。

单元四
电子演示文稿制作软件实训

实训 工作汇报 PPT 制作

一、实训目的

通过本次实训，学生可以系统地掌握 PowerPoint 2010 的启动与退出，熟练掌握建立演示文稿、编辑幻灯片、编辑文字、插入图形的基本操作；掌握幻灯片的复制、移动、插入和删除的方法；了解建立超级链接、建立动作按钮、插入声音与影像的常用方法。用 PowerPoint 制作出来的演示文稿中不仅有图像和声音，同时还可添加许多逼真的动画效果。在这个实例中，通过使用艺术字、绘制自选图形和文本框，并在文本框中添加文字来组成幻灯片的画面。学生通过绘制并组合自选图形的方法，可以学会在幻灯片上使用"艺术字"，学会设置幻灯片上各个对象的叠放次序，学会自定义幻灯片的动画效果以及幻灯片切换的设置方法，掌握打包方法。

项目效果如图 B4.1.1 所示。

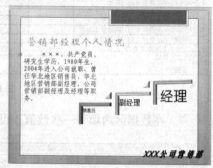

图 B4.1 效果图

二、实训内容

步骤 1：演示文稿文档的建立及保存
步骤 2：幻灯片的插入与删除
步骤 3：文字录入及格式设置
步骤 4：母版的设置
步骤 5：插入 SmartArt 图形及图表
步骤 6：建立超级链接
步骤 7：设置自定义幻灯片的动画效果
步骤 8：设置幻灯片的切换方式
步骤 9：插入音频或视频
步骤 10：幻灯片的放映
步骤 11：打包

三、实训步骤

步骤 1：演示文稿文档的建立及保存

（1）打开 PowerPoint 2010 后，程序已经为你准备好一个空白的标题幻灯片。选择【设计】选项卡中【主题】组中的主题库，选择一个喜欢的主题。效果如图 B4.1.2 所示。

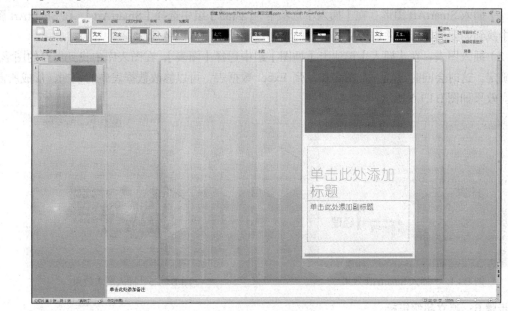

图 B4.1.2 主题效果

（2）单击【文件】选项卡的【保存】命令或单击快速访问工具栏的【保存】命令按钮，在弹出的【另存为】对话框中输入文件名，然后单击【保存】按钮。

步骤 2：幻灯片的插入与删除

（1）插入新的幻灯片。新建的演示文稿中只有一张标题幻灯片，我们需要制作更多幻灯片的时候就要插入新的幻灯片。在【开始】选项卡中的【幻灯片】组中，单击【新建幻灯片】下三角按钮，选择需要的新幻灯片的类型，便可在当前幻灯片下插入一张新的幻灯片。

右击幻灯片略缩图，选择【新建幻灯片】命令，也可以在当前幻灯片下插入一张新的幻灯片。

（2）删除幻灯片，对一些我们不需要的幻灯片，可以将其删除掉。右击想要删除的幻灯片略缩图，选择【删除幻灯片】命令。

步骤 3：文字录入及格式设置

（1）在"单击此处添加标题"或"单击此处添加文字"中添加文字。

（2）设置文字格式，选定想要设置格式的文字，在【开始】选项卡中选择相应的设置。此例选择默认。效果如图 B4.1.3 所示。

步骤 4：母版的设置

当需要对已有模板或主题进行调整或设计新的模板时，就会使用到【幻灯片母版】命令。单击【视图】选项卡【母版视图】组中的【幻灯片母版】按钮，进入幻灯片母版界面。

图 B4.1.3 文字格式效果

选中幻灯片略缩图中最大的幻灯片，在【插入】选项卡【文本】组中，单击【艺术字】按钮，在艺术字库中选择喜欢的样式，将【请在此放置您的文字】更改为"×××公司营销部"，并设置字体为"幼圆""加粗"，字号为"28"。单击艺术字的边框部分（非尺寸控点），用鼠标拖动将文本框调整到合适的位置。此时就为每张幻灯片添加了"×××公司营销部"的艺术字。

单击【视图】选项卡【演示文稿视图】组中的【普通视图】按钮，关闭幻灯片母版界面。

步骤5：插入SmartArt图形及图表

（1）插入SmartArt图形：在【插入】选项卡，【插图】组中选择【SmartArt】，在SmartArt图形库中找到需要的图形，并进行文本信息的添加。效果如图B4.1.4所示。

（2）插入图表：在【插入】选项卡【插图】组中选择【图表】，在图表库中找到需要的图形，单击确定。这时会同时出现一个图表和一张Excel数据表，可以修改数据表中的数据，形成所需图表。效果如图B4.1.5所示。

图B4.1.4　插入SmartArt效果

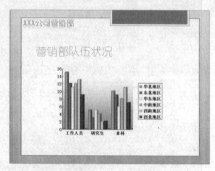

图B4.1.5　插入图表效果

步骤6：建立超级链接

在我们的幻灯片中插入超级链接，可以使幻灯片的切换更加方便、快捷。选择要创建超级链接的对象，右击，在弹出的快捷菜单中选择【超链接】命令项，可建立与Web页、与文本文件、与E-mail、与磁盘中其他文件的链接。如要取消超级链接，右击超级链接的对象，选择快捷菜单中的【取消超链接】命令。

步骤7：设置自定义幻灯片的动画效果

设置动画效果：选中红色线条，单击【动画】选项卡【动画】组中动画库中的【擦除】动画，在【动画】组的【选项效果】下拉菜单中选择【自左侧】，在【计时】组中的【开始】选择【与上一动画同时】，【持续时间】设为"0.5"，【延迟时间】设置为"0"。用同样的办法设置蓝线和黄线，并将它们的【延迟时间】设置为"0.5"。

按照刚才的办法，设置好其他图片的动画效果。如图B4.1.6所示。

步骤8：设置幻灯片的切换方式

选择要切换到的幻灯片略缩图，单击【切换】选项卡中【切换到此幻灯片】组，在切换样式库中，选择【溶解】效果。在【计时】组中的【持续时间】列表框中设置切换时间。单击【计时】组中的【声音】下拉列表框，选择"风铃"。效果如图B4.1.7所示。

步骤9：插入音频或视频

通过【插入】选项卡【媒体】组中的【视频】或【音频】功能，可以在演示文稿中插入影音文件。

双击插入的音频或视频文件，可调出音频工具或视频工具。以插入音频为例，【音频工具】中的【播放】选项卡上的【音频选项】组中，可以设置音频（视频）的播放起止时间。

步骤10：幻灯片的放映

在PowerPoint中不必使用其他的放映工具，可以直接播放并查看演示文稿的实际播放效果，主要有以下两种方法。

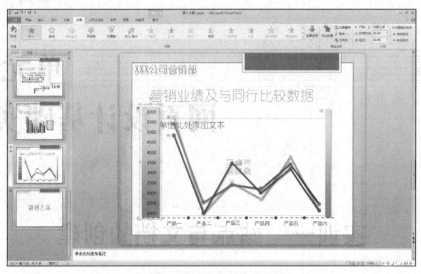

图 B4.1.6 插入动画效果

方法一：单击演示文稿窗口右下角视图按钮中的【幻灯片放映】按钮。这时从插入点所在幻灯片开始放映。

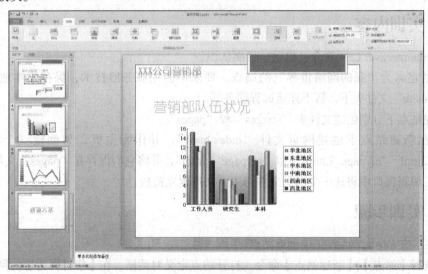

图 B4.1.7 切换效果

方法二：单击【幻灯片放映】选项卡中的【从头开始】或【从当前幻灯片开始】按钮。在PowerPoint 中启动幻灯片放映。

方法三：单击 F5 键直接从文件头放映。

步骤 11：打包

在【文件】选项卡中选择【保存并发送】命令，选择其中的【将演示文稿打包成 CD】命令，单击【打包成 CD】按钮，弹出【打包成 CD】对话框。在【打包成 CD】对话框中单击【复制到文件夹】按钮，选择保存路径并命名文件夹后单击【确定】按钮。演示文稿与音频视频文件将被打包在一个文件夹内，传送文件夹给别人后可以照常播放，不会再丢失链接。这样，在 Windows系统中，没有安装 PowerPoint 软件也可以播放。

单元五
网页设计基础实训

实训一 站点与文档的创建

一、实训目的

熟悉 Dreamweaver CS4 环境，掌握站点的创建过程，掌握制作简单链接的方法。

二、实训内容

（1）Dreamweaver CS4 简介、启动、界面认识。

（2）创建名为"我的网络世界"的站点，要求不使用服务器技术，保存于本地硬盘中的"mypersonalsite"文件夹下，暂不连接远程服务器。

（3）在站点下分别创建文件夹"images"和"pages"。

（4）在新建站点下创建网页文件"index.html"，并作为主页，另创建三个网页文件"mypage_1.html""mypage_2.html"和"mypage_3.html"，并将它们保存在"pages"文件夹下。

（5）在编辑窗口中将这三个网页文件与主页文件建立链接。

三、实训步骤

步骤 1：在 Dreamweaver 中创建站点

（1）选择【站点】|【新建站点】命令，打开站点定义对话框，在【您打算为您的网站起什么名字？】文本框中输入"我的网络世界"，如图 B5.1.1 所示。

（2）单击 下一步(N) > 按钮，按照图 B5.1.2 所示的内容进行设置。

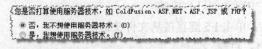

图 B5.1.1 设置站点名字　　　　　图 B5.1.2 选择是否使用服务器技术

（3）单击 下一步(N) > 按钮，按照图 B5.1.3 所示的内容进行设置，在本地硬盘中建立"mypersonalsite"文件夹，并将其设置为文件的存储位置。

（4）单击 下一步(N) > 按钮，由于暂不连接远程服务器，所以将该项设置为"无"，如图 B5.1.4 所示。

（5）单击 下一步(N) > 按钮，完成站点的创建过程。

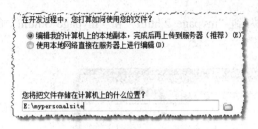

图 B5.1.3　设置存储位置　　　　　　图 B5.1.4　确定连接到远程服务器选项

步骤 2：创建文件夹

（1）右键单击【文件】面板中的"站点-我的网络世界"，在弹出的菜单中选择【新建文件夹】命令，进行文件夹的创建，如图 B5.1.5 所示。

（2）在文本框中"untitled"处输入新的文件夹名称"images"，确认完成该文件夹的创建。

（3）在"站点-我的网络世界"上单击鼠标右键，在弹出的菜单中选择【新建文件夹】命令，使用相同的方法创建文件夹"pages"，完成后如图 B5.1.6 所示。这时可以打开相应的本地磁盘，寻找我们建立的目录，如果操作正确，应该可以看到新建的文件夹，如图 B5.1.7 所示。

图 B5.1.5　创建文件夹"images"　　图 B5.1.6　创建文件夹"pages"　　图 B5.1.7　创建文件夹效果图

步骤 3：创建文件

（1）创建首页文件"index.html"。右键单击"站点-我的网络世界"，选择【新建文件】命令，创建网页文件，如图 B5.1.8 所示。

（2）在"untitled.html"处输入新的文件名"index.html"，确认完成文件创建。

（3）在文件夹"pages"上单击右键，在弹出的菜单中选择【新建文件】命令，重复上面的方法创建文件"mypage_1.html""mypage_2.html"和"mypage_3.html"，完成后如图 B5.1.9 所示。

　　　　　　　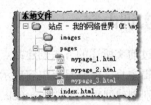

图 B5.1.8　创建网页文件（1）　　　　图 B5.1.9　创建网页文件（2）

步骤 4：建立链接

（1）双击"index.html"进入编辑状态，在页面中输入链接对象名称："我的网页一"、"我的网页二"和"我的网页三"，如图 B5.1.10 所示。

（2）选中文字"我的网页一"，在属性栏中单击链接标志，并按住，将其拖曳至文件"mypage_1.html"上，如图 B5.1.11 所示。然后释放鼠标，建立"index.html"到"mypage_1.html"的链接。

图 B5.1.10　编辑网页页面

（3）使用相同的方法依次建立"index.html"到"mypage_2.html"和"mypage_3.html"的链接，最终效果如图 B5.1.12 所示。

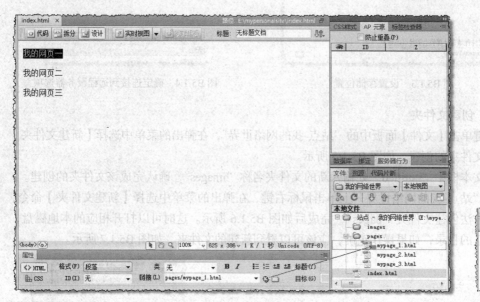

图 B5.1.11　添加链接　　　　　　　　　　　　　　　　图 B5.1.12　添加
链接效果图

实训二　创建个人站点

一、实训目的

通过综合实训的练习，学生可以掌握文档及其格式设置的方法，体会图像在网页设计中的重要作用，掌握图像在页面中的使用，并能够使用超级链接对页面进行连接，掌握通过表格来进行网页页面布局和美化的方法。

二、实训内容

（1）通过前文所述的方法创建站点，站点名称可自拟。

（2）编辑主页，使其具有内容展示和页面导航的功能。

（3）分别创建网页文件"myarticle.html""mypic.html"和"myinfo.html"，用以展示"我的美文""我的照片"和"个人简介"。

（4）在新建站点下创建目录"images"和"pages"，分别用以存放站点中的图像文件和二级页面文件。

（5）在主页和二级页面中建立链接，使站点成为有机整体，实现页面间互相跳转的功能。

三、实训步骤

步骤 1：站点和目录创建

（1）按照实训一的方法创建站点，名称和域名自拟，不使用服务器技术，暂不连接远程服务器。

（2）在站点下创建目录"images"和"pages"，将本站点中需要用到的图像文件存储在"images"文件夹中，将站点中除主页外的其他网页文件存储在"pages"文件夹中。

在完成以上操作后，"文件"面板如图 B5.2.1 所示。

步骤 2：主页制作

（1）新建主页。在站点目录下创建空白网页文件"index.html"作为主页，双击该文件图标，进入编辑状态。在上方标题栏中为该网页确定标题，如图 B5.2.2。

图 B5.2.1 站点和目录创建效果图

图 B5.2.2 输入网页标题

（2）背景设置。首先选择合适的图像文件作为背景图，将文件存放在"images"文件夹中，在属性栏中选择 页面属性… 按钮，在弹出的对话框中进行背景图像和背景颜色的选择，在"背景图像"项中浏览选择相应的图像文件，在"重复"项中选择 no-repeat，即不重复。由于背景图不能完全填充页面，所以我们采用与之相近的背景色进行补充，同时对页边距进行设置。具体选项设置如图 B5.2.3 所示。

图 B5.2.3 设置网页面面属性

默认的背景图为左对齐显示，我们需要将它居中，这就需要使用 CSS（层叠样式表）来进一步定义。CSS 样式面板位于右侧的浮动面板组中，如图 B5.2.4 所示。选择"'body'的属性"下面的"添加属性"项，在弹出的下拉列表中选择"background-position"，在后面的属性值栏中写入"center"，即可实现背景图像的居中显示。CSS 样式面板的属性设置如图 B5.2.5 所示。完成背景设置的主页文件效果如图 B5.2.6 所示。

图 B5.2.4 设置背景图对齐方式（1）   图 B5.2.5 设置背景图对齐方式（2）

图 B5.2.6　完成背景设置后的主页效果图

（3）在页面中插入表格进行布局，选择【插入】|【表格】命令，在弹出的对话框中对表格属性进行设置，如图 B5.2.7 所示。布局表格的行列数根据具体需要进行设置，在本例中我们采用 3 行 1 列的表格布局，属性设置如图 B5.2.8 所示。

图 B5.2.7　插入表格

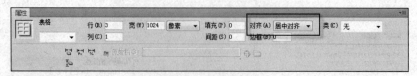

图 B5.2.8　设置表格属性

（4）用于布局的表格创建后，即可对其中的单元格添加内容，在本例中，三个单元格中的内容分别为站点名称、栏目导航和站点简介。在属性栏中图 B5.2.9 所示位置，调整单元格的大小、位置和对齐方式，使其满足页面的需要。

图 B5.2.9　调整单元格大小、位置和对齐方式

为单元格添加内容后，将属性栏切换为【CSS】面板，如图 B5.2.10 所示，即可对文字属性进行编辑，修改合适的字体字号字色。由于 Dreamweaver CS4 全部采用 CSS，即层叠样式表来实现样式控制，所以会弹出【新建 CSS 规则】对话框，如图 B5.2.11 所示，这时只需填入自定的选择器名称即可，完成后的主页效果如图 B5.2.12 所示。

图 B5.2.10　编辑文字属性

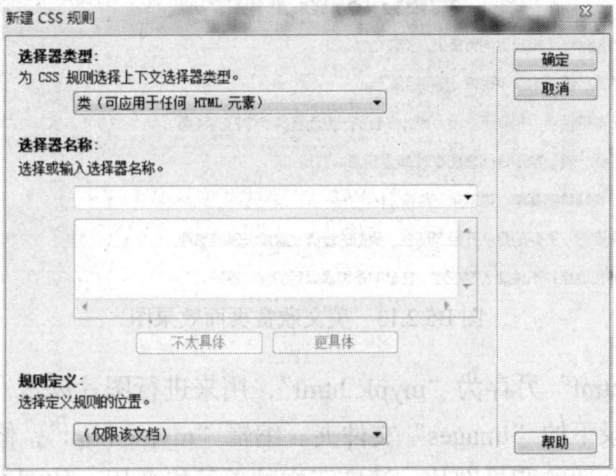

图 B5.2.11　【新建 CSS 规则】对话框

图 B5.2.12　完成布局后的主页效果图

步骤 3：二级页面制作

（1）本例中有三个二级页面，分别用来展示美文、图片和个人简介。为了方便制作，我们可以在主页的基础上进行修改。首先将主页文件另存为"myarticle.html"，存储位置选择站点根目录下的"pages"文件夹，用以进行文字展示。

对新建的"myarticle.html"文件内容进行编辑，修改标题为"美文欣赏"，在导航栏中加入"返回主页"的链接文字，在【页面属性】中重新选择背景图片，最后将正文文字插入到相应单元格中，效果如图 B5.2.13 所示。

图 B5.2.13　美文欣赏页面效果图

（2）将"myarticle.html"另存为"mypic.html"，用来进行图片展示。将要插入页面的图像文件全部复制到站点根目录下的"images"文件夹。编辑"mypic.html"，修改标题为"我的美图"，在【页面属性】中选择合适的背景图片，清空正文的单元格备用，如图 B5.2.14 所示。

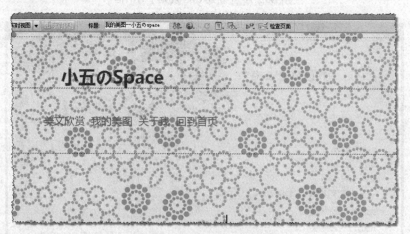

图 B5.2.14　初建"我的美图"页面

在正文的单元格中，插入嵌套表格，行列数由需要展示的图像文件数量决定，在这里我们插入一个 2 行 3 列的嵌套表格，如图 B5.2.15 所示。

在嵌套表格的单元格中插入图像文件，可以执行【插入】|【图像】命令，也可以单击工具栏

中的 ·按钮,在弹出的对话框中选择需要插入的图像源文件,在后续对话框中的"替换文本"可以不填,确定后就完成了单元格中的图像插入。

　　插入的图像文件可能尺寸较大,可以在图 B5.2.16 所示的属性窗口中进行修改,修改时注意宽高比例,避免修改后的图像比例失调,在"链接"栏可以将链接对象设置为该图像文件,这样就可以实现单击小图看大图的效果。采用这种方法依次对其他单元格进行插入图像的操作,完成后效果如图 B5.2.17 所示。

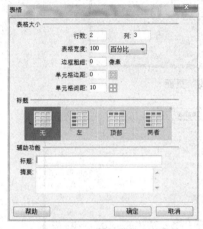

图 B5.2.15　插入嵌套表格

图 B5.2.16　调整图像属性

图 B5.2.17　"我的美图"页面效果图

　　(3)重复步骤(2)的操作,创建"myinfo.html",用来展示个人信息,编辑"myinfo.html",将标题改为"关于我",在"页面属性"中选择合适的背景图片,清空正文的单元格备用,如图 B5.2.18 所示。

　　在正文的单元格中插入 5 行 3 列的嵌套表格,选中第一列单元格,单击右键,执行【表格】|【合并单元格】命令,插入个人照片,在嵌套表格中的其他单元格中写入个人信息,如图 B5.2.19 所示。

　　步骤 4:创建链接

　　(1)在完成主页及二级页面的制作后,为了使其成为有机整体,需要为它们添加链接。首先打开"index.html",选中导航栏中的"美文欣赏",在属性栏中"链接"项中指向"pages"目录中的"myarticle.html"文件。如图 B5.2.20 所示。

图 B5.2.18　初建"关于我"页面

图 B5.2.19　利用嵌套表格添加个人信息

采用同样的方法对导航栏中的"我的美图"和"关于我"建立链接，目标分别为"pages"目录中的"mypic.html"和"myinfo.html"文件。完成链接创建的导航栏如图 B5.2.21 所示。

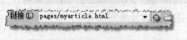

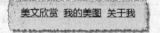

图 B5.2.20　添加链接　　　　　　　图 B5.2.21　完成链接创建的导航栏

这时我们会发现文字外观发生了变化，成为超链接的外观样式，颜色变为蓝色，同时添加了下划线，超链接的外观可以通过属性栏进行修改，单击 页面属性 按钮，在图 B5.2.22 所示的【页面属性】对话框中选择【链接（CSS）】项，即可对不同状态下的链接样式进行修改，还可以去除下划线。

（2）依次打开"myarticle.html""mypic.html"和"myinfo.html"，为其导航栏分别建立链接，同时在【页面属性】中对超链接外观进行相应设置，完成后对各页面链接进行测试，确保实现页面间的正常跳转。

图 B5.2.22 调整页面属性

测试完成后，本例的站点建设工作基本完成，如果拥有可用域名和主机空间，就可以将站点上传，实现互联网中的浏览访问了。

单元六
计算机网络与互联网实训

实训一　IP 地址的配置

实训步骤

（1）依次打开控制面板→网络和共享中心→更改适配器设置，见图 B6.1.1、图 B6.1.2、图 B6.1.3。

图 B6.1.1　打开控制面板

图 B6.1.2　打开网络和共享中心

（2）在【本地网络】上单击右键→【属性】，如图 B6.1.4 所示。在打开的窗口里单击【internet 协议版本 4（tcp/ipv4）】→【属性】，如图 B6.1.5 所示。在打开的窗口里单击【使用下面的 IP 地址】，然后填上您的 IP 地址，如图 B6.1.6 所示。

图 B6.1.3　更改适配器设置

图 B6.1.4　本地网络

（3）验证配置。在运行中输入 cmd，进入命令提示状态，在提示符下输入 ping IP（IP 为所配置的值），应可以 ping 通。

图 B6.1.5　本地网络属性

图 B6.1.6　设置 IP 地址

实训二　Windows 7 文件共享实训

Windows 7 系统的网络功能比 Windows XP 有了进一步的增强，使用起来也相对清晰。但是由于 Windows 7 做了很多表面优化的工作，使得底层的网络设置对于习惯了 XP 系统的人来说变得很不适应，其中局域网组建就是一个很大的问题。默认安装系统后不但同组内的 Windows 7 系统互相不能共享访问，而且组内的 XP 系统计算机更难互访。通过以下步骤基本能够解决 Windows XP 与 Windows 7 局域网共享设置的问题。

一、配置前准备

（1）需要是管理员权限的账户

（2）所有入网的计算机都要在相同的 IP 段，比如都为 192.168.1.X(2≤X≤255)

（3）所有入网的计算机都要在相同的工作组，比如都在 WORKGROUP 组

（4）所有入网的计算机都要开启来宾账户，默认账户名为：guest。

（5）关闭任何第三方的防火墙软件，以及 Windows 自带的防火墙。如果没有把 Windows 防火墙关闭的话，也需要进行一些设置才可以。打开【Windows 防火墙】|【例外】|【勾选文件和打印机共享】|【确定】|【保存】。XP 系统下，在常规选项卡中，要去掉【不允许例外】前面的勾。

（6）所有入网的计算机的操作系统必须有正确的权限设置。

（7）必须开启的服务。在运行中输入"services.msc"，按回车键，将以下服务的"启动类型"选为"自动"，并确保"服务状态"为"已启动"。

```
Server
Workstation
Computer Browser
DHCP Client
Remote Procedure Call
Remote Procedure Call (RPC) Locator
```

```
DNS Client
Function Discovery Resource Publication
UPnP Device Host
SSDP Discovery
TIP/IP NetBIOSHelper。
```

（8）访问策略设置。在运行中输入"secpol.msc"，按回车键，打开本地安全设置。选【安全设置】|【本地策略】，再选【安全选项】。

将使用空白密码的本地账户只允许进行控制台登录，设置为"已禁用"。

将网络访问中不允许 SAM 账户和共享的匿名枚举，设置为"已禁用"。

将网络访问中本地账户的共享和安全模型，设置为"仅来宾"。

查看用户权利指派：在从网络访问此计算机中看有没有本机来宾账户，即 guest，如果没有就加上。

在拒绝从网络访问这台计算机中查看有没有本机来宾账户名，如果有就删除。

二、配置过程

1. 关闭密码保护共享

（1）首先开启 guest 账户，再打开【网络属性】对话框，如图 B6.2.1 所示。

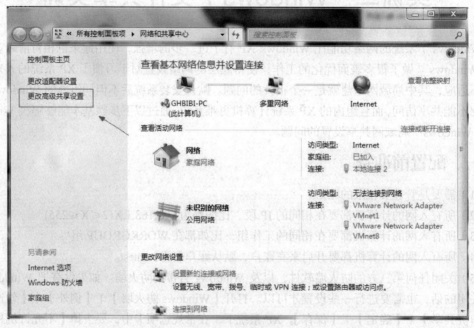

图 B6.2.1 网络属性

（2）单击图中左侧位置的【更改高级共享设置】出现如图 B6.2.2 所示界面。

（3）双击图中红圈内的位置会出现一个列表，找到图 B6.2.3 所示内容。单击【关闭密码保护共享】|【保存修改】，结束。

2. 文件共享设置

（1）选择需要共享的磁盘分区或者文件夹，单击右键选【属性】|【共享】|【高级共享】，如图 B6.2.4、图 B6.2.5 所示。

（2）接下来单击【共享此文件夹】|【权限】，如图 B6.2.6 所示。

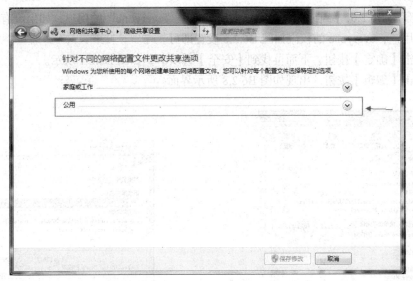

图 B6.2.2　更改高级共享设置

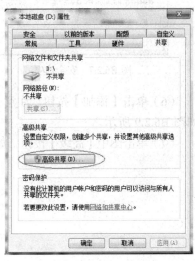

图 B6.2.4　文件属性

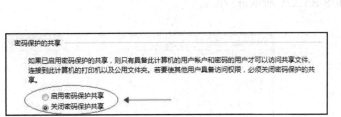

图 B6.2.3　密码保护

图 B6.2.5　高级共享

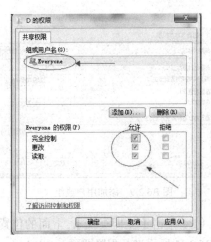

图 B6.2.6　权限配置

（3）观察图 B6.2.6，【组或用户名】下面应该有个"everyone"的用户，如果没有，单击【添加】添加该用户，everyone 的权限如图 B6.2.6 设置即可。

（4）单击【确定】按钮，下面再找到【安全】选项卡，如图 B6.2.7 所示。

（5）单击【编辑】按钮，出现如图 B6.2.8 所示界面。

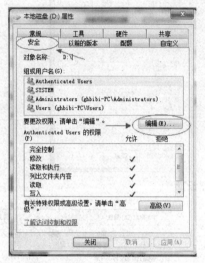

图 B6.2.7　安全选项

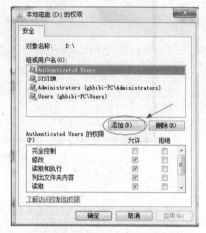

图 B6.2.8　编辑安全选项

（6）单击【添加】按钮，注意：一般默认这里面是没有 everyone 用户的，需要手动添加，如图 B6.2.9 所示。

（7）单击图中【高级】按钮，如图 B6.2.10 所示进行配置。

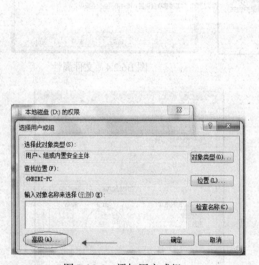

图 B6.2.9　添加用户或组

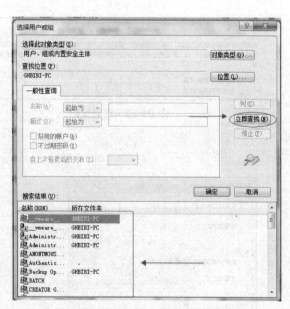

图 B6.2.10　高级配置

（8）单击【立即查找】，下面的位置就会列出用户列表，找到 everyone 用户，双击它，如图 B6.2.11 所示进行配置即可。

（9）再单击【确定】按钮，然后给 everyone 用户设置权限，如图 B6.2.12 所示进行配置即可。

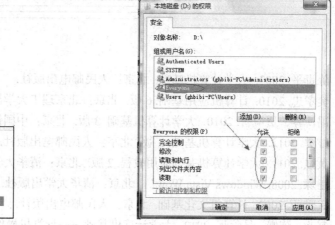

图 B6.2.11　查找 everyone 用户　　　　　图 B6.2.12　用户权限设置

（10）单击【确定】按钮出现如图 B6.2.13 所示消息框，等文件添加完毕，单击【确定】按钮。

图 B6.2.13　添加过程图

三、查看共享文件

（1）Windows 7 和 Windows 7 之间，单击【家庭网络】的【自动发现】按钮，即可看到共享计算机。

（2）Windows 7 和 Windows XP 之间，直接单击桌面上【计算机】文件夹，左边的一排按钮里就有【网络】，单击即可看到共享计算机。

[1] 陈贵平. 2007. 大学计算机基础. 北京：人民邮电出版社.

[2] 樊孝忠. 2010. 计算机应用基础. 6 版. 北京：北京理工大学出版社.

[3] 冯博琴，贾应智. 2010. 大学计算机基础. 3 版. 北京：中国铁道出版社.

[4] 甘勇. 2012. 大学计算机基础. 2 版. 北京：人民邮电出版社.

[5] 黄强. 2011. 大学计算机基础应用教程. 2 版. 北京：清华大学出版社.

[6] 王琛. 2008. Windows Vista Wow！. 北京：清华大学出版社.

[7] 武雅丽. 2002. 计算机文化基础. 北京：人民邮电出版社.

[8] 赵欢，陈娟，吴蓉晖. 2012. 大学计算机基础——计算机操作实践. 3 版. 北京：人民邮电出版社.